航 空 力 學

기초이론 요약/기능사 및 산업기사 문제

항공기능장
항공기술사 송 병 호 저

도서출판 진 영 사

항공역학
송 병 호

2009년 9월 2일 초판 인쇄
2015년 2월 17일 초판3쇄 발행
발행인 박 진 영
발행처 도서출판 진영사
인천광역시 부평구 갈산동 16-22번지
전화 : 032)505-4207
팩스 : 032)505-4206
E-mail : 0183734207@hanmail.net
등록 : 122-91-77317

ISBN 978-89-93076-69-1 13550
값 17,000원

머리말

꿈과 미래 그리고 날개

우리나라의 항공운송사업은 1926년 경성항공연구소→1930년 여의도 비행학교 → 1936년 조선항공산업 → 1945년 대한국제항공사가 설립 후 대한국민항공사로 개칭하였으며 1960년에는 한국항공이 설립되었고 이 한국항공은 1969년 오늘날의 대한항공의 모체이다. → 1988년 제 2민항인 아시아나항공이 설립되어 본격적인 민간항공의 경쟁체재에 들어가게 되었다.

우리나라의 항공기 제작 사업은 1953년 공군 제81 수리창에서 경비행기 수리를 시발로 → 1954년 경비행기 부활호 제작 → 1960년대 공군의 주력기인 F-86 전투기의 수리작업 → 1970년대 F-5E 및 F-4전투기 수리 → 1977년 500MD 헬리콥터의 조립생산 → 1982년 F-5E, F 제트 전투기를 노스롭 및 제너럴일렉트릭사와 기술제휴, 공동 생산하면서 항공 산업의 비약적 발전을 가져왔으며 그 후 → 1980년대는 헬리콥터, 군용항공기 및 엔진의 조립생산 및 B-747 여객기와 F-16전투기의 기체부품과 기관부품을 생산, 수출하였으며 → 1995년부터 F-16전투기의 조립 및 면허 생산 → KT-1(웅비) 터보프롭 훈련기 생산 → 2000년대 들어서는 다목적 헬기개발에 본격 착수하여 최근 시제기 개발이 완료되는 일련의 눈부신 발전을 가져왔고 → 비록 미완의 아쉬움은 있지만 인공위성 나로호의 발사로 항공우주강국 도약이 현실화되고 있다.

이 책은 늘어나는 항공기술인력에 대비하여 항공기가 뜨는 기본적인 공기역학과 항공기의 기본구조, 비행성능 및 조종성능 등 항공역학 관련 가장 기본적인 내용 및 용어를 요약하였으며 국가기술자격증(*항공정비기능사, 항공산업기사, 항공정비사*) 시험문제를 탑재하여 교육용 수업교재 및 자격시험용 교재를 겸하도록 하였다.

항공기술인의 꿈을 가진 모든 학생들에게 많은 도움이 되길 바랍니다.

저자

목 차

제1편 항공역학 이론 18

제 1 편

항공역학 이론

제1장 대기
제2장 날개의 구조와 특성
제3장 비행상태와 성능
제4장 안정성능과 조종성능

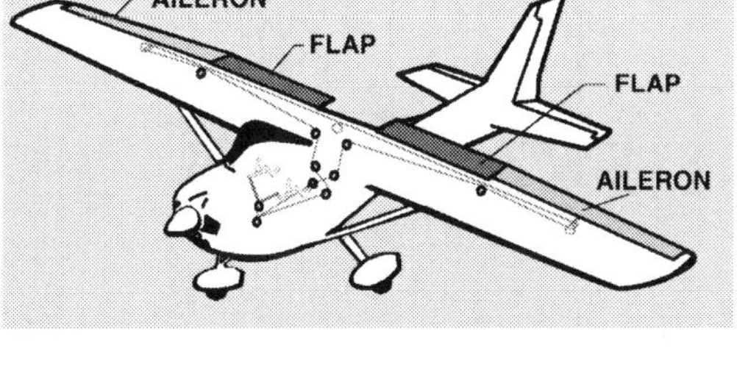

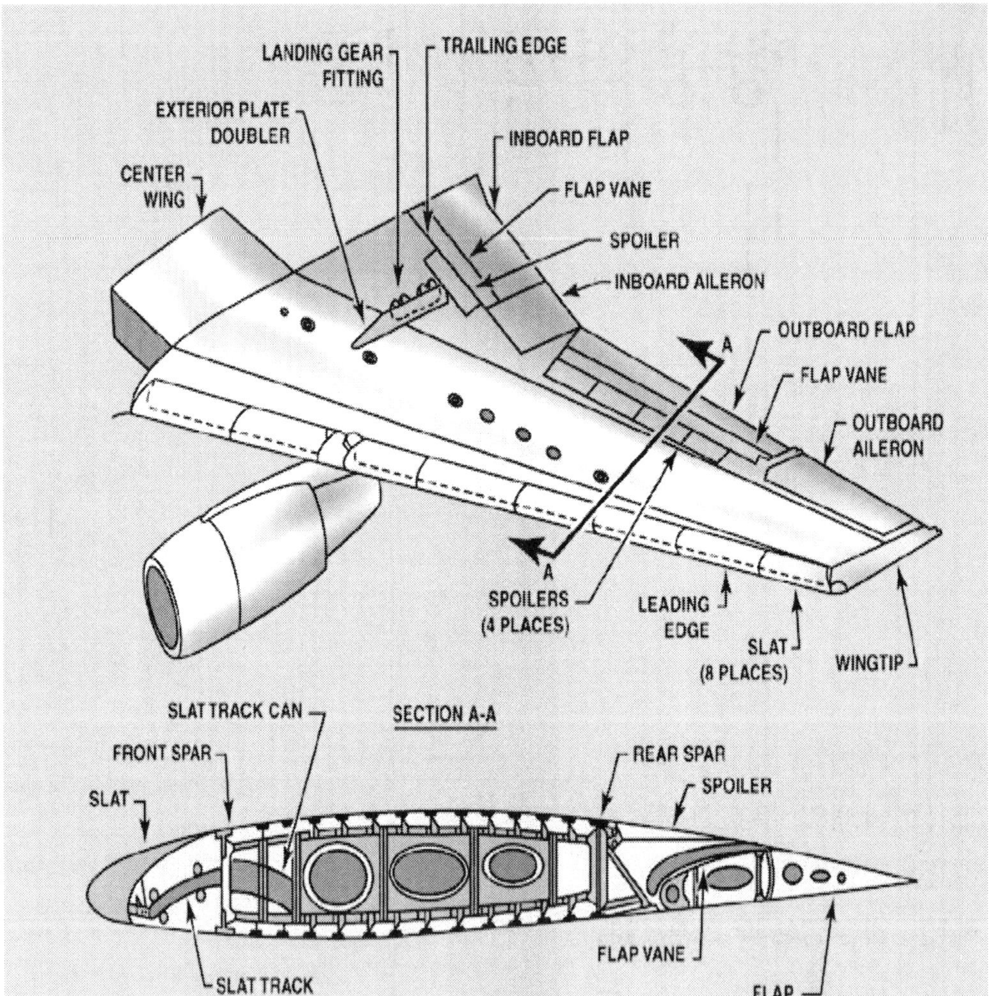
LANDING GEAR FITTING
TRAILING EDGE
EXTERIOR PLATE DOUBLER
INBOARD FLAP
CENTER WING
FLAP VANE
SPOILER
INBOARD AILERON
OUTBOARD FLAP
A
FLAP VANE
OUTBOARD AILERON
A
SPOILERS (4 PLACES)
LEADING EDGE
SLAT (8 PLACES)
WINGTIP
SLAT TRACK CAN
SECTION A-A
FRONT SPAR
REAR SPAR
SPOILER
SLAT
FLAP VANE
SLAT TRACK
FLAP

제1장

대 기(ATMOSPHERE)

1. 대기의 성질

1) 대기의 성분 : N : 78.09%, O_2 : 20.95%, Ar : 0.93%, CO_2 : 0.03%, Ne이하 : 0.01%이하

① 균질권 : 높이에 관계없이 공기의 조성분포가 일정한 지역(고도 80km까지)

② 비균질권: 높이에 따라 공기의 조성분포가 다른 지역(보통 80km 이상)

2) 대기권의 구조

〈표 1〉 대기의 권역별 분류

극외권	400km이상	
열 권	400km	
중간권	80km	
성층권	25km	
대류권	11km	

① 대류권(troposphere, 약 11km까지)

대류권에서는 고도가 증가할수록 온도, 압력, 밀도가 감소하고 고도 약 10km 부근에는 제트 기류(jet stream)가 존재한다. 대류권에서 온도는 1,000m 증가할수록 6.5℃씩 감소한다. 대류권과 성층권의 경계면을 대류권 계면이라 한다.

㉮ 대류권에서 임의의 고도의 온도 $T = T_0 - 0.0065h$

T : 구하는 고도의 온도, T_0 : 표준 대기온도 15℃, h : 고도(m)

㉯ 제트 기류(jet stream) : 제트 기류는 대류권과 성층권의 경계면인 대류권 계면에 존재하고 북반부 중간쯤에 고도 10km 정도(대류권 계면)의 비교적 좁은 넓이의 공간으로 시속 120~320km 정도의 편서풍이 있어 항공기 순항에 이용된다.

㉰ 대류권 계면이 제트기의 비행에 가장 적합한 이유: 대기가 안정, 구름이 없고 기온이 낮고, 공기가 희박하여 제트기 순항에 적합하기 때문.

② 성층권(stratosphere, 11~50km) : 성층권 아래(하부 성층권)에서는 고도에 관계없이 대체로 일정하고 위층에서는 온도가 높아진다. 고도가 증가할수록 밀도, 압력은 감소.

〈표 2〉 고도 변화에 따른 밀도 기압 온도 음속의 변화

ALTITUDE FT.	DENSITY RATIO σ	PRESSURE RATIO δ	TEMPER-ATURE F	SPEED OF SOUND α KNOTS
0	1.0000	1.0000	59.00	661.7
1000	0.9711	0.9644	55.43	659.5
2000	0.9428	0.9298	51.87	65702
3000	0.9151	.08962	48.30	654.9
4000	0.8881	0.8637	44.74	652.6
5000	0.8617	0.8320	41.17	650.3
6000	0.8359	0.8014	37.60	647.9
7000	0.8106	0.7716	34.04	645.6
8000	.07860	0.7428	30.47	643.2
9000	0.7620	0.7148	26.90	640.9
10000	0.7385	0.6877	23.34	628.6
15000	0.6292	0.5643	5.51	626.7
20000	0.5328	0.4595	-12.32	614.6
25000	0.4481	0.3711	-30.15	602.0
30000	0.3741	0.2970	-47.98	589.5
35000	0.3099	0.2353	-65.82	576.6
*36089	0.2971	0.2234	-69.70	573.8
40000	0.2462	0.1851	-69.70	573.8
45000	0.1936	0.1455	-69.70	573.8
50000	0.1522	0.1145	-69.70	573.8
55000	0.1197	0.0900	-69.70	573.8
60000	0.0941	0.0708	-69.70	573.8
65000	0.0740	0.0557	-69.70	573.8
70000	0.0582	0.0428	-69.70	573.8
75000	0.0458	0.0344	-69.70	573.8
80000	0.0360	0.0271	-69.70	573.8
85000	0.0280	0.0213	-64.80	577.4
90000	0.0217	0.0168	-56.57	583.4
95000	0.0169	0.0134	-48.34	589.3
100000	0.0132	0.0107	-40.11	595.2

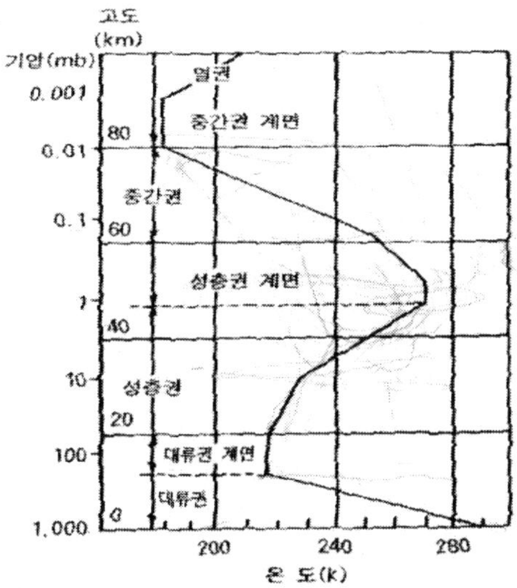

[그림 1] 대기권의 구조

㉮ 상부 성층권 : 고도가 증가함에 따라 온도가 상승하고 오존층이 존재한다.

㉯ 하부 성층권 : 고도에 관계없이 평균 −56.5℃로 일정하다.

③ 중간권(mesosphere, 80km): 고도가 증가함에 따라 온도는 감소한고 기온이 가장 낮다.

④ 열권(thermosphere, 300km): 열권에서는 고도가 증가함에 따라 온도가 증가하며 공기가 매우 희박하고 태양이 방출하는 자외선에 의하여 대기가 전리되어 자유전자의 밀도가 커지는 전리층이 있어 전파를 흡수, 반사하여 통신 장애가 발생한다.

⑤ 극외권(exosphere, 약 500km): 분자, 원자가 다른 분자, 원자와의 충돌 기회가 아주적어 각 분자, 원자는 지상에서 발사된 탄환과 같은 궤적을 그리며 운동을 하며, 우주로 이탈을 하는 것도 있다.

(3) 국제 표준 대기(ISA)

① 표준 대기: 국제 민간 항공 기구(ICAO)에서 정한 항공기의 설계, 운용에 기준이 되는 대기 상태.

② 표준 대기의 조건

㉮ 건조공기 상태에서. 이상기체의 상태방정식을 고도, 장소, 시간에 관계 없이 만족할 것.

* 이상기체의 상태방정식 $P = \rho R T$, $P v = R T$

P = 압력, ρ = 밀도, R = 공기 기체상수,

T = 절대 온도, v = 비체적

㉯ 해발 고도에서의 압력(P_0), 밀도(ρ_0), 온도(T_0), 음속(C_0), 중력가속도(g_0)

* $T_0 = 15^0C = 288\ ^oK$

* P_0 = 7600mmHg = 29.92inHg = 14.7psi = 1,013.25mbar

* $\rho_0 = 0.12492 kg\ sec^2/m^4 = 1/8 kg\ sec^2/m^4$

* C_0 = 340m/sec = 1.224km/h

* $g_0 = 9.8066 m/sec^2$

* 음속 = $\sqrt{kgRT}$ ➤ 음속은 절대온도의 제곱근에 비례.

k : 공기 비열비 (1.4), g : 중력가속도 ($9.8 m/sec^2$)

R : 공기 기체상수 (29.27kg m/kg^{o}K), T : 절대온도 (273+℃)

㉰ 고도 11km까지는 기온이 1,000m당 6.5℃씩 감소하고, 그 이상의 고도에서는 −56.5℃로 일정할 것

㉠ 기하학적 고도(geometrical height) : 지구 중력가속도가 고도에 관계없이 일정하다고 가정한 고도

㉡ 지구 포텐셜 고도(geopotential height) : 고도변화에 따른 중력가속도의 변화를 고려하여 정한 고도.

$$➤ H = \frac{1}{9.81}\int_0^h g\,dh$$

2. 공기 흐름의 성질과 법칙

1) 공기의 흐름

① 정상 흐름과 비정상 흐름

㉮ 정상 흐름(steady flow) : 유체내의 어떤 점에서 속도, 압력, 밀도가 시간이 경과하여도 일정한 값을 유지.

㉯ 비정상 흐름(unsteady flow) : 주어진 한 점에서 유체의 흐름 상태를 나타내는 물리적인 양들이 시간에 따라 변하는 흐름.

② 압축성유체와 비압축성 유체

㉮ 압축성 유체(compressible fluid) : 압력을 받거나 흐름의 속도 변화로 인하여 밀도(체적)가 변하는 유체. ➤

㉯ 비압축성 유체(uncompressible fluid) : 압력을 받거나 흐름의 속도가 변해도 밀도의 변화가 거의 없는 유체. ➤

③ 점성의 유무에 따른 분류

㉮ 실제 유체 : 점성이 존재하고 마찰이 있는 유체.

㉯ 이상 유체 : 점성을 무시해도 오차가 적어 점성과 마찰 무시한 유체.

㉠ 점성(viscosity) : 유체의 끈끈한 성질.

㉡ 유체(fluid) : 기체와 액체를 총칭하여 유체.

2) 연속의 법칙

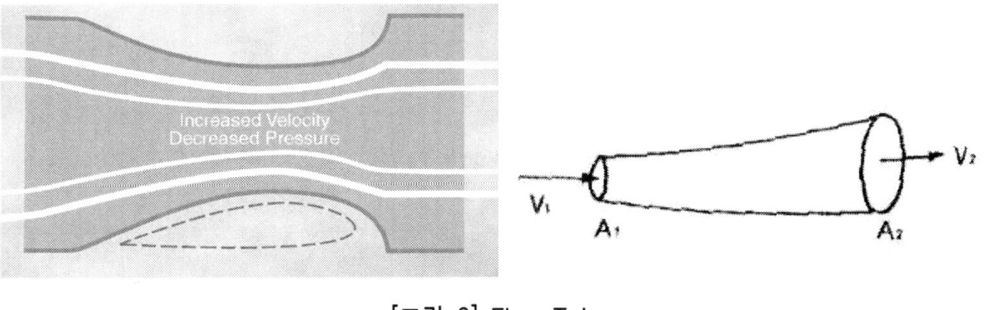

[그림 2] Flow Tube

$A = \pi r^2 = \frac{\Pi d^2}{4}$ A : 단면적, V : 유속

d : 지름, r : 반지름

유체가 관을 통해 정상적으로 흐른다면 단위시간당 똑같은 양이 유입되고 방출된다.

즉, 질량 보존의 법칙이 성립하게 된다.

➤ 유입 유량 $Q_1 = \rho_1 A_1 V_1$, 방출 유량 $Q_2 = \rho_2 A_2 V_2$

* 유입 유량과 방출 유량이 같으므로 즉, 유량1 = 유량2

➤ $\rho_1 A_1 V_1 = \rho_2 A_2 V_2 =$ constant --〉 압축성 유체일 때의 연속방정식

관을 통과하는 유체 흐름이 음속 이하로 가정하면 유입 밀도와 방출 밀도의 변화가 거의 없다. 즉, $\rho_1 = \rho_2$

따라서

$A_1 V_1 = A_2 V_2 =$ constant(일정)-〉 비압축성 유체일 때의 연속방정식

단, 유체흐름에 중간에서 에너지의 가감이 없었을 때 성립한다.

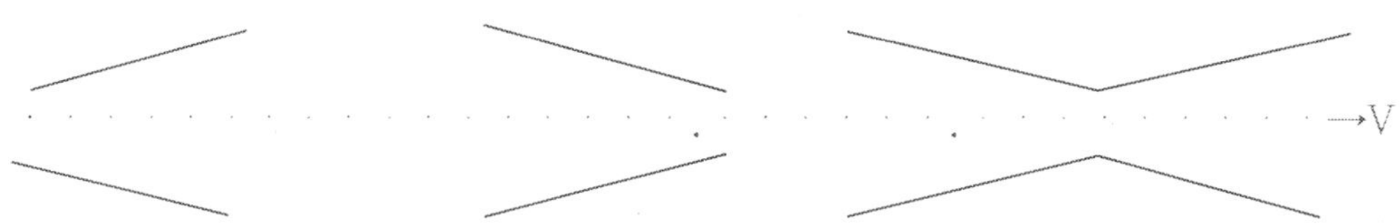

확산(divergent)노즐 수축(convergent)노즐 수축·확산(convergent-divergent)노즐

[그림 3] Nozzle

3) 베르누이 정리

① 정압(static pressure, P)

유체의 압력이 방향에 관계없이 항상 모든 방향으로 일정하게 작용하는 압력.

② 동압(dynamic pressure, q) : 유체가 가진 속도에 의하여 생기는 압력으로 유체의 흐름을 직각이 되게 막았을 때 판에 작용하는 압력.

$$q = \frac{1}{2}\rho V^2 \qquad \rho : 공기밀도,\ V : 속도$$

* 속도가 증가하면 동압은 증가를 한다.

③ 전압(total pressure, P) : 정압과 동압의 합은 전압으로, 전압은 항상 일정.

$$P + q = 전압(constant일정),\ P + \frac{1}{2}\rho V^2 = P_t = constant$$

압력(정압)과 속도(동압)는 서로 반비례하고, 유체 흐름 중간에서 에너지 공급을 받지 않았을 때 성립을 하게 된다.

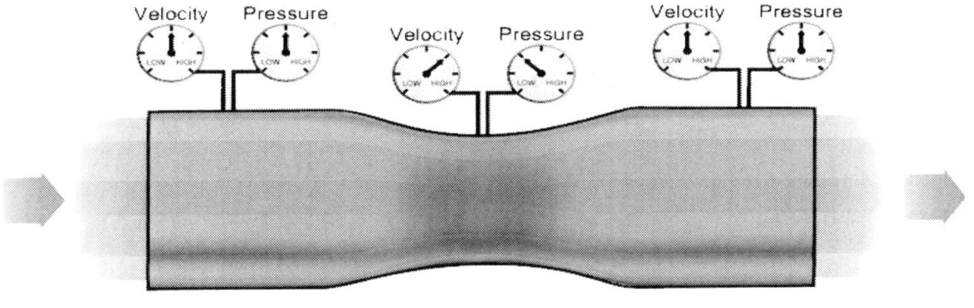

[그림 4] 벤츄리 관에서의 속도와 압력의 변화

4) 피토관(Pitot Tube)

속도를 측정하는 장치로서 그림과 같이 유선(항공기 진행방향)에 사방으로 평행하게 놓여 있는 관.

A라는 구멍을 가지고, 관의 옆면에 B라는 구멍을 가진 것을 피토관이라 하는데 이 피토관을 가지고 A 와 B의 압력차, 즉 동압을 가지고 속도를 측정한다. 압력차를 알기 위해 U자관을 썼지만 대기속도를 측정하는 실제 항공

기에는 다이아프램(diaphragm)이나 전기적인 신호 장치를 사용한다.

$$A지점\ 압력\ (P + \frac{1}{2}\rho V^2) - B지점압력(P) = \frac{1}{2}\rho V^2(동압) = \Upsilon \times h$$

$$V = \sqrt{\frac{2\gamma h}{\rho}} = \sqrt{\frac{2동압}{\rho}} = \sqrt{\frac{2(P-P_0)}{\rho}}$$ Υ : 비중량, h : 높이차

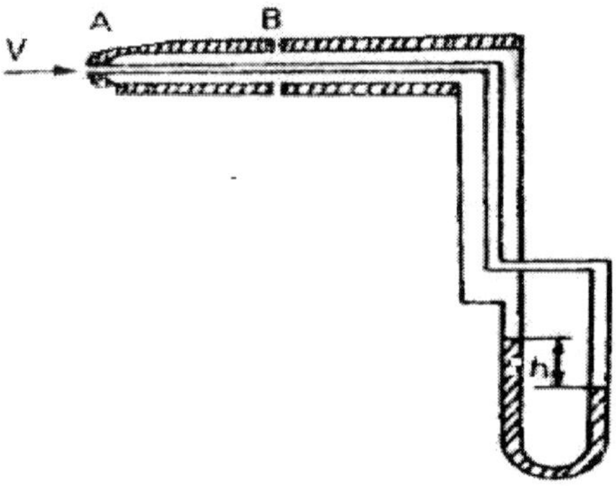

[그림 5] 피토 정압관

① 지시대기속도(IAS, V_i) : 항공기에 설치된 대기 속도계의 지시에 있어서 표준 해면 밀도(ρ_0)를 기준으로한 계기가 지시하는 속도.

$$IAS = V_i = \sqrt{\frac{2동압}{\rho_0}} \qquad TAS = IAS\sqrt{(\rho_0/\rho)}, \qquad V_t = V_i\sqrt{(\rho_0/\rho)}$$

ρ_0 : 해면상의 밀도, ρ : 임의의 고도의 밀도, V_t : 진대기 속도

② 수정대기속도(CAS) : 피토 - 정압관의 장착 위치를 수정한 속도

③ 등가대기속도(EAS, Ve) : 위치오차와 고도에 있어서 압축성의 영향을 수정한 속도

$$V_e = V_t\sqrt{(\rho/\rho_0)}$$

④ 진대기 속도(TAS, V_t) : 고도 변화에 따른 밀도를 수정한 속도

$$V_t = V_e\sqrt{(\rho_0/\rho)}$$

표준 대기 상태의 해면상에서는 CAS, EAS가 TAS에 일치한다.

그러나 상공에서는 공기밀도가 적기 때문에 실제보다도 느린 속도를 지시한다.
즉, EAS= TAS$\sqrt{(\rho_0/\rho)}$, TAS = EAS$\sqrt{(\rho_0/\rho)}$ 또는, $V_t = V_e \sqrt{(\rho_0/\rho)}$

5) 압력계수(Pressure Coefficient, C_p)

임의 점에서의 정압과 동압의비.

$$C_p = \frac{P - P_0}{\frac{1}{2}\rho V^2} = 1 - \left(\frac{V}{V_0}\right)^2$$

정체 점에서의 속도 V=0이므로 압력계수 C_p는 1이고, 물체로부터 멀리 떨어진 상류 에서의 속도는 $V=V_0$이므로 압력계수 Cp는 0이다.

3. 공기의 점성 효과

1) **점성 흐름 :** 비행하는 물체의 마찰 저항력을 산출할 때는 점성을 고려해야 한다.

① 뉴턴의 점성법칙 : $\tau = \frac{F}{A} = \mu\frac{du}{dy}$, F= $\mu A\frac{du}{dy}$

τ : 전단력, F : 마찰력, A : 접촉 면적, μ : 점성계수, du/dy : 속도구배

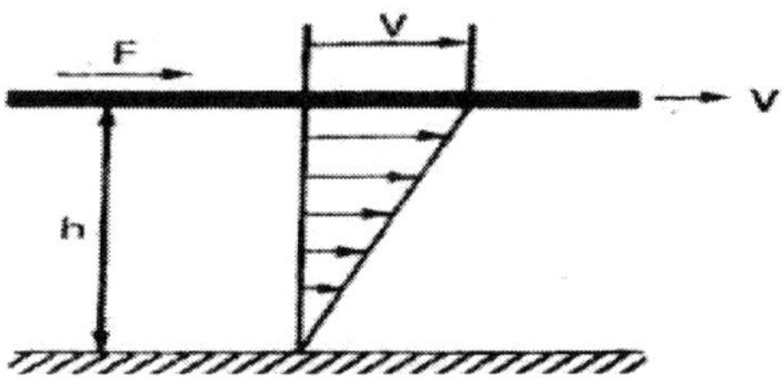

[그림 6] 점성흐름

② 절대 점성계수(μ, 점성계수)

㉮ 단위 : kg sec/m^2, N sec/m^2, poise, centipoise

1poise = 1dyne sec/cm^2 = 1g/cm sec

1centipoise = 1/100poise

2) 레이놀즈 수 (Reynold's Number, R.N, Re)

유체의 관성력과 점성력의 비

$$R.N = \frac{관성력}{마찰력} = \frac{\rho VL}{\mu} = \frac{VL}{\nu}$$

ρ : 밀도, ν : 동점성 계수, μ : 절대 점성계수 $\mu/\rho = \nu$,
V : 대기 속도, L : 특성길이(시위)

① 동점성 계수 : $\nu = \frac{\mu}{\rho}$

㉮ 단위 : m^2/sec, cm^2/sec, stoke, centi stoke

1st = 1stokes = 1cm^2/sec = $10^{-4}m^2$/sec = 100cst

1cst = 1centi stokes = 0.01stokes

레이놀즈수는 공기력 현상에 있어서 관성력과 마찰력이 어떤 비로 작용하는가를 나타내는 무차원량이며 층류와 난류를 구분하는 척도

3) 유체 흐름의 종류

① 층류(laminar flow) : 유동속도가 늘릴 때 유체 입자들이 층을 형성하듯 섞이지 않고 흐르는 흐름으로 레이놀즈수가 작은 경우 발생.

② 난류(turbulent flow) : 동속도가 빠를 때 유체 입자들이 불규칙하게 흐르는 흐름으로 레이놀즈수가 큰 경우에 발생.

㉮ 점성저층(viscous sub layer) : 난류 경계층내의 벽면 가까운 곳에 발생하는 층으로 층류 흐름과 유사하다.

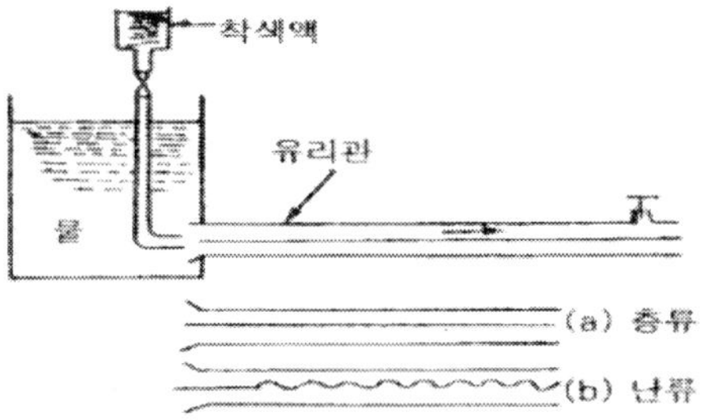

[그림 7] 레이놀즈수 실험장치

③ 천이(transition) : 층류에서 난류로 변하는 현상.

④ 천이 점(transition point) : 층류에서 난류로 변하는 점. 측, 천이가 일어나는 점.

⑤ 임계 레이놀즈수 (critical reynold's number) : 층류에서 난류로 변할 때의 레이놀즈수. 즉, 천이가 일어나는 레이놀즈수

㉮ 상임계 레이놀즈수 : 흐름이 층류에서 난류로 변하는 레이놀즈수

㉯ 하임계 레이놀즈수 : 흐름이 난류로부터 층류로 변하는 레이놀즈수

4) 층류 흐름과 난류 흐름과의 비교

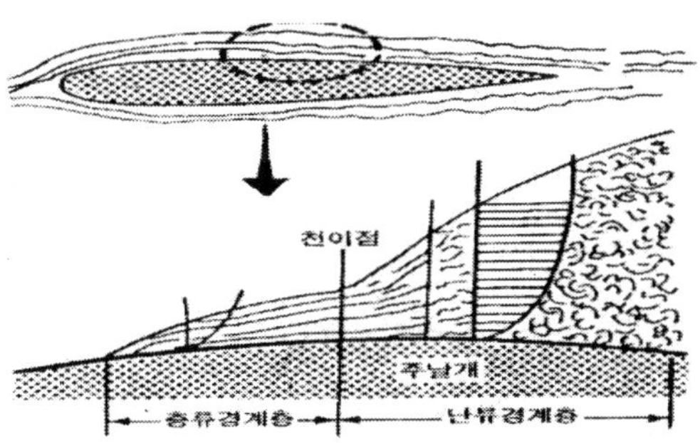

[그림 8] 층류와 난류의 흐름 비교

① 난류는 층류에 비해서 마찰력이 크다.

② 층류는 항상 난류 앞에 있다.

③ 분리(separation point)은 천이점보다 항상 뒤에 있다.

④ 흐름의 떨어짐은 난류에서 보다 층류에서 더 잘 일어난다.

5) 층류와 난류경계층의 두께

①층류 경계층의 두께(δ) $\delta = \frac{5.2x}{\sqrt{Rex}}$

②난류 경계층의 두께(δ) $\delta = \frac{0.37x}{R_{ex}^{0.2}}$

x : 앞전에서부터 구하고자 하는 임의 점까지의 거리
R_{ex}: 구하고자 하는 임의 점에서의 레이놀즈수

6) 흐름의 떨어짐(Separation)

유체가 점성 마찰로 인하여 평판을 따라 흐르지 못하고 속도구배(기울기)가 변함으로써 떨어져 나가는 현상으로 난류보다는 층류에서가 더 잘 일어난다.

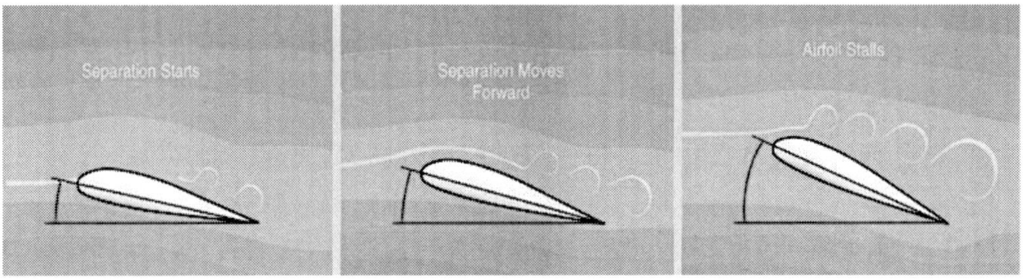

[그림 9] 흐름의 떨어짐

① 와류 발생 장치(vortex generator) : 날개 표면에 돌출부를 만들어 고의적으로 난류 경계층을 형성시켜 주는 장치로 박리를 방지한다.

4. 공기의 압축성 효과

1) 압축성 흐름

① 물체의 속도가 음속보다 클 때 : 비행체의 속도가 음속보다 크면 비행체에서 발생된 교란의 전파범위가 비행방향의 뒤쪽으로만 한정되고 원추 밖은 소리가 들리지 않는 구역. 즉, 고요한 구역과 원추안은 소리가 들

리는 작용구역으로 구분된다.

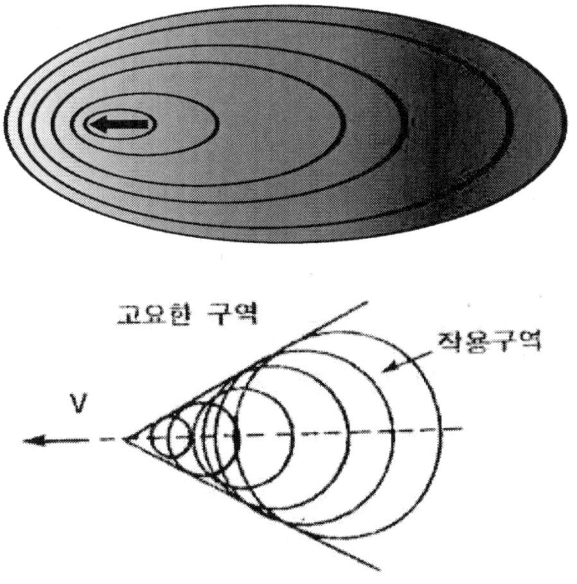

[그림 10] 압축파의 전파

㉮ 압축성 효과
공기가 마하 0.3 이상으로 흐를 때 저속으로 흐를 때와는 달리 공기압력, 밀도, 온도가 크게 변화하는데 이러한 현상을 공기의 압축성 효과라고 한다.

* 마하수(M.N)와 마하각(θ)과의 관계식 $M\ N = \dfrac{1}{\sin\Theta}$

마하각 : 마하파와 진행방향이 이루는 각도

2) 마하수(Mach Number, M.N, Ma)

① 마하수(M.N) : 비행체의 속도와 그 고도에서의 소리의 속도(음속)와의 비

$$M.N = \frac{\text{물체의 속도(비행기의 속도)}}{\text{소리의 속도(음속)}} = \frac{V}{C}$$ V : 물체의 속도, C : 음속

② 음 속 : 공기 중의 압력파의 전파 속도로 온도에 따라 변화하는데 표준 온도 15℃에서는 약340m/sec이다.

㉮ 온도가 0℃인 공기 중에서 음속은 331.2m/sec 이다.

㉯ 공기의 온도가 t℃일 때 음속을 구하는 공식

$$C = C_0\sqrt{\frac{273+t}{273}}$$

$C_0 = 331.2\text{m/sec}$ 또는, $C = \sqrt{kgRT}$

k = 공기 비열비(1.4), g = 중력가속도(9.8m/sec^2)

R = 공기 기체상수(29.27kg m/kg ° k), T : 절대 온도(273+℃)

* 음속에 가장 영향을 끼치는 요소 : 온도 즉, 절대온도의 제곱근에 비례

③ 음속의 종류와 마하수와의 관계

㉮ 아음속(subsonic) : M.N 〈 0.75 이하, 아음속 흐름, 압축성 흐름

㉯ 천음속(transonic) : 0.75 〈 M.N 〈 1.2, 천음속 흐름, 압축성 흐름, 부분충격파 발생

㉰ 초음속(supersonic) : 1.2 〈 M.N 〈 5, 초음속 흐름, 충격파 발생, 흐름특성에 큰 변화

㉱ 극초음속(hypersonic) : M.N 〉 5 이상

* 일반적으로 마하 0.3 이하(M.N 〈 0.3)의 공기 흐름은 비압축성 흐름, 그 이상에서는 압축성 흐름으로 가정한다.

3) 충격파(Shock wave)

물체의 속도가 음속보다 커지면 자신이 만든 압력보다 앞서 비행하므로 이 압력파들이 겹쳐 소리가 나는 현상으로 충격파 전후에서 속도, 압력, 밀도, 온도가 급격히 변화한다. 충격파에서 전후의 압력차가 충격파의 강도를 나타낸다. 충격파를 지난 후 공기 흐름의 특성 변화 : 속도는 급격히 감소하고, 압력, 밀도는 급격히 증가

① 아음속 공기 흐름

㉮ 수축 노즐(convergent nozzle)

㉯ 확산 노즐(divergent nozzle)

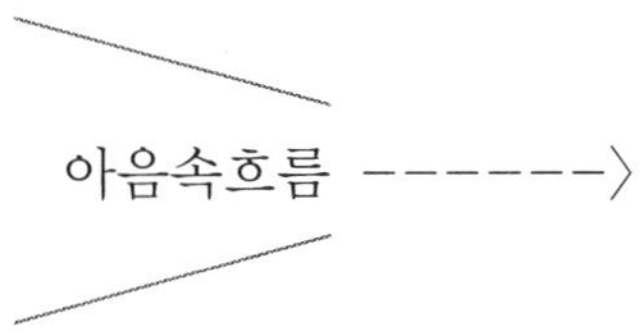

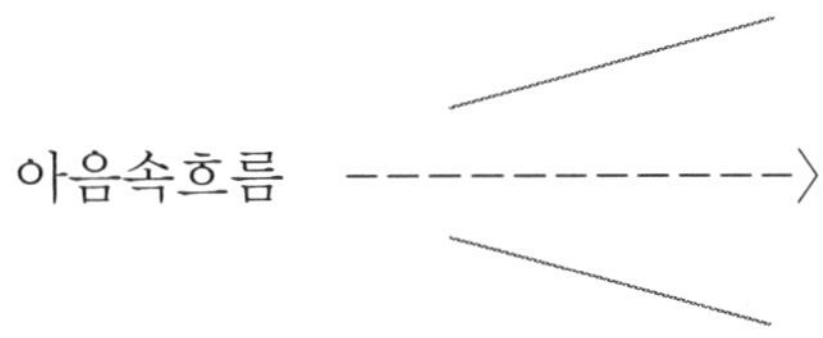

속도는 증가되고 압력은 감소 　　　　속도는 감소하고 압력은 증가

② 초음속 공기 흐름

압축성의 영향으로 아음속의 공기 흐름과는 정반대의 현상이 일어난다.

㉮ 수축 노즐(convergent nozzle) 　　㉯ 확산 노즐(divergent nozzle)

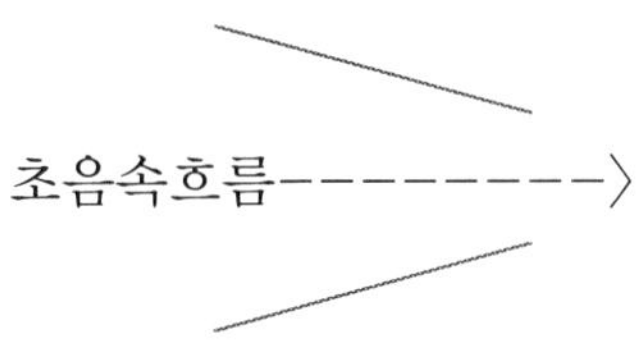

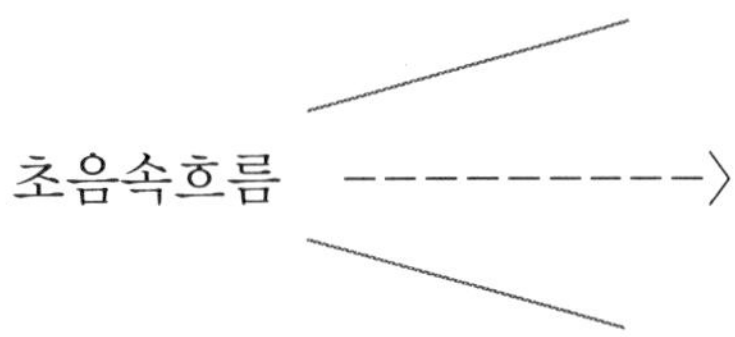

속도가 감소하고 압력은 증가한다. 　　속도는 증가하고 압력은 감소한다.

③ 충격파의 종류

㉮ 수직 충격파(normal shock wave) : 충격파가 유동방향에 수직으로 생길 때의 파를 말하며 이 불연속면의 압력, 밀도는 급격히 증대되고 속도는 급격히 감소하여 하나의 압축파로 나타난다. 수직 충격파를 지난 공기 흐름의 속도는 반드시 아음속이다.

㉯ 경사 충격파(oblique shock wave) : 충격파가 유동방향에 어느 각도를 갖고 생길 때의 파를 말하며 경사 충격파를 지난 공기 흐름은 속도가 급격하게 변하지 않기 때문에 충격파 뒤의 흐름속도는 초음속, 아음속 흐름이 될 수가 있다.

㉰ 수축 단면에서의 초음속 공기 흐름 : 통로가 일정한 단면을 유지하다가 급격히 좁아지면 급격한 벽면으로부터 경사 충격파가 발생한다.

㉱ 확대 단면(convex corner)에서의 초음속 흐름 : 통로가 일정한 단면을 유지하다가 돌출된 곡면(확대단면)에서 부채꼴 모양의 팽창파(expansion fan)가 발생하고 팽창파를 지난 공기 흐름은 속도가 빨라진다. 이와 같은 면에서의 팽창을 플란틀-마이어 팽창(prandtle-mayer expansion)이라 한다.

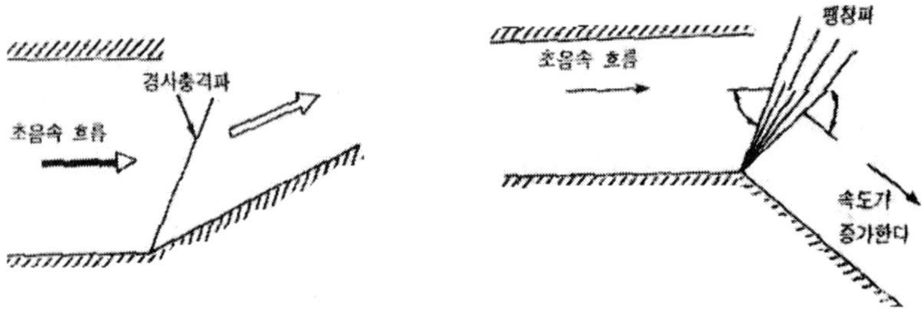

[그림 11] 수축단면과 확대단면의 초음속 흐름 대비

④ 충격파로 인한 항력

㉮ 조파 항력(wave drag): 초음속 흐름에서 충격파에 의해서 발생하는 항력.

㉯ 조파항력에 영향을 끼치는 요소: 날개골의 받음각, 캠버선의 모양, 길이에 대한 두께비

㉰ 조파항력을 최소로 하기 위한 방법

㉠ 날개골의 앞전을 뾰족하게 한다.(쐐기형, 원호형 날개골을 사용)

㉡ 두께는 가능한 한 얇게 한다.

㉱ 충격실속(shock wave): 날개골 흐름에서 날개 윗면에서의 충격파가 발생하면 충격파 뒤에서는 압력이 급격히 증가되고 속도가 급격히 감소하는데 날개골의 경계층 내에 있는 유체입자는 압력상승을 견디다 못해 떨어져 나가 양력은 감소되고 항력은 급격히 증가하여 결국 실속을 하게 되는데 이를 충격실속이라 한다.

제2장 날 개

1. 날개골(AIRFOIL)의 특성

1) 날개골(airfoil)의 명칭

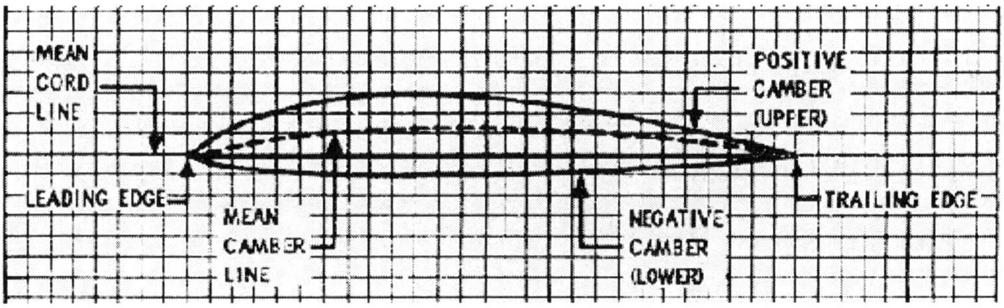

[그림 12] 날개골의 명칭

① 앞전(leading edge)
② 뒷전(trailing edge)
③ 시위선(chord line) : 앞전과 뒷전을 연결한 직선으로 특성길이의 기준.
④ 캠버(camber) : 시위선 에서 평균 캠버선까지의 거리.
⑤ 평균 캠버선(mean camber line) : 날개 두께분포의 2등분점을 연결한 선으로 날개골의 휘어진 모양
⑥ 최대캠버의 위치 : 앞전에서부터 최대 캠버가지의 시위선상의 거리 시위선에 대해 백분율(%)로 표시
⑦ 두께 : 시위선 에서 수직선을 그었을 때 윗면과 아래면 사이의 수직거리
⑧ 두께비 : 날개의 두께와 시위선과의 비.

⑨ 최대 두께 : 시위선 에서 수직방향으로 아랫면에서 윗면까지의 가장 큰 높이를 말하고 보통 시위선에 대해 백분율(%)로 표시

⑩ 앞전반경(leading radius) : 앞전에서 평균 캠버선에 접하도록 그은 직선상의 중심을 갖고 에어포일 상하면에 내접하는 원의 반경.

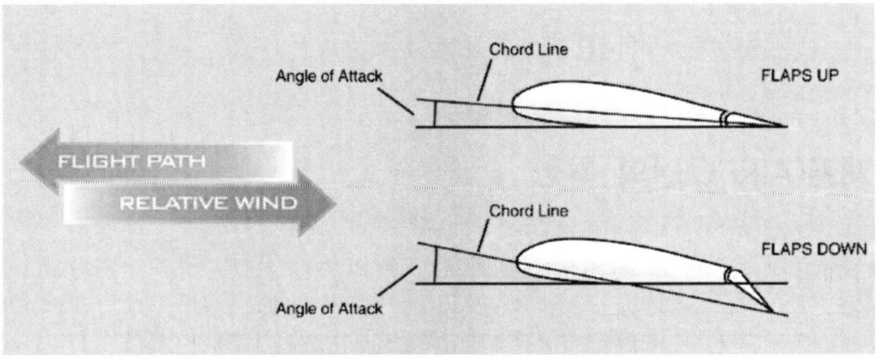

[그림 13] 플랩작동, 시위선의 변화, 받음각의 변화 관계

2) 날개골(airfoil)의 공력 특성

① 날개골에 작용하는 공기력

㉮ 양력(lift)과 항력(drag)

㉠ 양력(L) : 날개골에 공기 흐름의 방향과 수직하게 작용하는 힘.

양력(L) $= C_L \frac{1}{2} \rho V^2 S$ ....양력계수(C_L) = $\frac{2W}{\rho V^2 S}$

여기서, L = 양력, ρ = 공기밀도, V : 속도, C_L = 양력계수, S : 날개면적

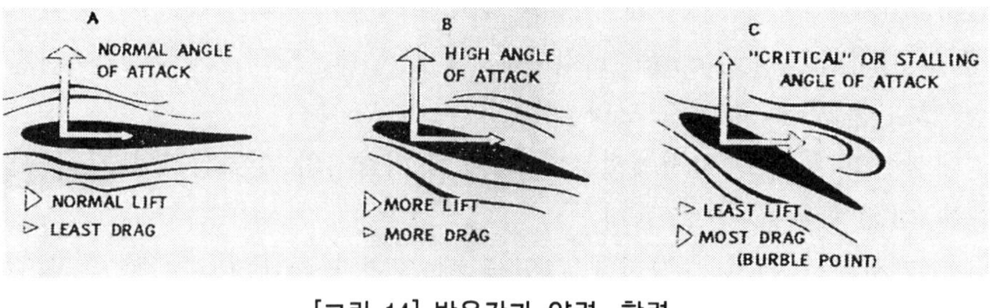

[그림 14] 받음각과 양력, 항력

㉡ 항력(D) : 공기 흐름방향(상대풍 방향)으로(진행방향과 반대로) 작용하는 힘

항력(D) $==C_D \frac{1}{2} \rho V^2 S$ ....항력계수(C_D) = $\frac{2D}{\rho V^2 S}$

여기서, D = 항력, ρ = 공기밀도, V : 속도, C_D = 항력계수, S : 날개면적

㉯ 받음각(영각, angle of attack) : 공기 흐름의 방향과 날개골 시위선이 이루는 각.

② 받음각과 양력계수(C_L) 및 항력계수(C_D)와의 관계

㉮ 받음각과 양력계수(C_L)와의 관계

㉠ 받음각이 −5.3° 일 때 C_L은 0이다. 즉, 양력 L = 0이다. 이때의 받음각을 0양력 받음각 (zero lift angle of attack)이라 한다.

㉡ 받음각이 증가함에 따라 C_L은 거의 직선적으로 증가한다.

㉢ 받음각이 18° 근처에서 C_L은 최대가 되는데 이때의 양력계수를 최대 양력계수(C_{Lmax})라 한다. 또 이때의 받음각을 실속각(stall angle)이라 한다.

㉣ 실속각을 넘으면 C_L은 급격히 감소하는데 이를 실속(stall)이라 한다.

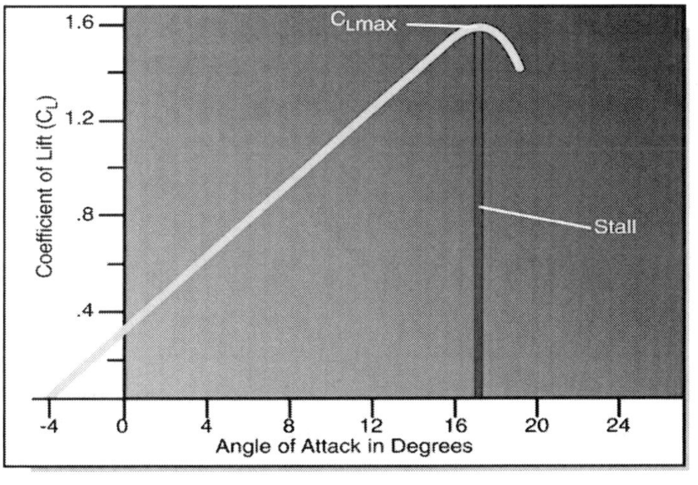

[그림 16] Stall Angle

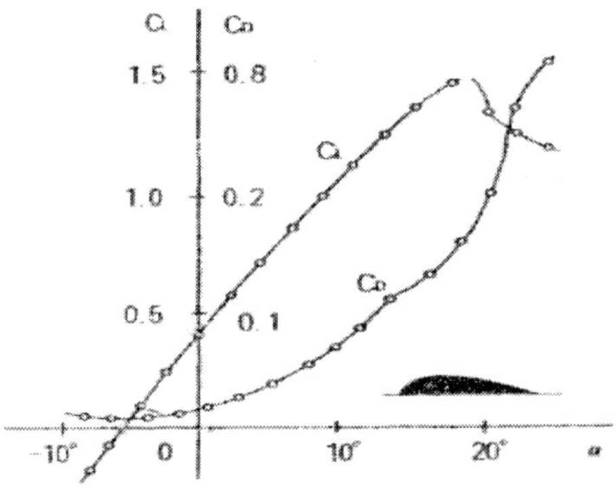

[그림 15] 클라크 Y형 날개의 양항곡선

㉯ 받음각과 항력 계수의 관계

받음각이 증가하면 항력은 점점 증가하다가 실속각 근처에서 급격히 증가

받음각이 -값이라도 항력계수는 항상 +값을 갖는다.

항력계수는 포물선적으로 증가

③ 날개골 모양에 따른 특성

㉮ 두께의 영향

㉯ 앞전 반지름의 영향: 고속 항공기에서는 두께가 얇고 앞전반경이 작은 것이 좋다.

㉰ 캠버의 영향: 캠버가 크면 양력과 항력이 증가하는데 플랩(flap)을 사용하여 캠버증가.

㉱ 시위길이의 영향

* 치수 효과(레이놀즈수 효과) : 레이놀즈수에 의한 특성 변화를 치수 효과(scale effect), 또는 레이놀즈수 효과라 한다.

3) 압력 중심과 공기력 중심

① 압력 중심(center of pressure, C.P, 풍압 중심)

날개골(airfoil) 주위의 흐름속도의 변화로 날개골에 주위에 작용하는 압력의 합력점으로 받음각에 따라 그 위치가 변한다. 풍압 중심은 받음각이 증가하면 앞전(전연)쪽으로 이동하고, 급강하할 때는 압력 중심이 뒷전 쪽으로 후퇴를 한다. 날개골에서 압력중심의 이동범위가 작을수록 좋은 날개골이다.

㉮ 압력 중심(c.p) $\quad c.p = \frac{l}{C}$

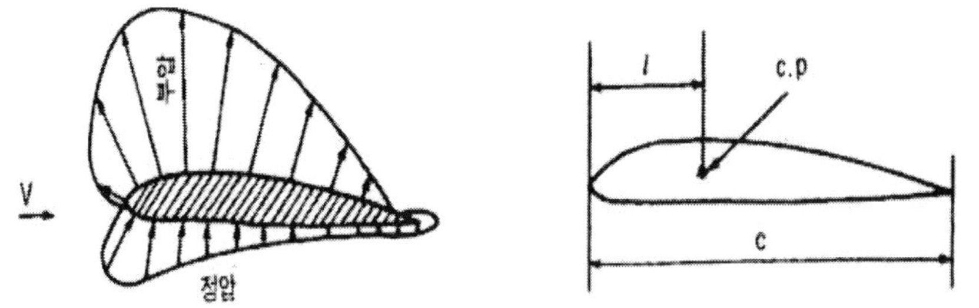

[그림 17] 압력 중심(c.p)

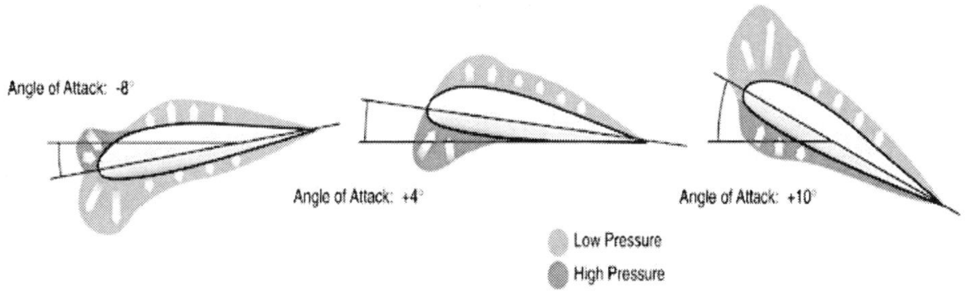

[그림 18] 받음각 변화에 따른 압력 분포의 변화

② 공기력 중심(aerodynamic center, a.c)

받음각이 변하더라도 모멘트 값이 일정한 지점을 공기력 중심이라 하며, 대개 공기력 중심의 위치는 앞전에서 25%지점에 위치한다.

$$M = \frac{1}{2}\rho V^2 C_m S C$$

C_m = 모멘트 계수 $\quad$ C : 시위길이 $\quad$ M = 공기력 모멘트

4) 날개골(airfoil)의 호칭 및 종류

① 날개골의 호칭

㉮ 클라크 Y형(clark Y type) : 밑면이 직선으로 시위선과 일치하는 에어

포일.

* 대칭형 날개골(symmetrical airfoil)

N A C A 0 0 0 9, N A C A 0 0 1 2

㉯ 4자 계열 : 최대 두께가 시위길이의 30%정도에 위치한 날개골이다. 4자계열은 주로 00XX, 24XX, 44XX로 표시되며, 00XX는 대칭형 날개골을 의미한다.

예) N A C A 2 4 1 5

- 15 : 최대 두께(최대 두께의 크기가 시위의 15%)
- 4 : 최대 캠버 위치가 앞전에서부터 시위의 40% 뒤에 있다
- 2 : 최대 캠버의 크기가 시위의 2%이다

NACA 0015　　　NACA 4415

[그림 19] 4자 계열 날개골

㉰ 5자 계열: 4자 계열의 날개골을 개선한 것으로 큰 받음각에서도 흐름의 떨어짐이 생기지 않도록 하여 C_L을 증가시킨 날개골이다.

예) N A C A 2 3 0 15

- 15 : *최대 두께의 크기가 시위의 15%이다.
- 0 : *평균 캠버선의 뒤쪽 반이 직선이다 (1일 경우 뒤쪽 반이 곡선)
- 3 : *최대 컴버의 위치가 시위의 15%이다.
- 2 : *최대 컴버의 크기가 시위의 2%이다.

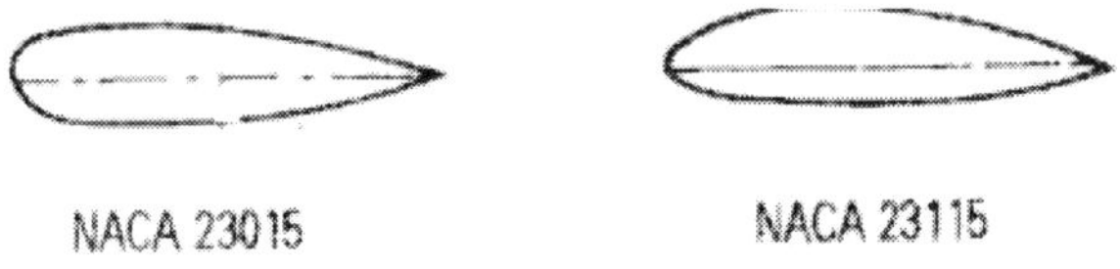

[그림 20] 5자계열 날개골

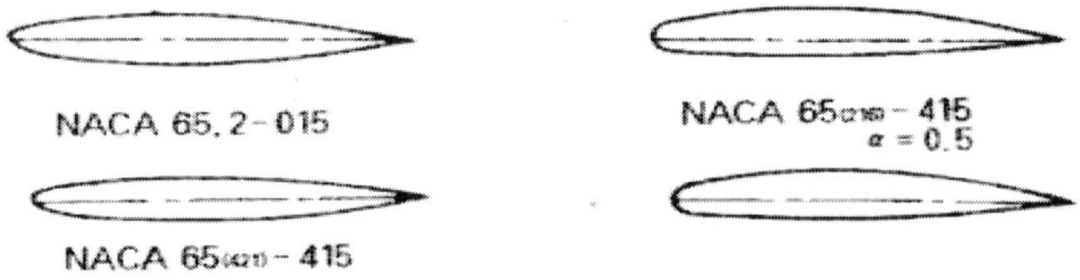

[그림 21] 6자 계열 날개골

㉣ 6자 계열 날개골: 층류형 날개골(laminar flow airfoil)로서 최대 두께 위치를 중앙 부근에 위치하여 설계 양력계수 부근에서 항력계수가 작아지도록 하고, 받음각이 작을 때 앞부분의 흐름이 층류를 유지하도록 한 날개골

예)

N A C A 6 5 1 - 2 1 5

최대 두께가 시위의 15%이다.

설계 양력 계수가 0.2이다.

항력버킷의 폭이 설계 양력계수를 중심으로 해서 ±0.1이다.

받음각이 0° 일 때 최소 압력이 시위의 50%에 생긴다.

6자 계열 날개골이다.

* 항력버킷(drag bucket)

양항극 곡선에서 어떤 양력계수 부근에서 항력계수가 갑자기 작아지는 부분을 말하며, 이 곡선 중심의 양력계수가 설계 양력계수이다. 항력버킷은 날개의 두께가 얇을수록 또는 레이놀즈수가 클수록 항력버킷은 좁고 깊어진다.

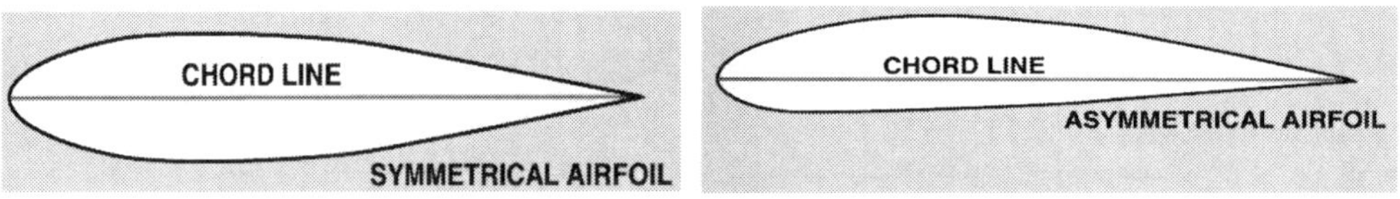

[그림 22] 대칭형 날개골(symmetrical airfoil)과 비대칭형 날개골(Asymmetrical airfoil)

㉮ 초음속 날개골: 초음속 날개골의 앞전은 뾰족한 모양을 하고 있다.

[그림 23] 초음속 날개골

예) 1 S - (50) (03) - (50) (03)

*밑면의 최대 두께가 시위의 3/100

*밑면의 최대 두께 위치가 시위의 50%

*윗면 최대 두께가 시위의 3/100

* 윗면 최대 두께의 위치는 시위의 50% 후방에 위치

*초음속(supersonic)

* 일련번호(1: 쐐기형(다이아몬드형), 2: 원호형(렌즈형))

㉯ reflexed airfoil: 압력중심(풍압중심)의 이동을 적게 하기위해 설계된 날개골

② 고속기의 날개골

㉮ 층류 날개골(laminar flow airfoil, roof top airfoil): 최대 두께 위치를 중앙 부근(40~50%)에 위치하여 설계 양력계수 부근에서 항력계수가 작아지도록 하고 받음각이 작을 때 앞부분의 흐름이 층류를 유지하도록 한 날개골이다. 날개 윗면의 최저 부(-)압점보다 앞쪽에서는 경계층의 흐름이 주변 흐름에 의해 가속과 가압을 받음으로 흐트러지지 않아 난류로의 천이가 억제된다. 층류날개는 이러한 현상을 적절히 이용한 것으로 최대 두께의 위치를 뒤쪽에 놓고 앞전 반지름을 다소 작게

하여 최저 부(-)압점을 후퇴시켜 천이를 지연시킴

[그림 23] 층류날개골

㉯ 피키 날개골(peaky airfoil): 음속에 가까운 속도로 비행하는 항공기에 충격파의 발생으로 인한 항력의 증가를 억제하기 위해서 시위의 앞부분에 압력분포를 뾰족하게 만든 날개골로서 층류형 날개골이 앞전 반경이 작은데 비해 이를 크게 하고, 그 뒤의 두께 변화를 작게 하여 앞부분에서 가속은 크지만 그 뒤의 유속 변화는 완만하다.

[그림 24] 일반날개와 피키 날개골의 압력분포 비교

㉰ 초임계 날개골(super critical airfoil): 날개주위의 초음속 영역을 넓혀 충격파를 약하게하여 항력의 증가를 억제함으로서 임계마하수를 0.99가지 증가시킬수 있는 날개골, 앞전 반경이 비교적 크고 날개골 윗면은 평평하며 뒷전 부근에 캠버가 조금 있다.

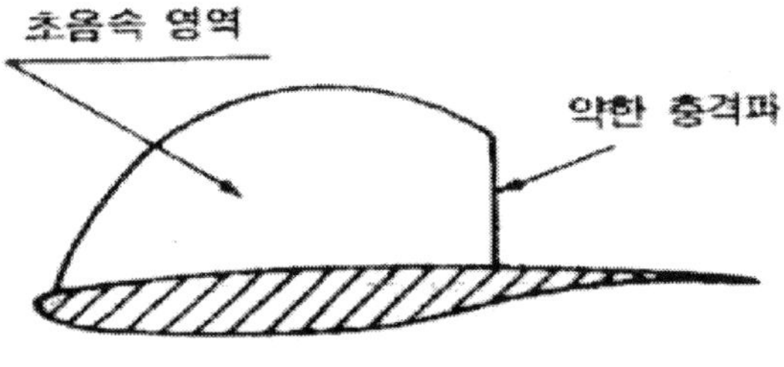

[그림 25] 초 임계 날개골

2. 날개의 모양과 특성

1) 날개의 용어

① 날개 면적(S) : 날개 윗면의 투영 면적을 말하며 보통 S로 표시한다.

② 날개 길이(span): 날개 끝에서 다른 쪽 날개 끝까지의 길이. 보통 b로 표시.

③ 시위(chord, C)

날개골의 앞전과 뒷전을 연결한 직선을 말하며 보통 시위라 하면 평균시위를 말함

㉮ 평균 공기력 시위(공력 평균 시위, mean aerodynamic chord)

날개에 있어서 공기 역학적인 특성을 대표하는 부분의 시위.

㉯ 중심위치가 MAC의 25%라 함은 중심이 MAC의 앞전에서부터 25%에 위치

㉰ 기하학적 평균 시위(M.G.C, mean geometric chord)

④ 날개의 가로세로비(종횡비, aspect ratio, A.R) 날개의 길이를 시위로 나눈 값.

$$A.R = \frac{b}{c} = \frac{b^2}{s}$$

C : 날개시위, b : 날개 폭(스팬, span) S : 날개면적

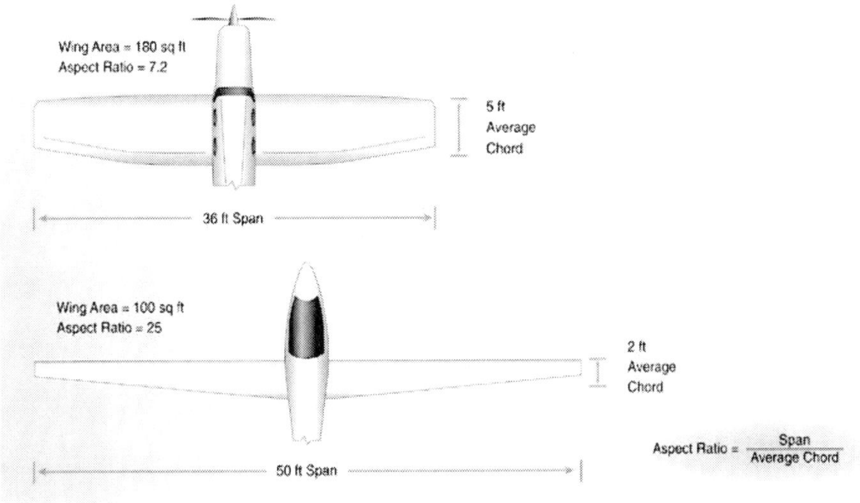

[그림 26] 가로 세로비

㉮ 가로세로비가 클수록 활공성능은 좋아진다.
㉯ 가로세로비와 유도항력은 반비례한다.

⑤ 테이퍼 비(taper ratio, λ) : 날개 뿌리 시위(Cr)와 날개 끝 시위(Ct)와의 비. $\lambda = \frac{C_t}{C_r}$

⑥ 뒤젖힘각(후퇴각) : 앞전에서 25% C 되는 점들을 날개 뿌리에서 날개 끝까지 연결한 직선과 가로축이 이루는 각.

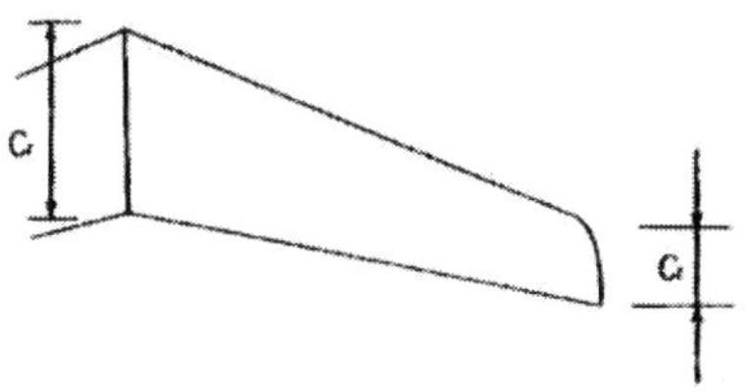

[그림 27] 테이퍼비

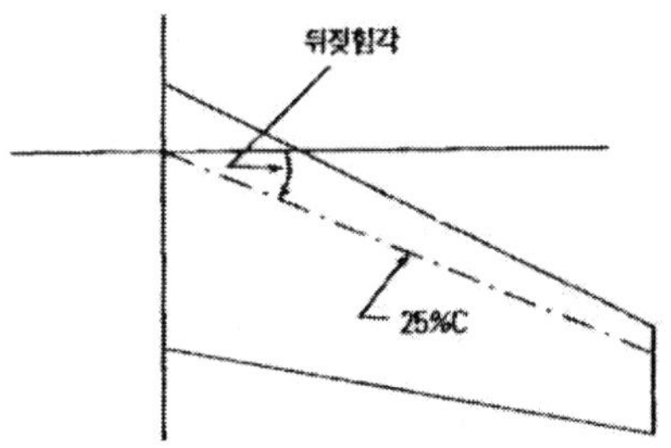

[그림 28] 뒤 젖힘각

⑦ 쳐든각(상반각) : 날개가 수평선을 기준으로 위로 올라간 각도를 말한다.
⑧ 붙임각(취부각) : 기체의 세로축과 날개 시위선이 이루는 각을 말한다.

[그림 29] 붙임각

⑨ 기하학적 비틀림 : 날개 끝의 붙임각을 날개 뿌리의 붙임각보다 크거나 작게 한 것.

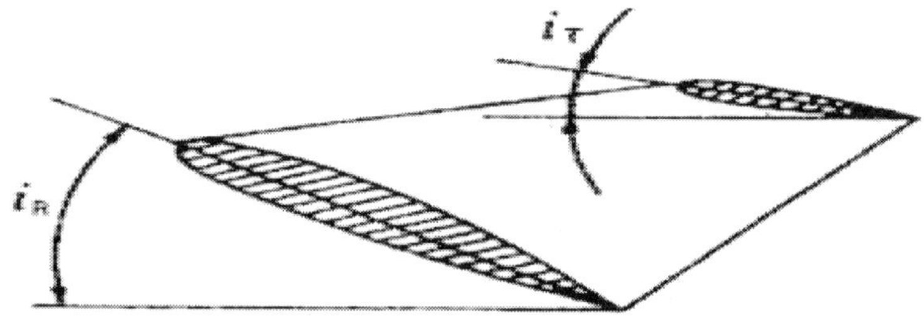

[그림 30] 기하학적비틀림

2) 날개의 모양에 따른 특성

① 직사각형 날개 : 제작이 간단하고 용이하나 성능이 우수하지 않아 소형 저속기에 사용. 날개 끝 실속이 일어나지 않는다.
② 테이퍼형 날개 : 날개 끝 방향으로 갈수록 양력 분포를 작게 하여 구조적으로 강하게 제작된 날개로 성능이 양호하다. 현재 제작되는 비행기에 대부분 사용.
③ 타원형 날개 : 길이방향의 양력계수의 분포가 일률적이고 유도항력이 최소인 날개.
④ 앞젖힘 날개 : 날개 끝 실속을 일으키지 않는다.
⑤ 뒤젖힘 날개 : 충격파의 발생을 지연, 고속시 저항을 감소, 음속 가까이 비행가능.
⑥ 삼각 날개 : 임계 마하수가 높고, 구조가 튼튼, 이 · 착륙 시 조종사의

시야가 불량.

⑦ 이중 삼각날개, 오지(ogee) 날개 : 삼각날개의 결점을 보완한 날개. 면적 및 시위 증가

3) 고속형 날개

① 뒤젖힘 날개(후퇴날개)

㉮ 후퇴날개의 장점

㉠ 천음속으로부터 초음속에 이르기까지 항력이 적다.

㉡ 충격파의 발생이 늦어 임계 마하수를 증가시킬 수 있다.

㉢ 방향 안정 및 가로 안정성이 있다.

㉣ 후퇴익 자체에 상반각 효과가 있기 때문에 상반각을 크게 할 필요가 없다.

㉤ 직사각형 날개와 비교하여 마하 0.8정도 까지는 풍압중심의 이동이 적다.

㉥ 비행 중 돌풍에 의한 영향이 적다.

㉯ 후퇴익의 결점

㉠ 날개 끝 실속(익단 실속, wing tip stall)이 발생한다.

㉡ 큰 양력을 얻기 위해서는 받음각을 크게 해야 한다.

㉢ 날개 뿌리부분에 큰 비틀림 모멘트가 발생한다.

㉣ 플랩(flap) 효과가 적다

* 익단 실속(날개 끝 실속) : 후퇴익에서 날개 흐름이 날개 끝 쪽으로 흘러 날개 끝에서 실속이 일어나는 현상.

* 익단 실속 방지책

i) 15~20cm 정도의 경계층 판(boundary layer fence 경계층 격벽판)을 설치.

ii) wash out: 날개 끝에서 받음각을 날개 뿌리 보다 작게 날개를 비틀어 놓는 것.

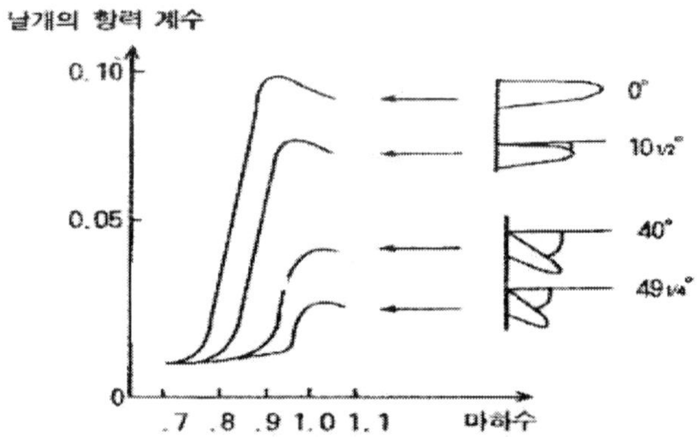

[그림 31] Sweep back effect

㉰ 항력발산 마하수(drag divergence mach number)

날개골의 특성이 달라지는 마하수로 항력이 급격히 증가하므로 추력이 크게 필요하다.

항력발산 마하수가 높을수록, 그때의 항력이 작을수록 항공기는 고속비행이 적합하다.

<u>*항력발산 마하수를 증가시키기 위한 방법</u>

㉠ 얇은 날개 사용하여 날개 표면에서의 속도증가를 줄인다.

㉡ 날개에 뒤젖힘각(후퇴각, sweep back)을 준다.

㉢ 가로세로비가 작은 날개를 사용한다.

㉣ 경계층을 제어한다.

㉤ 이상의 조건을 서로 잘 조합한다.

➤ 임계마하수?

② 삼각 날개

뒤젖힘 날개는 고속 시에는 공력 탄성 문제와 날개 끝 실속을 일으키기 쉽기 때문에 이러한 문제들을 해결하기 위해 삼각형 날개를 사용하며,

* <u>장점</u> : 임계 마하수가 높아 고속기용으로 적합하다. 삼각 날개에서는 날개뿌리 시위가 길기 때문에 날개의 두께를 크게 할 수 있어 공력 탄성에 크게 견딜만한 충분한 강성을 가질 수 있다. 뒤젖힘 각이

큰 날개는 양력곡선의 기울기가 작아 작은 받음각에서 양력계수가 작고 고속으로 비행할 경우에는 큰 양력이 얻어지지만

* 단점 : 저속일 때는 큰 받음각으로 비행해야 하므로 날개 끝 실속을 일으키기 쉽다. 즉, 최대 양력계수가 작아 착륙 속도가 큰 단점이 있다.

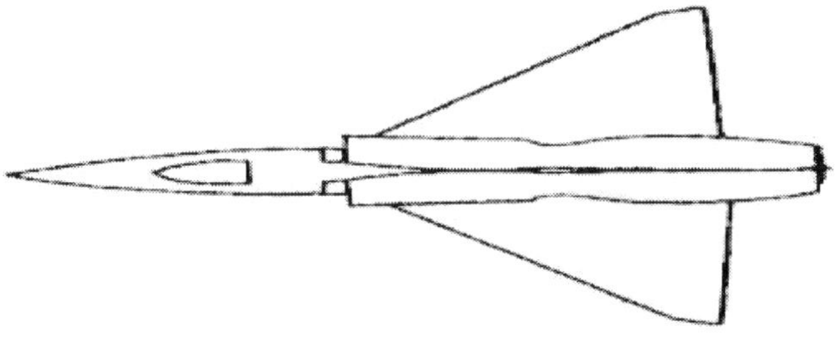

[그림 32] 삼각날개

③ 오지 날개(ogee wing, 반곡선 날개)

초음속 비행으로 생기는 조파항력을 감소시키기 위해서는 가로세로비가 작고 세로 방향으로 얇고 긴 날개가 필요하다. 반면에 유도항력을 감소시키기 위해서는 가로세로비가 크고 스팬이 긴 날개가 필요하다. 또, 마찰항력과 구조 무게는 날개면적에 비례하기 때문에 항력을 최소로 하기 위해서는 면적을 최소로 하는 것이 좋다. 즉, 날개의 평면형은 시위길이가 길고 스팬이 길며, 최소 날개의 면적을 가지는 것이 좋다.

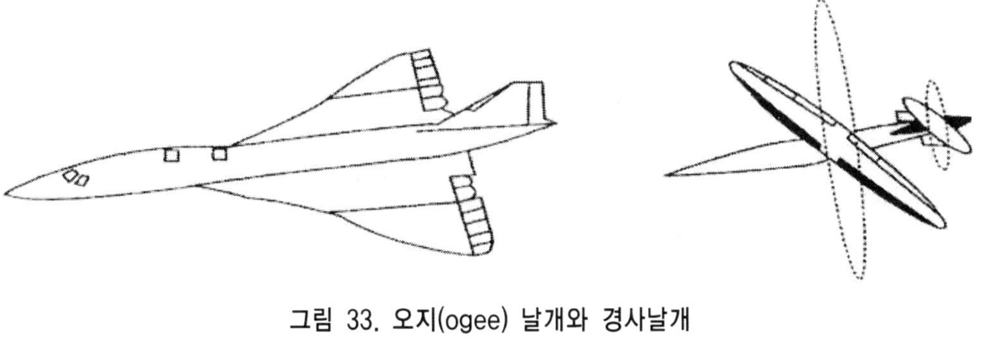

그림 33. 오지(ogee) 날개와 경사날개

④ 경사 날개(oblique wing)

저속 비행 시 직선 날개이고, 고속 비행 시 날개를 경사시켜 한쪽 날개는

앞젖힘 날개가 되고 다른 쪽 날개는 뒤젖힘 날개가 된다. 가변날개보다 양력 중심 이동이 작아서 공력하중을 감소시키고 날개작동기구가 간단

3. 날개의 공기력

1) 날개의 양력

① 쿠타–쥬코브스키(kutta–joukowsky)양력 ; 물체 주위의 순환 흐름(vortex)에 의해 생기는 양력으로 흐름에 놓인 물체에 순환이 있으면 물체는 흐름에 직각 방향으로 양력이 생긴다.

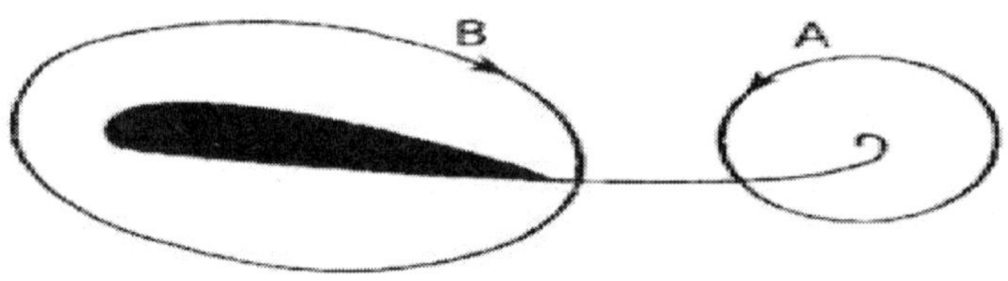

[그림 34] 날개주위의 순환흐름

* 쿠타–쥬코브스키(kutta – joukowsky)양력

$L = \rho V\Gamma$ .... L = 양력, Γ = 볼텍스(와류) 세기, V = 속도

* 마그너스(maguns)효과

회전 원통에 의해서 생긴 순환이 선형 흐름과 조합될 경우 양력이 발생하는 효과

㉮ 출발 와류(starting vortex) : 날개가 움직이기 시작한 순간 뒷전의 흐름의 떨어짐에 의해 발생.

㉯ 속박 와류(boundary vortex) : 출발 와류와 크기가 같고 방향이 반대인 와류로 날개에 항상 붙어 다닌다.

㉰ 날개 끝 와류(익단 와류, tip vortex) : 날개를 지나는 흐름은 윗면에서 부압(–), 아래면 에서 정압(+)이기 때문에 날개 끝에서 안쪽으로 말려드는 와류를 말한다.

㉣ 말굽형 와류(horse shoe vortex) : 테이퍼 날개에서는 날개 끝 와류가 날개 길이 중간에도 생겨 말굽모양의 와류가 발생하는 와류를 말한다.

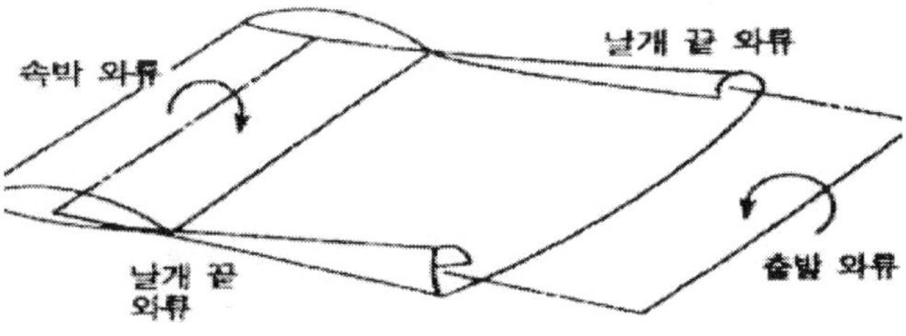

[그림 35] 날개에서 발생하는 와류

2) 날개의 항력

① 유도항력(induced drag, Di)

㉮ 내리 흐름(빗내리 바람, down wash) : 속박 와류와 날개 끝 와류에 의해 수평 비행시 날개 뒷전 부근을 밑(아래 방향)으로 향하게 하는 흐름. 이 때 수직방향의 속도

㉯ 유효받음각(α_e) : 내리 흐름에 의해 날개 흐름에 대한 받음각은 겉보기(원래 받음각) 보다 작아지는데 이 받음각은 유효받음각

* 가로세로비가 작을수록 내리 흐름이 강하여 유효 받음각이 작아지므로 같은 양력을 얻기 위해서는 겉보기 받음각을 크게 하여야 하고 결국에는 실속각이 커지고 유도 항력이 발생

㉰ 유도항력

내리 흐름(down wash)으로 인한 유효받음각이 작아지면 날개 양쪽이 기울어져 흐름 방향의 항력이 작용하는데 이를 유도항력이라 하고, 이 때 속도를 유도속도라 한다.

$$D_i = \frac{1}{2}\rho V^2 C_{Di} S \ \ldots\ldots\ldots\ldots\ldots\ldots\ C_{Di} = \frac{C_L^2}{\pi e A.R}$$

여기서, ρ : 공기밀도, V : 속도, C_{Di} : 유도항력 계수,

S : 날개면적, A.R : 종횡비 e : 날개의 스팬효율계수

* 유도항력은 가로세로비에 반비례하며, 유도항력을 줄이기 위해서는 날개를 길게 해야 한다. 즉, 종횡비를 크게 해야 한다.

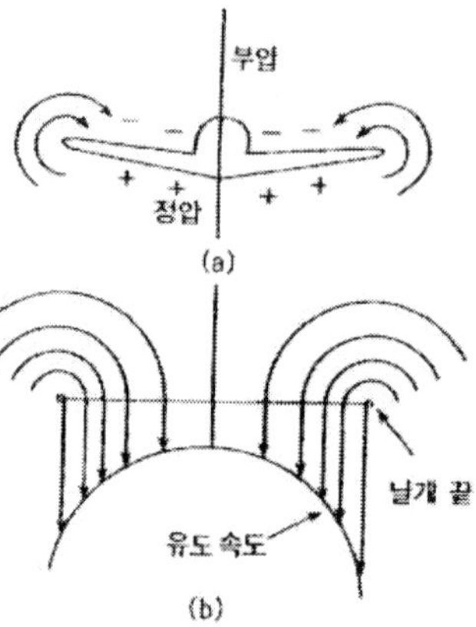

[그림 36] 날개끝 와류

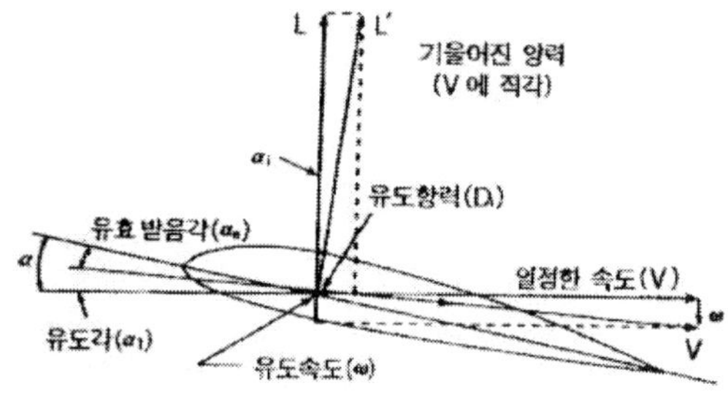

[그림 37] 유효받음각과 유도항력

㉠ 유도각 $\alpha_i = \frac{C_L}{\pi AR}$ α_i = 유도각, C_L = 양력계수, A.R= 종횡비

㉡ 유도항력과 가로세로비

* 날개 면적은 동일하고 날개길이를 2배로 할 경우

- 가로세로비 : 4배 증가
- 유도 항력 : 1/4배 증가

* 날개 면적은 동일하고 날개길이를 2배, 양력계수를 1/2배로 할 경우

- 가로세로비 : 4배 증가
- 유도 항력 : 1/16배 증가

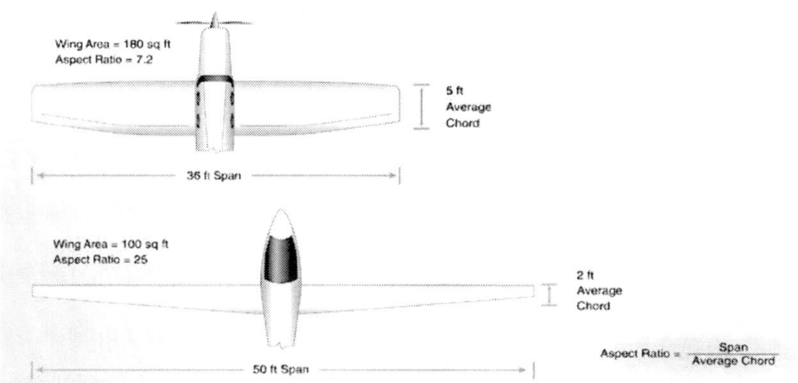

[그림 38] 긴 날개(가로세로비가 큰 날개)의 효과

② 형상 항력(profile drag) : 물체의 모양에 의해 발생하는 항력.

형상항력 = 마찰항력 + 압력항력

㉮ 마찰 항력(friction drag) : 점성유체 속을 이동하는 물체는 물체 표면과 점성유체 사이에 생기는 마찰력으로 발생하는 항력.

㉯ 압력 항력(pressure drag) : 물체 표면에서 박리되어 하류 쪽으로 와류를 발생시키기 때문에 생기는 항력. 전후 압력차에 의해 발생

㉰ 아음속 항공기에 생기는 전 항력계수(C_D),

C_D = 형상항력 계수(C_{Dp}) + 유도항력 계수(C_{Di})

= 압력항력 계수 + 마찰항력 계수 + 유도항력 계수

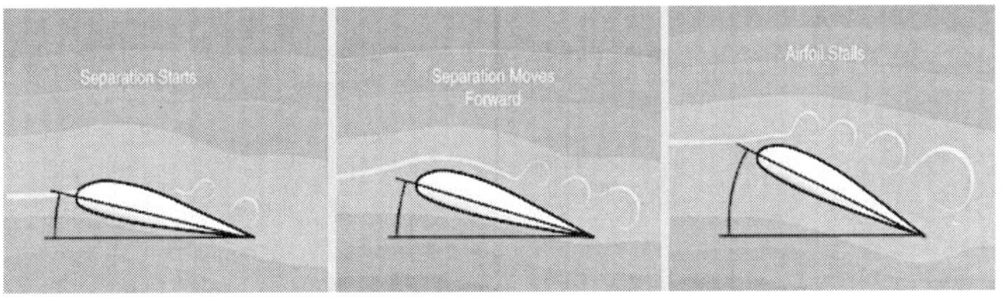

[그림 39] 압력항력의 발생(증가)과정

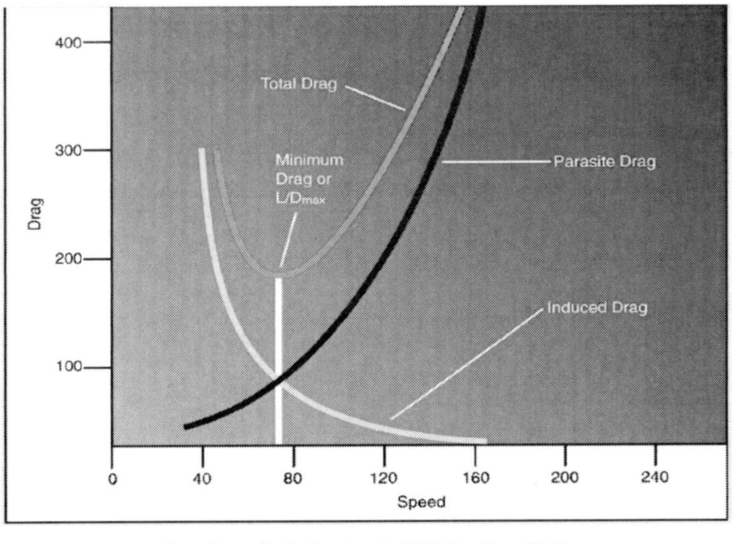

[그림 40] 총항력, 유해항력, 유도항력

③조파 항력(wave drag, D_w)

날개표면의 초음속 흐름에서 충격파 발생으로 생기는 항력으로 양력계수의 제곱에 비례

$D_w = \frac{1}{2}\rho V^2 C_{DW} S$ C_{DW} = 조파항력 계수

* 조파항력 계수(C_{DW}) $C_{DW} = \frac{4\alpha^2}{\sqrt{M_{CD}2-1}}$, $\alpha = \frac{1}{4} C_L \sqrt{(M_{CD}2-1}$

3) 날개의 실속성

* 실속(stall) : 항공기가 자신의 무게를 이기고 더 이상 전진 할 수 없는 상태.

① 직사각형 날개: 날개 Root에서부터 실속이 발생.

② 테이퍼형 날개 : 날개 Tip에서부터 실속이 발생.

③ 타원형 날개 : 실속이 날개 전체에 걸쳐 균일하게 발생하고 부분적인(국부적인) 실속이 발생하지 않는 장점이 있으나 실속 회복이 어려운 단점이 있다.

④ 뒤젖힘 날개(후퇴 날개) : 날개 끝 에서부터 실속이 발생.

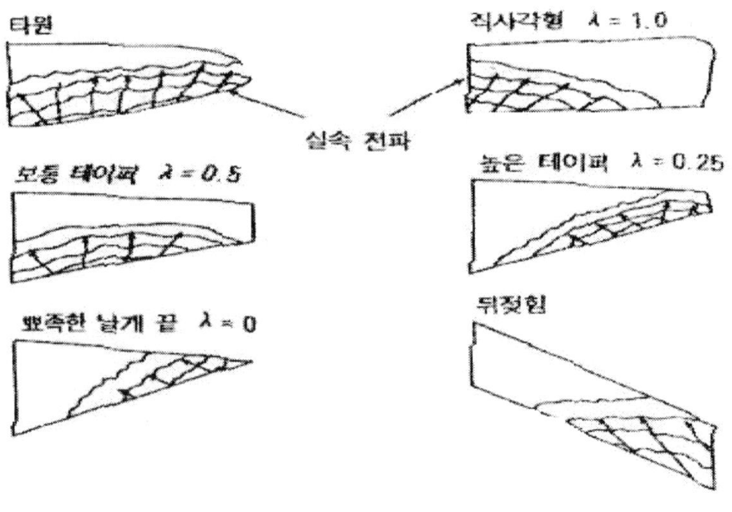

[그림 41] 날개형상에 따른 실속의 진행 상태

4) 날개 끝 실속 방지법

① 날개의 테이퍼 비를 너무 작게 하지 않는다.
② 날개 끝으로 갈수록 받음각이 작아지도록 앞내림(wash out)을 준다.(기하학적 비틀림)
③ 날개 뿌리에 스트립(strip)을 설치하여 받음각 증가시 흐름을 강제로 떨어지게 하여 날개 끝 보다 먼저 실속이 생기도록 한다.
④ 날개 앞전 앞쪽에 슬롯(slot)을 설치하여 흐름의 떨어짐을 방지한다.
⑤ 날개 끝 부분에 두께비, 앞전 반지름, 캠버 등이 큰 날개를 사용한다.(공력적 비틀림)

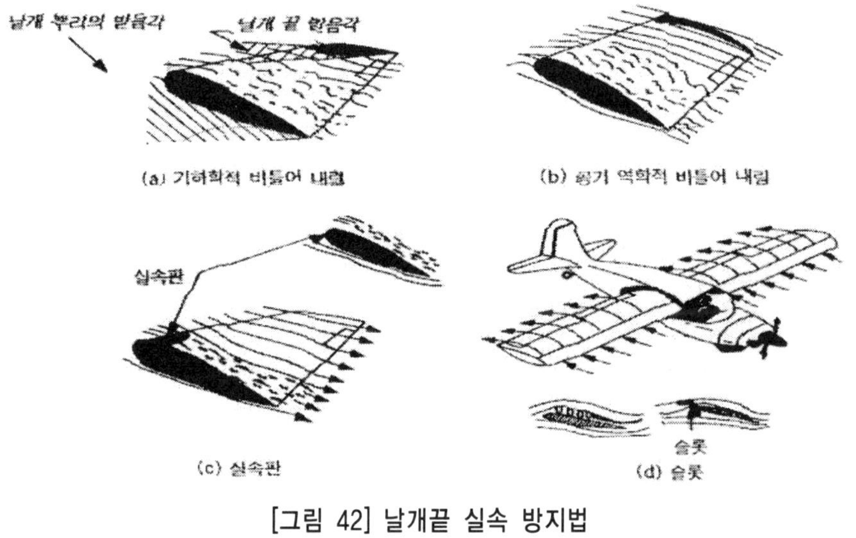

[그림 42] 날개끝 실속 방지법

4. 날개의 공기력 보조 장치

1) 고양력 장치(high lift device) : 최대 양력계수(C_{Lmax}) 증가 장치(이착륙 거리 단축).

$$* \text{ 실속 속도 } \quad V_{min} = \sqrt{\frac{2W}{\rho C_{Lmax} S}}$$

V_{min} : 최소 속도(착륙 속도)　　W : 비행기 무게

S : 날개 면적　C_{Lmax} : 최대 양력 계수　ρ : 공기밀도

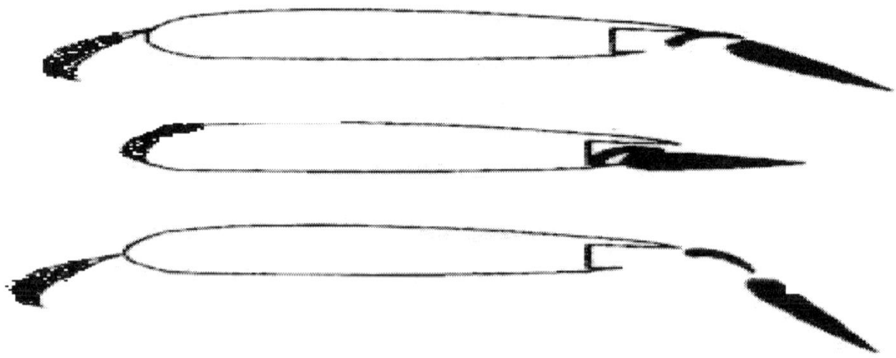

[그림 43] 플랩의 작동 상태 변화

① 고양력 장치의 종류

㉮ 뒷전 플랩(flap) : 날개 뒷전을 아래로 구부려 캠버(camber)를 증가시켜 최대 양력을 증가.

㉠ 평면 플랩(plain flap) : 날개 뒷전을 단순히 구부리는 것으로 소형기, 저속기에 사용.

㉡ 스플릿 플랩(분할 플랩, split flap): 날개 뒷전의 밑면을 일부 내리게 되면 흐름의 떨어짐을 지연시켜 최대 양력계수를 증가시킬 수 있는 플랩.

㉢ 슬롯 플랩(slot flap) : 플랩을 내렸을 때 플랩의 앞전에 틈(slot)이 생겨 이를 통하여 날개 밑면의 흐름을 윗면으로 올려 뒷전 부분의 흐름의 떨어짐을 방지하기 위한 플랩.

㉣ 파울러 플랩(fowler flap) : 플랩을 내리면 우선 뒷전 밑면에 장착한 플랩이 뒤쪽으로 밀려 나간 후 날개 뒷전과 플랩 앞전 사이에 틈을 만들면서 밑으로 굽히도록 만들어진 플랩. 날개의 캠버를 증가시키는 동시에 면적을 크게할 수 있어 성능이 우수.

㉤ 이중간격플랩 : 간격을 이중으로 설치한 것으로 성능이 우수하나 구조 복잡, 대형 고속기에 사용.

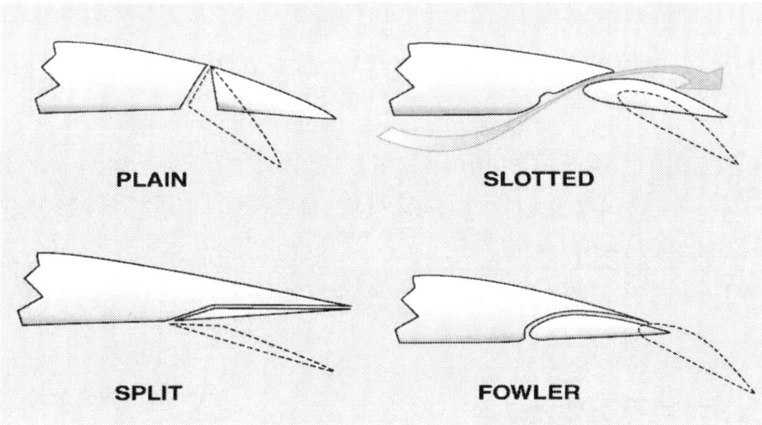

[그림 44] 뒷전 플랩의 종류 및 형상

㉯ 앞전 플랩

㉠ 슬롯(slot)과 슬랫(slat) : 날개 앞전에 틈을 만들어 공기를 상면으로 유도함으로써 흐름의 떨어짐을 지연시켜 C_{Lmax}를 증가하여 실속각을 증가시키는 장치.

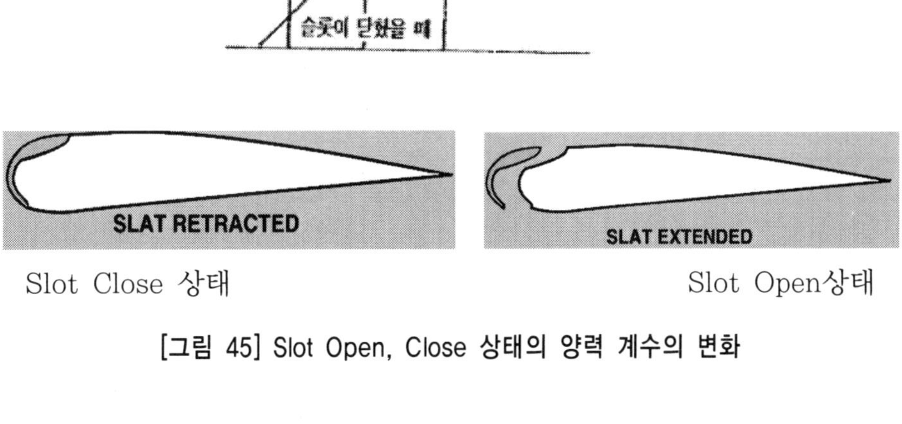

Slot Close 상태

Slot Open상태

[그림 45] Slot Open, Close 상태의 양력 계수의 변화

㉡ 크루거 플랩(krueger flap) : 날개 밑면에 접혀져 날개 일부를 구성하고 있으나, 조작하면 앞으로 꺾여 구부러지고 앞전 반지름을 크게 하여 효과

㉢ 드루프 앞전(drooped leading): 날개 앞전 부분이 밑으로 꺾여 굽혀지기 때문에 캠버를 크게 함과 동시에 전연부에서 기류의 떨어짐을 방지하여 양력을 증가

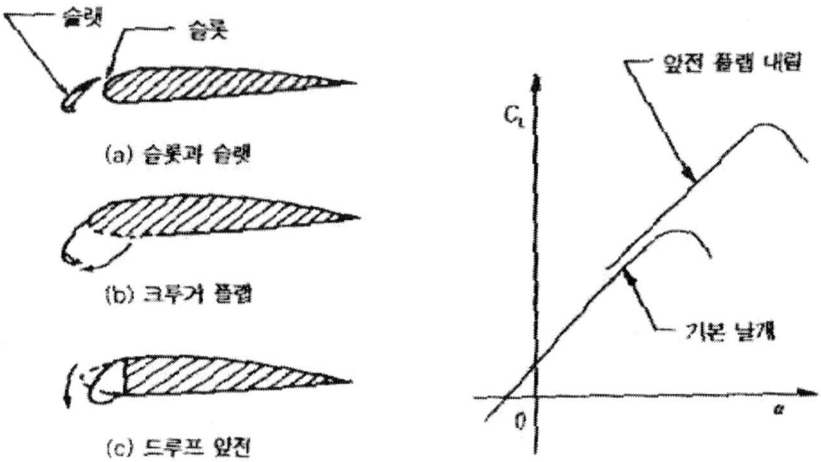

[그림 46] 앞전 플랩의 종류와 양력 특성 변화

㉰ 경계층 제어 장치

최대 양력계수를 증가시키는 방법으로 기본 날개골을 변형시킬 뿐만 아니라 받음각이 클 때 흐름의 떨어짐을 직접 방지하는 방법

㉠ 빨아들임(suction) 방식: 날개 윗면에서 떨어져 나가려는 경계층을 강제적으로 빨아들여 흐름의 가속을 촉진함과 동시에 흐름의 떨어짐을 방지.

㉡ 불어내기(불어날림, blowing) 방식: 날개 표면 뒤쪽으로 고압의 공기를 불어내어 흐름의 떨어짐을 직접 방지하는 장치.

[그림 47] 경계층제어장치

2) 고항력 장치

① 공기 브레이크(air brake) : 날개 윗면 또는 밑면에 펼침으로서 흐름을 강제적으로 떨어지게 하여 양력을 감소시키고 항력을 증가시키는 장치.

㉠ 공중 스포일러(flight spoiler) : 고속 비행 시 대칭적으로 펼쳐 에어 브레이크 기능을 하고, 보조날개와 연동하여 좌우 비대칭적으로 작동시키면 도움날개의 역할을 보조.

㉡ 지상 스포일러(ground spoiler): 좌우 대칭으로 작동, 착륙 활주거리 단축.

② 역 추력 장치(thrust reverser) : 제트 기관에서 배기가스를 막는 판, 또는 편류시키는 판을 이용하여 배기가스를 역류시켜 추력의 방향을 반대로 하여 착륙거리를 단축.

* 항공역학적 차단방식 :
* 기계적 차단방식 :
* 역 피치 프로펠러 : 피치를 역으로, 추력을 반대로 형성시켜 착륙거리 단축.

③ 드래그 슈트(drag chute) : 낙하산의 일종으로 착륙거리를 짧게 하기 위해 기체 뒷부분에서 펼쳐서 속도를 감소.

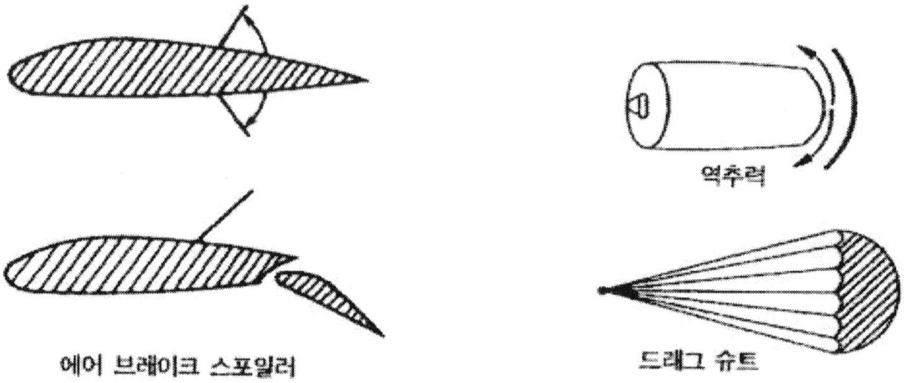

[그림 48] 고 항력 장치의 종류

제3장

비행 성능

1. 항력과 동력

1) 비행기에 작용하는 공기력

① 등속 수평 비행 조건 ➤ T = D, L = W

D = 항력(Drag) L = 양력(Lift) T = 추력(Thrust)

W = 중력(Weight)

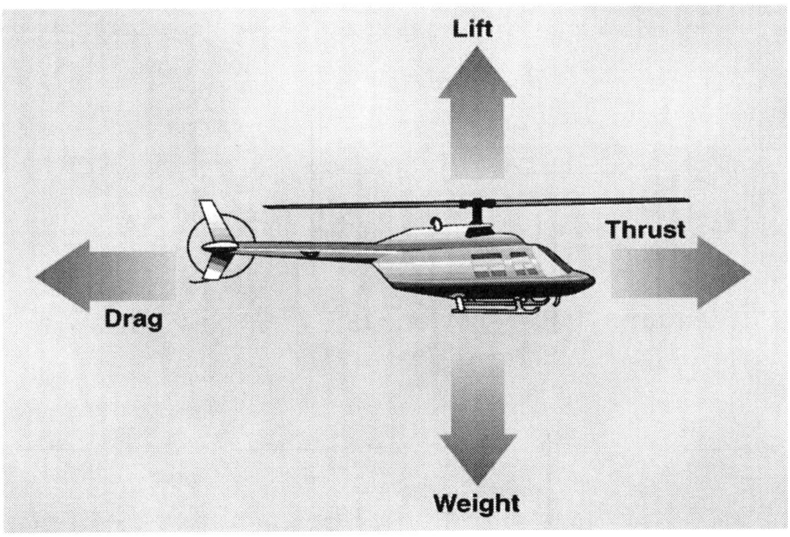

[그림 49] 비행중 작용하는 힘의 방향

② 힘의 평형

T 〉 D 가속도 전진비행 T = D 등속도 전진비행 T 〈 D 감속도 전진비행

③ 비행 중에 작용하는 항력

㉮ 유해항력(parasite drag): 비행기에서 양력에 관계하지 않고 비행을 방해하는 모든 항력을 말한다. 유도항력을 제외한 모든 항력을 유해항력.

* 형상항력(profile drag) = 마찰항력 + 압력항력

㉠ 압력항력(pressure drag) : 물체 표면에서 떨어져 하류 쪽으로 와류를 발생시키기 때문에 생기는 항력을 말하며 유선형일수록 압력항력은 작다. 물체 전후의 압력차에 의해 발생.

㉡ 마찰항력(friction drag) :물체표면과 점성 유체 사이에 생기는 항력.

㉯ 유도항력(induced drag) : 속박와류와 날개 끝 와류에 의해 날개 뒷전 부근에 내리흐름(down wash)으로 인한 유효 받음각이 작아지면 날개 양쪽이 기울어져 흐름 방향의 항력이 작용.

㉰ 조파항력(wave drag) : 날개표면에 초음속 흐름에서 충격파 발생으로 인해 발생.

㉱ 간섭항력 : 부재와 부재의 접합부에서 생기는 흐름이 서로 간섭하여 발생.

㉲ 날개의 전체 항력 = 마찰항력 + 압력항력 + 유도항력 = 형상항력 + 유도항력

㉳ 아음속 항공기의 전항력계수(C_D)=형상항력 계수(C_{Dp}) + 유도항력 계수(C_{Di}) = 압력항력 계수 + 마찰항력 계수 + 유도항력 계수

2) 필요마력(Required horse power, Pr) : 항력을 이기고 전진하는데 필요(소비)되는 마력.

$$Pr = \frac{1}{150} C_D \rho V^3 S$$

등속 수평비행을 할 때 비행기 무게(W)와 밀도(ρ)가 일정하다고 가정하면 필요마력은 $\sqrt{(C_D 2/C_L 3)}$ 에 비례하여 $\sqrt{(C_D 2/C_L 3)}$ 값이 최소가 되는 받음각으

로 비행할 때 필요마력이 최소가 되어 연료소비율이 작다.

- 1마력(1PS, 1HP) = 75kg · m/sec = 0.735kw = 550ft · lb/sec

3) **이용마력**(Available horse power, Pa) : 프로펠러에 의한 추력마력

① 왕복기관을 장비한 프로펠러 비행기의 이용마력

$$Pa=\eta \times BHP \quad \eta \text{ :프롭 효율, BHP: 제동마력}$$

- 제동마력(BHP) : 기관이 생산한 마력 중 실제 프로펠러에 전달된 마력 =축마력(SHP)

② 제트비행기에서의 이용마력 $P_a = \frac{TV}{75} = \eta \times BHP$ T : 추력, V : 속도

③ 여유마력(잉여마력, excess horse power) = 이용마력 - 필요마력 = 상승력, 가속력

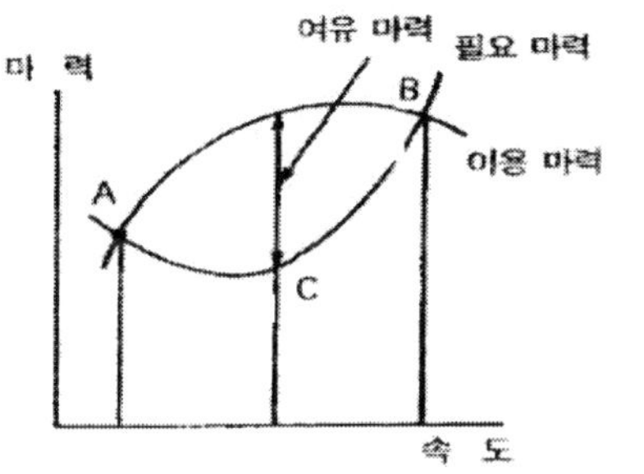

- 이용마력 = 필요마력 ➤ 수평
- 이용마력 > 필요마력 ➤ 상승
  ➤ 가속
- 이용마력 < 필요마력 ➤ 하강
  ➤ 감속

[그림 50] 이용마력과 필요마력 곡선과 비행 상태와의 관계

2. 실속속도(stalling Velocity)

수평비행 상태를 유지 할 수 있는 최소 속도.

$$☞ V_{\min} = \sqrt{\frac{2W}{\rho C_{Lmax} S}}$$

일반적으로 실제 착륙 속도는 안전을 고려하여 실속 속도의 1.3배로 하고 비행기에서 실속 속도는 80~130km/h이다.

3. 상승비행(CLIMBING FLIGHT)

1) 동력비행

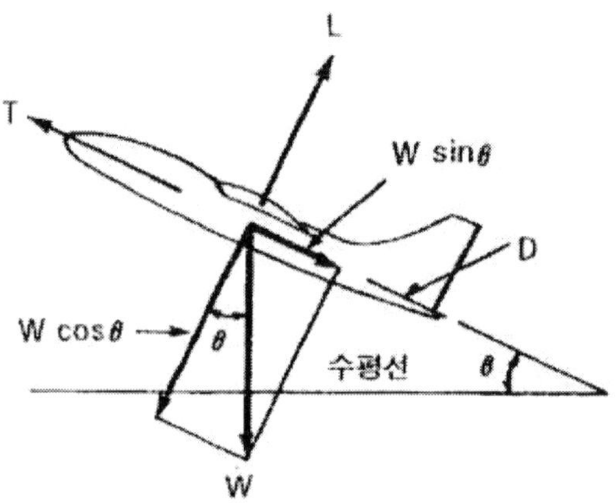

① 상승비행시 평형 조건

- 항공기 진행 방향의 힘의 평형식.

  T = W sin Θ + D

- 진행 방향에 직각 방향의 힘의평형식

  L = W cos Θ

[그림 51] 상승 비행시의 힘의 평형

② 프로펠러 효율 $\eta = \frac{출력}{입력} = \frac{TV}{75 \times BHP}$

입력 : BHP 출력(P_a): $\frac{TV}{75}$

이용마력을 프로펠러 효율로 나타내면 ..... $P_a = \frac{TV}{75} = \eta \times BHP$

2) 상승률(Climb of Rate)

$$R.C = \frac{75}{W}(P_a - P_r) = \frac{75}{W} \times (여유마력) = V \sin\Theta$$

① 상승률을 증가 시키려면
여유마력(이용마력-필요마력)이 크고, 중량(W)이 작고(날개 하중 W/S 이 작아야), 프로펠러 효율이 좋아야 한다.

② 상승 한계

㉮ 절대 상승 한계 : 이용마력=필요마력 상승률=0 되는 고도

㉯ 실용 상승 한계 : 상승률이 0.5 m/sec 되는 고도로 절대 상승 한계의 80~90%.

㉰ 운용 상승 한계 : 상승률이 2.5 m/sec 되는 고도.

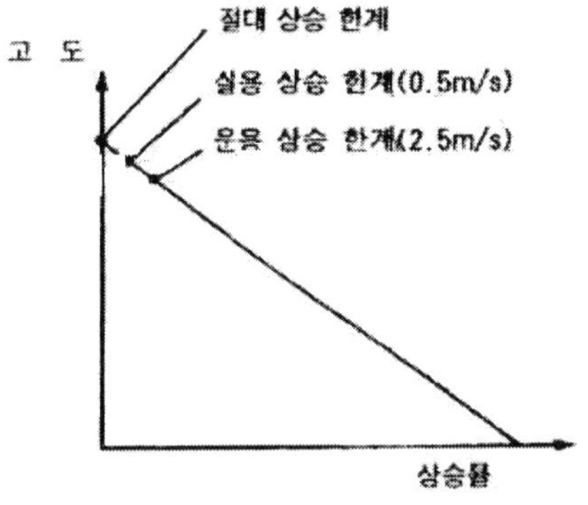

3) 상승 시간

$$t = \sum \frac{\Delta h}{(R.C)m}$$

t : 상승 시간

Δh : 고도의 변화율

(R.C)m : 평균 상승률

[그림 52] 상승한계

4) 고도의 변화 에 따른 속도와 필요마력의 관계

① 해면 고도와 임의 고도에서의 속도 관계식

$$V = V_0\sqrt{\frac{\rho_0}{\rho}}$$

V : 임의 고도에서의 속도, V_0 : 해면 고도에서의 속도

ρ : 임의 고도에서의 공기밀도, ρ_0 : 해면 고도에서의 공기밀도

② 해면 고도에서의 필요마력과 임의 고도에서의 필요마력 관계식

$$P_r = P_{r0}\sqrt{\frac{\rho_0}{\rho}}$$

Pr : 임의 고도에서의 필요마력, P_{r0} : 해면 고도에서의 필요마력
ρ : 임의 고도에서의 공기밀도, ρ_0 : 해면 고도에서의 공기밀도

* 해면고도와 임의 고도에서 같은 받음각으로 비행할 때 $\rho_0 > \rho$로 되는 상공에서 속도 증가하고 필요마력 증가.

4. 활공비행(GLIDING FLIGHT)

기관이 정지된 비행기가 수평면과 활공각(Θ)을 이루며 활공하고 있을 때 활공각과 고도는

➤ (1) 활공각 $\tan\theta = \dfrac{C_D}{C_L} = \dfrac{1}{\text{양항비}}$ 양항비 : $\dfrac{C_L}{C_D}$

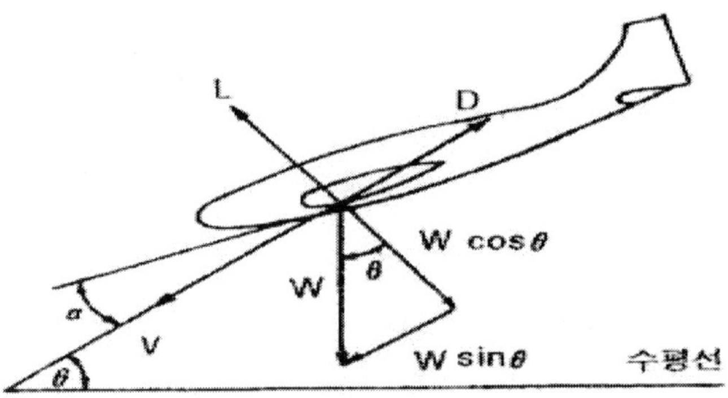

[그림 53] 활공비행 할 때의 힘의 평형

➤ 활공거리를 길게 하기 위해서는➤ 활공각 θ는 양항비(C_L/C_D)에 반비례하므로 ➤ 양항비가 클수록 활공각은 작아지고 ➤ 양항비(C_L/C_D)가 최대로 되는 비행자세 ➤ 활공각을 작게.

2) 활공비

$$* \text{ 활공비 } = \frac{L}{h} = \frac{C_L}{C_D} = \frac{1}{\tan\theta} = \text{ 양항비}$$

멀리 비행하려면 ➤ 활공각 Θ는 작아야 ➤ Θ가 작다는 것은 ➤양 항비가 크다는 것이다.

➤ 활공비를 크게 하기 위해서는 ➤ 가로세로비를 크게 하여야 한다.

3) 받음각의 영향 : 받음각에 따른 활공자세의 변화.

① A의 상태: 활공각은 최소, 양항비 최대. 멀리 비행 하려면 이 받음각으로 비행해야 함.

② B,C의 상태: B와 C에서 활공각은 같으나 비행속도의 차이와 조종상의 차이의 관련성.

③ D의 상태: $C_L = 0$이 되어 Θ=90° 임을 알 수 있다. 비행기는 급강하 한다.

④ E의 상태: C_L이 음이 되어 tan Θ도 음이 되어 Θ는 90° 를 넘어서 배면비행을 한다.

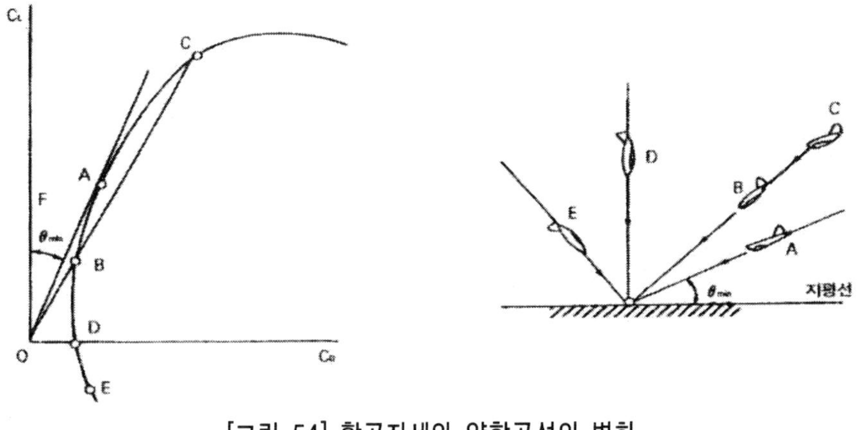

[그림 54] 활공자세와 양항곡선의 변화

4) 급강하(Diving)

활공비행인 급강하는 그림과 같이 비행기에 작용하는 힘의 평형을 생각하면 날개에서

발생하는 양력 L은 0이다. 그리고 비행기의 항력 D는 중력 W와 같다. 따라서,

$W = D = C_D \frac{1}{2} \rho V^2 S$ ......식으로부터 급강하 속도(종극 속도) Vt를 구하면

$$V_t = \sqrt{\frac{2W}{\rho C_D S}}$$

Vt: 종극 속도 W : 비행기 무게

S : 날개 면적 C_{Lmax} :최대 양력계수 ρ : 공기밀도

* 종극 속도(terminal velocity) : 수평상태에서 급강하 비행할 때의 급강하 속도는 점점 증가하다가 결국은 일정속도를 유지하게 되고 더 이상 증가하지 않는 속도를 말함.

즉 D=W 상태 (L=0,T=0)

Diving

5) 수평 최대 속도

$$V_{max} = 3\sqrt{\frac{2 \times 75 \eta P}{\rho S C_{Dmin}}}$$

V_{max}: 수평 최대 속도, ρ: 공기 밀도 η: prop 효율, P: 출력,

S: 날개면적, C_{Dmin}: 최소 항력계수

5. 특수 성능

1) 이륙(Take Off)

① 이륙거리 = 지상 활주거리 + 상승거리

㉮ 프로펠러 비행기:정지 상태에서 이륙, 지면에서 15m의 고도에 도달할 때까지의 거리

㉯ 제트기: 정지상태에서 이륙하여 지면에서 10.7m(35feet)의 고도에 도달할 때까지의 거리

② 안전 이륙거리: 실속 속도의 1.2배(1.2 V_s)

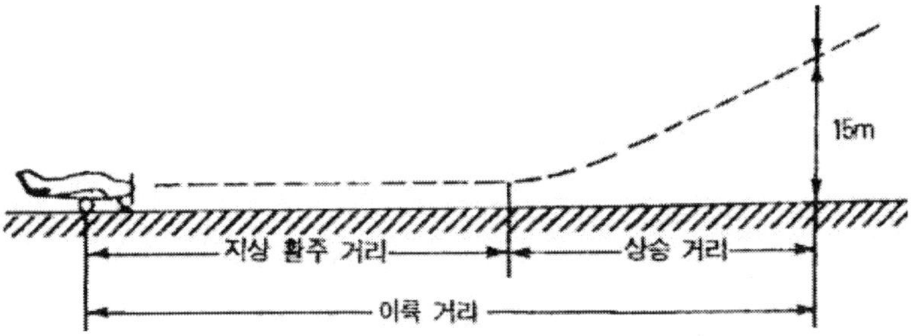

[그림 55] Take Off distance

③ 이륙 활주거리

$$S = \frac{W}{2g} * \frac{V^2}{(T-F-D)}, \qquad S = \frac{\frac{w}{s}}{\rho g C_{Lmax}(\frac{T_0}{W} - \mu)}$$

S : 이륙거리, V : 착륙속도, T : 추력, D : 항력 F : 지면에 대한 마찰력, F = μ($W-L$), μ : 마찰계수, g : 중력가속도, C_{Lmax} : 최대 양력계수, S : 날개 면적, T_0 : 정지 시 추력, μ : 마찰계수, W : 무게

* 마찰계수(μ)값

㉠ 콘크리트, 아스팔트, 목재표면 : 0.02

㉡ 굳은 잔디밭 : 0.04

ⓒ 풀이 짧은 들판 : 0.05
ⓓ 풀이 긴 들판 : 0.10
ⓔ 부드러운 지면 : 0.10~0.30

④ 이륙거리 짧게 하는 방법
㉮ 추력(T)을 크게.
㉯ 비행기 무게(W)를 작게.
㉰ 마찰계수를 작게.
㉱ 고양력 장치 사용.
㉲ 정풍비행.
㉳ 항력이 작은 활주자세로 비행.

2) 착륙

① 안전 착륙 속도 : 실속 속도의 1.3배
② 진입 시 비행기 강하 각 : 2.5~3°
㉮ 진입(approach) : 비행기가 목표 비행장에 착륙하기 위해 직선 강하
③ 착륙 거리 = 착륙 진입거리 + 지상 활주거리
㉮ 착륙 진입거리 : 장애물의 고도에서부터 바퀴가 활주로에 접지할 때 까지의거리
㉯ 장애물 고도 ➜ · 프로펠러기 : 15m · 제트기 : 10.7m
④ 착륙 활주거리

$$S = \frac{\frac{w}{s}}{\rho g C_{Lmax}\left(\frac{C_D}{C_{Lmax}} + \mu\right)}, \qquad S = \frac{W}{2g} * \frac{V^2}{(D + \mu W)}$$

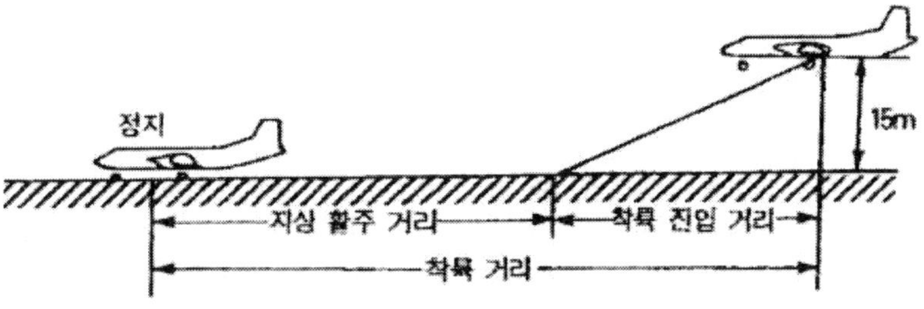

[그림 56] Landing distance

⑤ 착륙거리 짧게 하는 방법
 ㉮ 착륙 중량(W)을 적게.
 ㉯ 착륙 마찰계수를 크게.
 ㉰ 정풍을 받고 착륙다.
 ㉱ 착륙 접지속도를 작게.

⑥ 이륙과 착륙 활주거리 변화
 ㉮ 비행기의 중량(W)이 무거운 만큼 이, 착륙거리는 길어진다.
 ㉯ 고도가 높은 곳에 있는 활주로에서는 공기 밀도가 희박하여 이, 착륙 거리가 길어진다.
 ㉰ 온도가 높으면 공기밀도가 희박하여 이, 착륙 거리는 길어진다.
 ㉱ 정풍(맞바람)을 받고 착륙하면 착륙 거리는 짧아진다.

3) 순항(Cruising) 성능

① 순항(Cruising) : 비행기가 비행 시 상승, 하강 구간을 제외한 비행 구간
 ㉮ 장거리 순항 방식 : 연료를 소비하는데 따라 비행기 무게가 작아지므로 이에 맞추어 출력을 감소시켜 일정한 속도를 유지하고 동일한 탑재 연료로 항속거리를 증가시켜 경제적으로 비행하는 방식.
 ㉯ 고속 순항 방식 : 비행기의 무게는 연료를 소비함에 따라 감소되며 따라서 순항 속도는 증가하게 되는 방식.

② 항속 거리 : 출발할 때부터 탑재한 연료를 소비 할 때 까지의 거리.
 ㉮ 프로펠러 비행기의 항속거리

$$R=\frac{540\eta}{C}=\frac{C_L}{C_D}=\frac{1-\dfrac{W_2}{W_1}}{1+\dfrac{W_2}{W_1}}(km)$$

C = 연료 소비율, R = 항속거리, B = 연료탑재량, η= 프로펠러 효율
W_1 = 연료를 탑재하고 출발시의 비행기 중량, W_2=연료를 전부 사용후의 비행기 중량

➤ 프로펠러기의 항속거리를 늘리려면 프로펠러 효율(η)을 크게 연료소비율(C)을 작게, (C_L/C_D)max 받음각으로 비행해야 한다.

㉯ 제트기의 항속거리

$$R=3.6\frac{C_L^{\frac{1}{2}}}{C_D}\sqrt{\frac{2W}{\rho S}}\,\frac{B}{C_t W}(km) \qquad C_t\ \text{:연료소비율}$$

제트기에서 최대 항속거리로 비행 하려면 $(C_L^{1/2}/C_D)$가 최대가 되는 받음각으로 비행.

6. 기동 성능

1) 실속 비행

① 실속의 종류

㉮ 부분 실속(partial stall) : 실속의 징조를 느끼거나 실속 경보장치가 울리면 바로 회복하기 위하여 승강키를 풀어 주어 기수를 내려서 회복.

㉯ 정상 실속(normal stall) : 확실한 실속 징조가 있은 다음 기수가 강하게 내려간 후에 회복.

㉰ 완전 실속(complete) : 비행기가 완전히 실속할 때까지 조종간을 당기는 경우.

② 실속 발생 시 나타나는 현상

㉮ 버핏(buffet)현상,

㉯ 승강키(elevator) 효율 감소.

㉰ 기수 내림(nose down)현상.

2) 스핀 비행

① 자전(autorotation) 현상

받음각이 실속각보다 클 경우 날개 한쪽 끝을 가볍게 교란을 주면 날개는 회전하고, 이 회전은 점점 빨라져 일정 회전수로 계속 회전하는 현상.

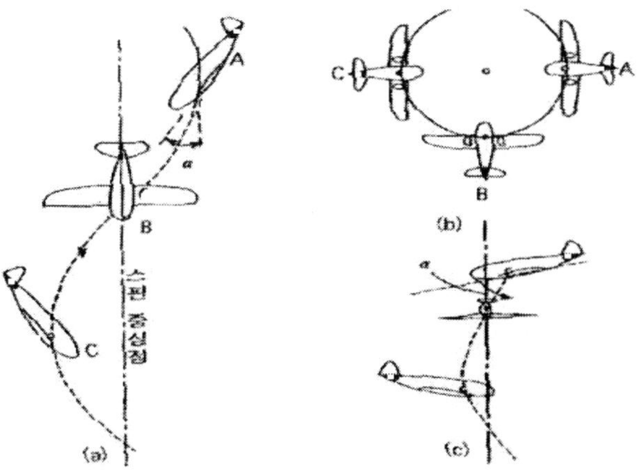

[그림 57] Spin

② 스핀(spin, 회전 낙하) : 자전과 수직 강하가 조합된 비행
비행기가 실속상태에 빠질 때 좌우 날개의 불 평형 때문에 어느 한쪽 날개가 먼저 실속 상태에 들어가면서 회전하면서 수직 강하하는 현상

㉮ 정상 스핀 : 강하속도와 옆놀이 각속도가 일정하게 유지되면서 강하하는 운동

㉯ 수직 스핀 : 수직으로 나선을 그리며 강하하고 받음각은 20~40° 정도이며, 낙하속도는 비교적 느린 40~80m/sec 정도로 용이하게 회복이 가능한 스핀

㉰ 수평 스핀 : 회전 반지름이 작은 나선을 그리며 낙하하며 회전속도가 빨라 탈출이 곤란한 위험한 비행 상태

* 스핀 회복이 가능한 고도 : 최소 300m

3) 선회 비행

① 정상 선회 : 수평고도를 유지하고 진행 축에서 벗어나지 않는 방향 전환 비행.

➤ 정산선회의 조건 $L\sin\phi = \frac{WV^2}{gR}$, $L\cos\phi = W$

㉮ 선회 반경을 작게 하기 위한 방법

➤ 선회 반지름 $R = \frac{V^2}{g\tan\phi}$ ϕ: 경사각, R: 선회 반경, V: 선회 속도

㉠ 선회 속도(V)를 작게 . ㉡ 경사각(ϕ)을 크게

㉯ 선회시 양력 $L = \frac{W}{\cos\phi}$

㉰ 원심력(C.F) $C.F = \frac{WV^2}{gR}$

㉱ 선회 경사각과 원심력과의 관계식 $C.F = W\tan\phi$

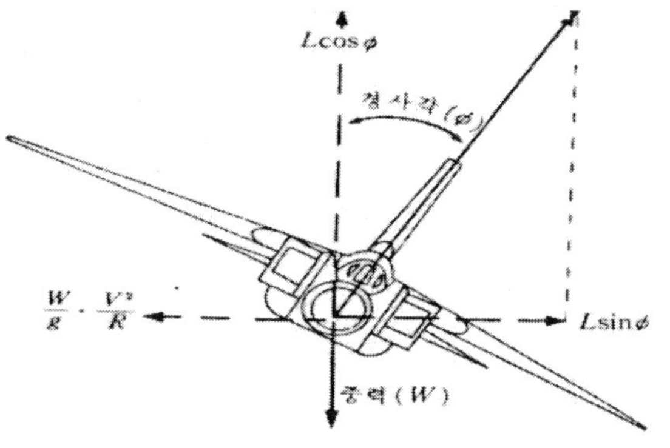

[그림 58] 선회시 작용하는 힘의 평형

㉮ 원심력(C.F)과 양력의 수평성분(Lsin φ, 구심력)과의 관계

㉠ 정상 선회시: 원심력과 구심력(Lsin φ) 이 같다. C.F = Lsin φ

㉡ 외측으로 옆미끄럼시(side skid): 원심력이 구심력보다 크다.C.F 〉 Lsin φ

㉢ 내측으로 옆미끄럼시: 구심력이 원심력보다 크다. C.F 〈 Lsin φ

② 선회 속도 $V_t = \frac{V}{\sqrt{\cos\phi}}$

V : 정상 수평비행 속도, V_t : 선회비행 속도, φ : 경사각

㉮ 선회 비행시의 실속 속도 $V_{ts} = \frac{V_s}{\sqrt{\cos\phi}}$

V_s : 실속 속도, V_{ts} : 선회중의 실속 속도

③ 선회중의 하중배수 $n = \frac{1}{\cos\phi}$ n : 하중배수

㉮ 등속 수평 비행 시 하중계수 : 1또는 1g

㉯ 60° 선회 경사지 하중배수 : 2

4) 비행 하중

① 하중배수(load factor) : 비행 시 발생하는 수직분력(양력)과 비행기 무게(W)와의 비.

$$= \frac{\text{비행기에작용하는힘}}{\text{비행기무게}} = \frac{L}{W}$$

② 기동 비행시 하중배수 $n = 1 + \frac{\text{관성력}}{\text{비행기무게}} = 1 + \frac{\text{가속도}}{g}$

③ 안전계수(safety factor)

㉮ 제한하중(limit load) : 비행중 생길 수 있는 최대의 하중.

㉯ 종극하중(ultimate load) : 과도한 하중이 작용할 때 최소한 3초간 견딜 수 있는 하중.

종극하중 = 제한하중 × 안전계수(1.5)

㉰ 안전계수(safety factor) : ㉠ 조종 케이블 : 1.33 ㉡ 피팅(fitting 연결부분):1.15 ㉢ 구조부:1.5

④ V-n 선도

속도와 하중배수를 직교축으로 하여 그 좌표 위에 그려진 하중계수 선도 구조 역학적으로 안전 운용 범위를 정해주는 선도.

㉮ 설계 운용 속도(V_A): 수평비행을 하다가 갑자기 조종간을 당겨서 최대 양력 계수의 상태로 될 때 주 날개에 작용하는 하중계수가 그 항공기의 설계 제한 하중계수 n1과 같게 되면 이 수평 속도를 설계 운용 속도라 한다.

㉠ 설계 제한 하중계수와 설계 운용 속도와의 관계

$$V_A = \sqrt{n_1}\, V_S$$

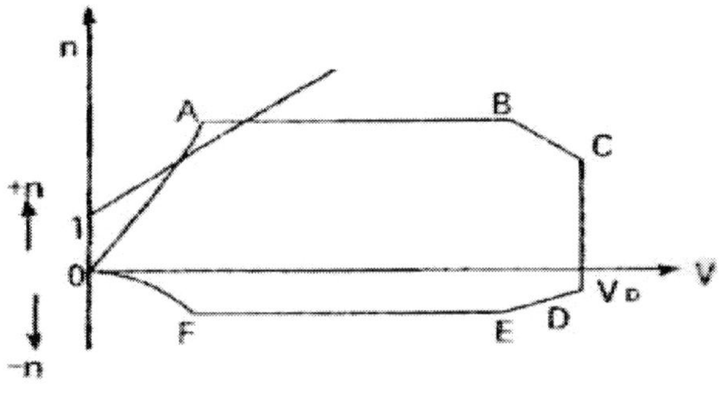

[그림 56] V-N 선도

㉯ 설계 돌풍 운용 속도 : 항공기가 어떤 속도로 수평비행을 하다가 돌풍을 만나면 주날개에 대하여 공기가 흘러오는 방향이 달라져 받음각이 증가한다.

㉠ 돌풍을 만났을 때 하중계수 $n = 1 \pm \frac{\rho \times m \times S \times KU \times V}{2W}$

m : 받음각이 단위 각도만큼 증가하는데 따른 양력계수의 증가량,

ρ : 공기밀도, W : 비행기 중량,

S : 날개면적, KU : 돌풍 속도

㉰ 설계 제한 하중계수

㉠ 곡기 비행기(A) : 6 이상

㉡ 실용 비행기(U) : 4.4

㉢ 보통 비행기(N) : 2.25~ 3.8

㉣ 수송기(T) : 2.5 이상

제4장

안정성능과 조종성능

1. 안정성(STABILITY)

(1) **정적 안정**(Static Stability) **또는 양(+)의 정적 안정 :** 비행기가 평형상태를 벗어난 뒤에 다시 원래의 상태로 되돌아가려는 초기의 경향을 정적 안정, 또는 양(+)의 안정.

(2) **정적 중립**(Static Neutral) **:** 비행기가 어떤 교란을 받아도 원래의 평형상태로 되돌아오지도 않고 교란을 받은 방향으로도 움직이지 않는 경우 정적 중립.

3) 정적 불안정(Static Unstability) 또는 음(−)의 정적 안정

교란을 받은 물체가 교란을 받은 방향으로 계속 움직이려 할 때 이를 정적 불안정.

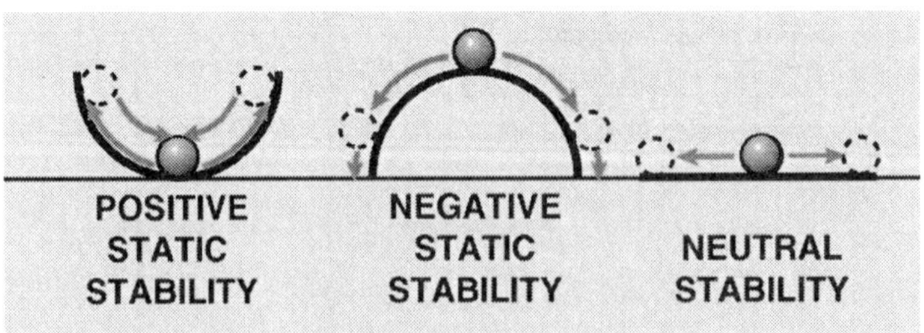

[그림 57] Stability

4) 동적 안정(Dynamic Stability) 또는 양(+)의 동적 안정

물체가 평형상태를 이탈된 후 시간에 따른 운동의 진폭이 감소하는 상태. (주기적 감쇄진동).

5) 동적 중립

어떤 물체가 평형상태를 이탈된 후 시간에 따른 운동의 진폭이 일정한 상태.

6) 동적 불안정(Dynamic Unstability), 음(-)의 동적 안정

어떤 물체가 평형상태를 이탈된 후 시간에 따른 운동의 진폭이 점점 증가되는 현상.

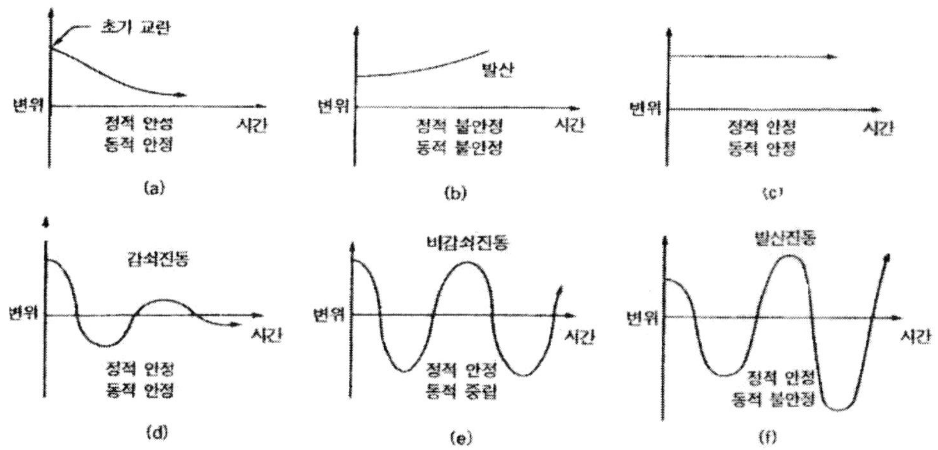

[그림 58] Static and Dynamic Stability

2. 평형과 조종

1) **평형 상태 :** 항공기에 작용하는 모든 힘의 합이 0이며 키놀이(pitching), 빗놀이 (yawing), 옆놀이(rolling) 모멘트의 합이 0인 경우.
2) **조종 :** 조종면(control surface)을 움직여 항공기가 원하는 방향으로 운동시키는 것.

3) **안정과 조종** : 서로 상반되는 성질을 나타내기 때문에 안정성이 너무 강조되면 조종성은 나빠지므로 비행기의 용도에 따라 안정성과 조종성을 적절하게 조화가 필요함.

3. 비행기의 기준축

1) 비행기 기준축

축	축에 대한 회전 모멘트	조 종 면
X축 (세로축, 종축, 앞 뒤축)	옆놀이(rolling) 모멘트	도움날개(aileron)
Y축 (가로축, 횡축, 좌우축)	키놀이(pitching) 모멘트	승강키(elevator)
Z축 (수직축,상하축)	빗놀이(yawing) 모멘트	방향타(rudder)

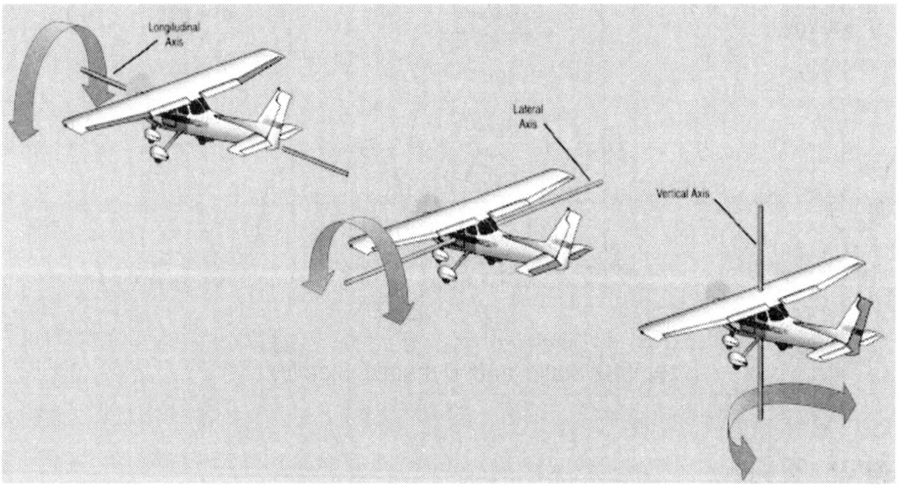

[그림 59] 3가지 기준축과 조종면

2) 운동

① X축 : 옆놀이(rolling)
② Y축 : 키놀이(pitching)

③ Z축 : 빗놀이(yawing)운동

3) 안정

① 키놀이(pitching)안정 ➤ 세로 안정
② 옆놀이(rolling)안정 ➤ 가로안정
③ 빗놀이(yawing)안정 ➤ 방향 안정

4) 조종면

① 옆놀이를 일으키는 조종면 : 도움날개(aileron)

㉮ 조종간을 오른쪽으로 : 오른쪽 도움날개가 UP, 양력이 감소하는 동시에 왼쪽 도움날개는 DOWN, 양력이 증가하여 비행기가 오른쪽으로 옆놀이

㉯ 조종간을 왼쪽으로: 왼쪽 도움날개가 UP, 양력이 감소하는 동시에 오른쪽 도움날개는 DOWN, 양력이 증가하여 비행기는 왼쪽으로 옆놀이

㉰ 차동 조종(differential control) 장치 : 도움날개는 올림과 내림의 작동범위가 서로 다른 차동 도움날개를 사용한다. 도움날개의 올라간 범위가 내려가는 범위보다 더 크다.

㉱ 차동 장치를 사용한 이유 : 도움날개의 유도항력의 크기가 서로 다르기 때문이다.

㉲ 에어론 리버설(aileron reversal, 도움날개의 역효과) : 보조날개를 조종하게 되면 보조날개 부분에 큰 공기력이 작용하여 이 공기력에 의하여 기체는 옆놀이 운동을 시작하게 되는데 조종면이 날개의 뒷 가장자리에 붙어 있어 주 날개의 외판이 얇다든지 하여 비틀림 힘에 대한 강성이 낮으면 보조날개를 아무리 작동하더라도 주 날개가 비틀어질 뿐 필요한 공기력은 발생하지 못하고 도리어 주 날개의 받음각이 반대로 되어서 조종간을 오른쪽으로 기울였는데 왼쪽으로 기울어지는 보조날개의 역효과가 나타나는 현상. 고속 비행기에서 aileron reversal을 방지하기 위해서는 보조날개의 위치를 내측으로 하거나(내측 보조날개 사용), 스포일러(spoiler)를 사용하거나, 가로세로비를 작게 한다.

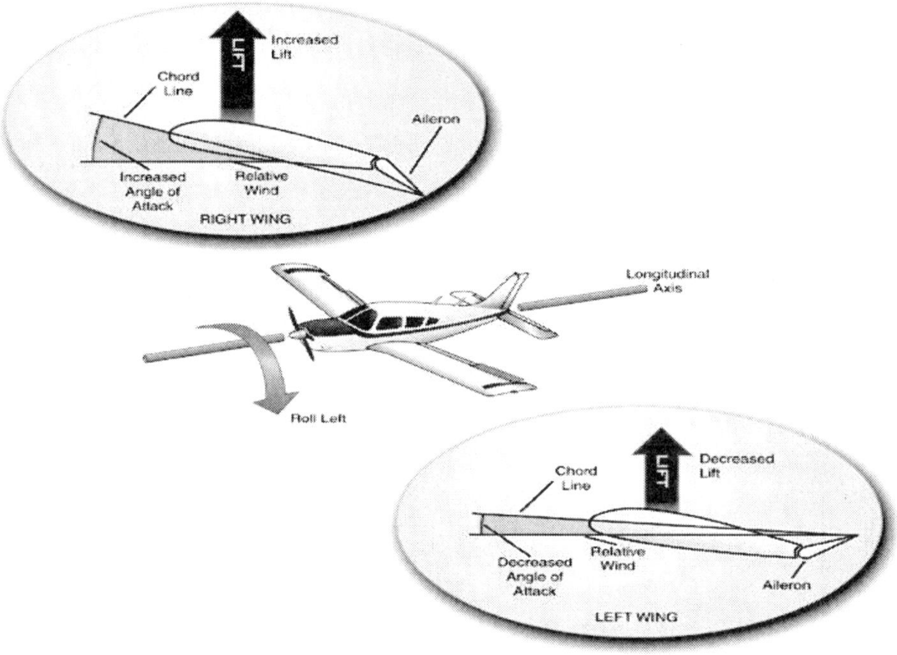

[그림 60] ROLLING

② 키놀이를 일으키는 조종면 : 승강키(elevator)

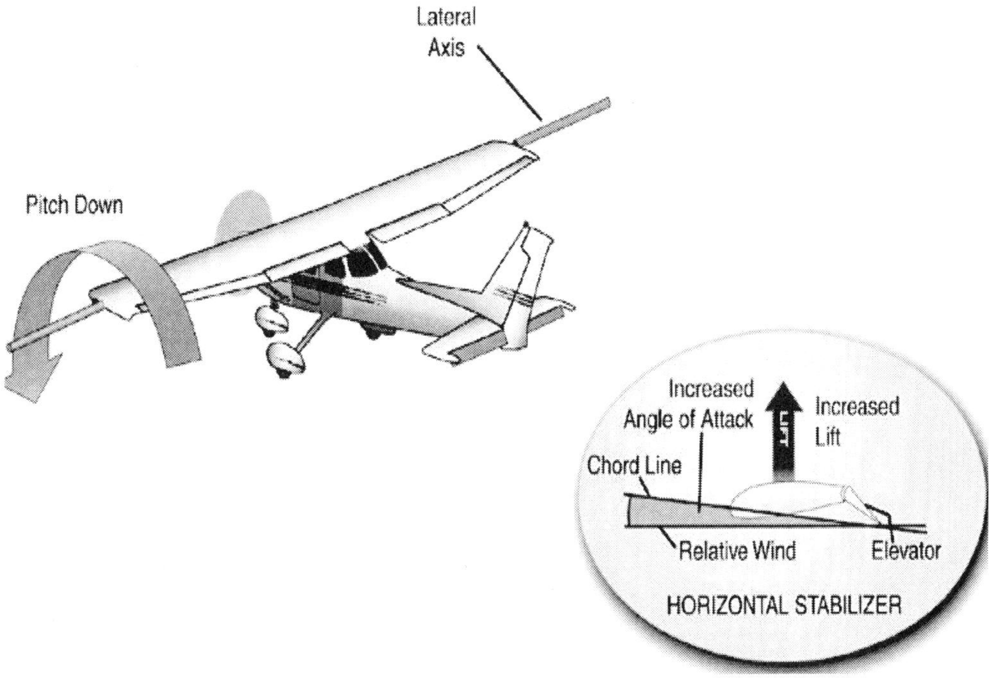

[그림 61] PITCHING

㉮ 조종간을 앞으로 밀면 : 승강키가 내려가 수평 꼬리날개의 캠버가 커져 양력이 증가하게 되어 비행기의 수평 꼬리날개는 위쪽으로 올라가고 기수는 (nose down) 내려감.

㉯ 조종간을 뒤로 잡아당기면 : 승강키가 올라가 수평 꼬리날개에 양력이 아래로 발생하여 비행기의 기수는 위로 (nose up)올라감.

㉰ 스태빌레이터(stabilator) : 고속 항공기에는 수평 꼬리날개와 승강키가 일체형으로 수평 꼬리날개 전체가 움직여서 조종면 역할을 하는 것을 스태빌레이터 또는 전동식 수평 꼬리날개라 함.

③ 빗놀이를 일으키는 조종면 : 방향타(rudder)

㉮ 왼쪽 페달을 밟으면 : 방향키는 왼쪽으로 움직여 수직 꼬리날개에 오른쪽 방향으로 양력이 발생하여 기수는 왼쪽으로.(좌측으로 yaw)

㉯ 오른쪽 페달을 밟으면 : 방향키는 오른쪽으로 움직여 수직 꼬리날개에 왼쪽 방향으로 양력이 발생하여 기수는 오른쪽으로.(우측으로 yaw)

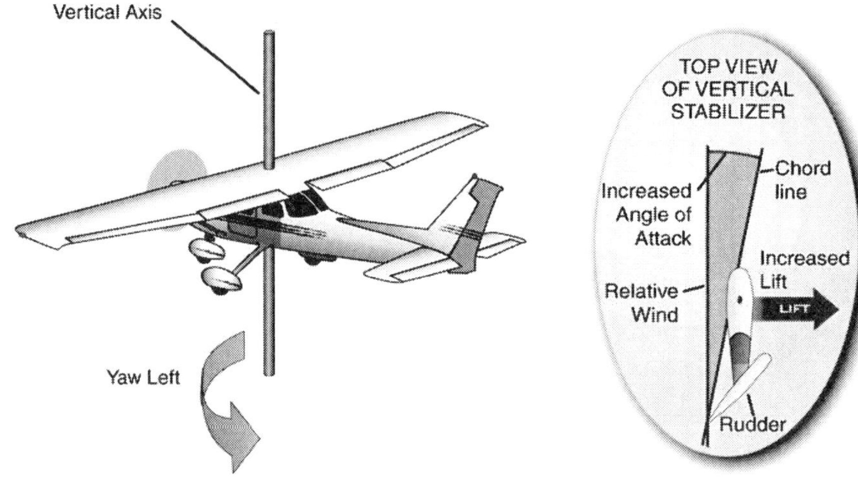

[그림 62] YAWING

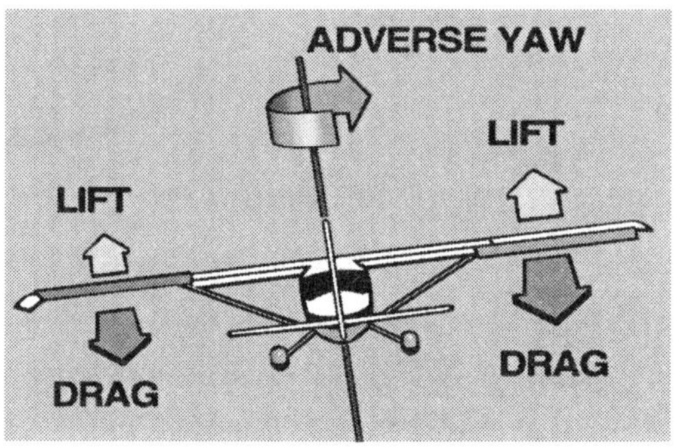

[그림 63] Adverse yaw

4. 조종면의 이론

1) 힌지 모멘트와 조종력

① 힌지 모멘트(hinge moment) : 조종면에 작용하는 공기력에 의해 힌지 축을 중심으로 발생하는 회전력.

$$H = C_h \frac{1}{2} \rho V^2 b c^2 = C_h q b \overline{c^2}$$

H : 힌지 모멘트, C_h : 힌지 모멘트 계수 b : 조종면 폭,

$\overline{c}$: 조종면의 평균 시위

② 조종력(Fe) :조종사에 의해 조종면을 움직이는데 필요한 힘을 말한다.

Fe = K * H Fe : 조종력, K : 조종계통의 기계적 장치 이득

➤ 힌지 모멘트는 비행속도의 제곱(V^2)에 비례. 즉, 속도가 2배가 되면 조종력은 4배가 필요하고 조종면의 폭과 시위를 2배로 하면 조종력은 8배가 요구됨.

2) 공력 평형장치(Aerodynamic Balance System)

① 앞전 밸런스(leading balance)

조종면의 힌지 중심에서 앞쪽을 길게 한 것으로 그 부분에 작용하는 공기력이 힌지 모멘트를 감소시키는 방향으로 작용하여 조종력을 경감시키는데 이와 같이 조종면의 앞전을 길게 하여 조종력을 경감시키는 장치

[그림 64] leading balance

② 혼 밸런스(horn balance)

㉮ 비보호 혼(unshield horn) : 밸런스 부분이 앞전까지 뻗쳐 나온 것.

㉯ 보호 혼(shield horn) : 앞에 고정면을 가지는 것.

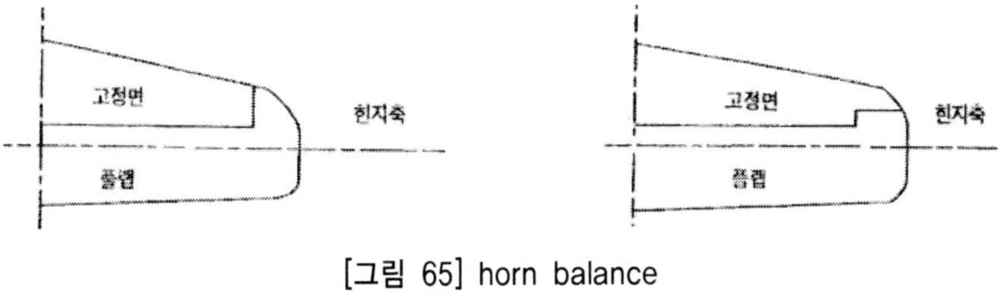

[그림 65] horn balance

③ 내부 밸런스(internal balance) : 플랩의 앞전이 밀폐되어 있어서 플랩의 아래 윗면의 압력차에 의해서 앞전 밸런스와 같은 역할.

④ 프리즈 밸런스(frise balance) : 도움날개에 자주 사용되는 밸런스, 연동되는 도움날개에서 발생되는 힌지 모멘트가 서로 상쇄되도록 하여 조종력을 경감.

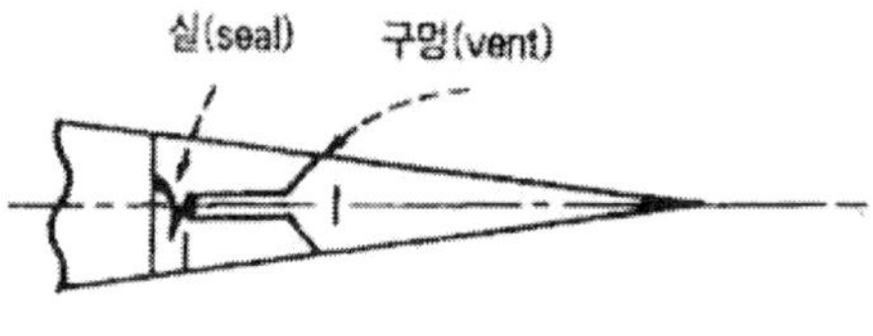

[그림 66] internal balance

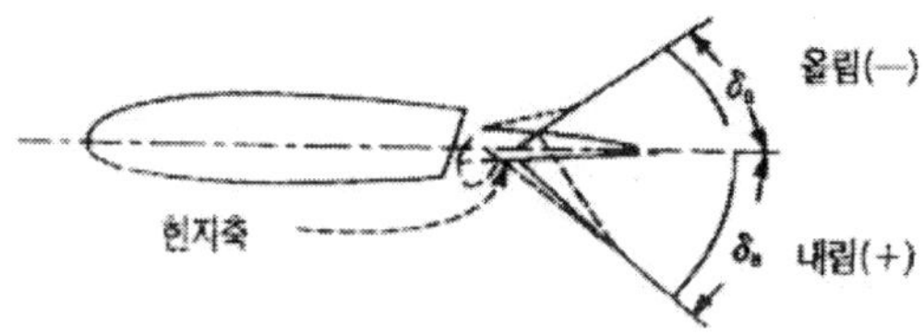

[그림 67] frise balance

3) **탭(Tab)** : 조종면의 뒷전에 부착시키는 작은 플랩의 일종으로 탭의 목적은 조종면 뒷전 부분에 압력분포를 변화시켜 힌지 모멘트에 큰 변화를 생기게 한다.

① 트림 탭(trim tab) : 조종면의 힌지 모멘트를 감소시켜 조종력을 0으로 조정해 주는 역할을 하여 조종사의 피로를 경감시켜주는 장치.

＊ elevator trim tab을 down 하면 탭과 1차 조종면 하고는 반대로 움직여 탭을 아래로 내리면(down) 승강키(elevator)는 UP되어 기수는 상승(nose up) 한다.

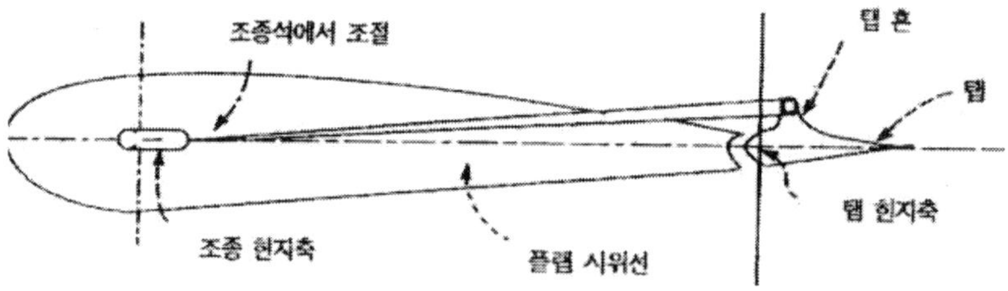

[그림 68] Trim tab

② 평형 탭(balance tab) : 조종면이 움직이는 방향과 반대 방향으로 움직이도록 기계적으로 연결, 탭이 위로 올라가면 탭에 작용하는 공기력 때문에 조종면이 반대 방향으로 움직여 조종면을 아래로 내려오게 하는 힘을 발생시켜 조종력을 경감시킨다.

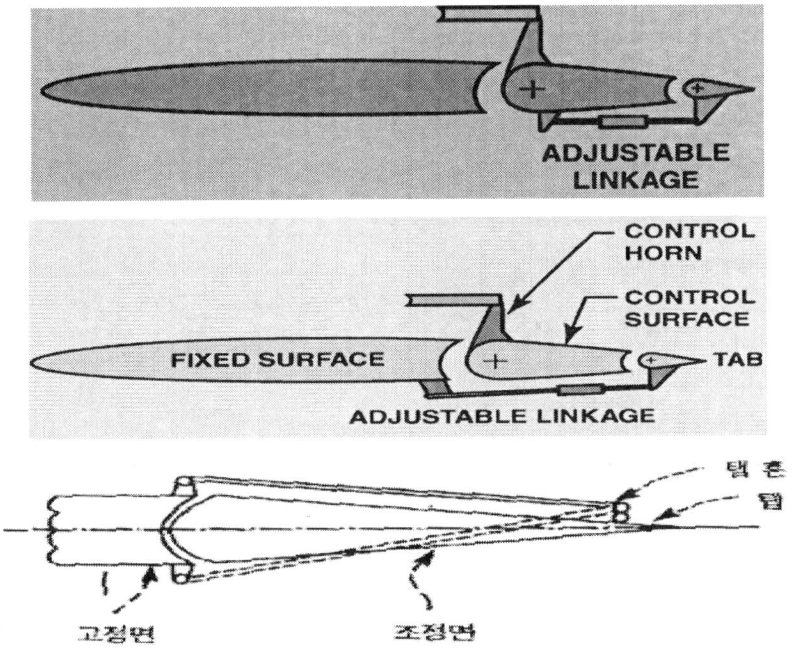

[그림 69] Balance tab

③ 서보 탭(servo tab, 조종 탭) : 조종석의 조종 장치와 직접 연결되어 탭만 작동시켜 조종면을 움직이도록 설계. 이 탭을 사용하면 조종력이 경감되며 대형 비행기에 사용.

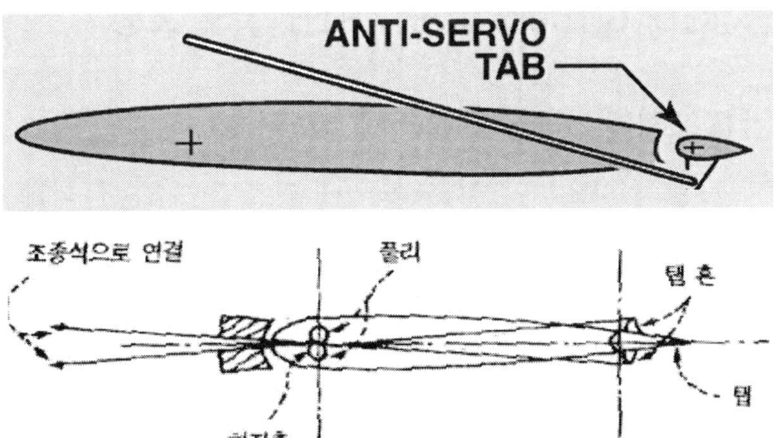

[그림 70] servo tab

④ 스프링 탭(spring tab) : 혼과 조종면 사이에 스프링을 설치하여 탭 작용을 배가시키도록 한 장치.

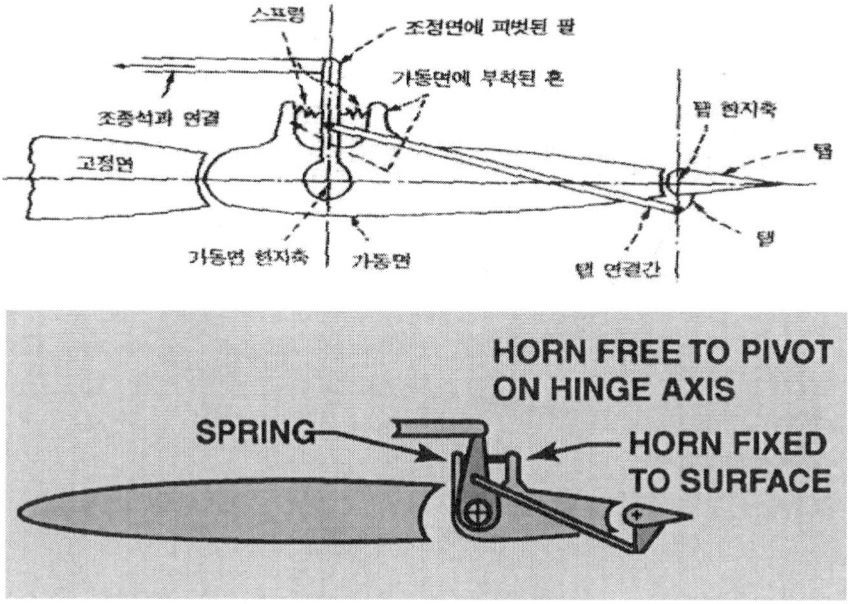

[그림 71] Spring tab

5. 세로 안정(LONGITUDINAL STABILITY) 및 조종

1) 정적 세로 안정(Static longitudinal Stability)

비행기가 돌풍 등의 외부적인 영향을 받거나 인위적인 조종에 의해 승강키가 변위되면 받음각이 변위되고 비행기는 즉시 세로 방향의 우동을 시작하는데 이때 원래의 상태로 되돌아가려는 성질을 정적 세로 안정

① 키놀이 모멘트(pitching moment)

$$M = C_m \frac{1}{2}\rho V^2 S\overline{C} = C_m qSC$$

C_m: 중심주위의 피칭 모멘트 계수, ρ: 밀도, $\overline{C}$: 공력 평균 시위

② 날개와 꼬리날개에 의한 무게 중심 주위의 모멘트($M_{c.g}$)

$$M_{c.g} = M_{c.gwing} + M_{c.gtail}$$

$$C_{Mc.g} = C_{Ma.c} + C_L\frac{a}{c} - C_D\frac{b}{c} - C_{Lt}\frac{lS_tq_t}{qSC}$$

$M_{c.gwing}$: 주 날개 주위의 피칭 모멘트, $M_{c.gtail}$: 꼬리날개 주위의 피칭 모멘트

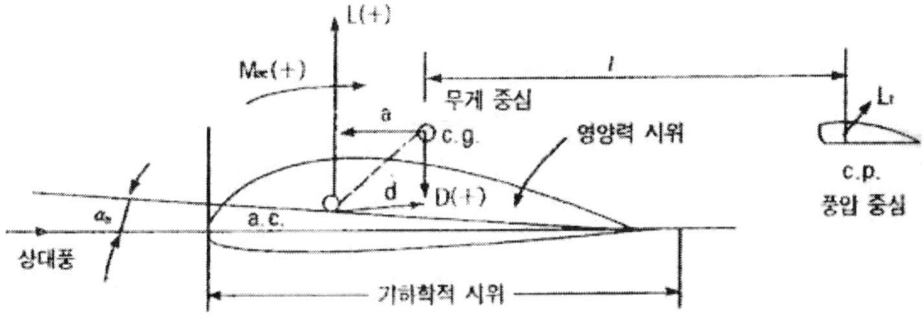

[그림 72] 날개 무개 중심 주위의 힘과 모멘트

③ 세로 안정성을 좋게 하는 방법

㉮ 무게 중심(c.g)이 공기역학적 중심(a.c)보다 앞에 위치할수록 안정.

㉯ 무게 중심(c.g)이 공기역학 중심(a.c)과의 수직거리 값이 (+)값이 될 수록 안정.

㉰ 꼬리날개 부피($S_t * l$)가 클수록 안정.

㉱ 꼬리날개 효율(q_t/q)이 클수록 안정.

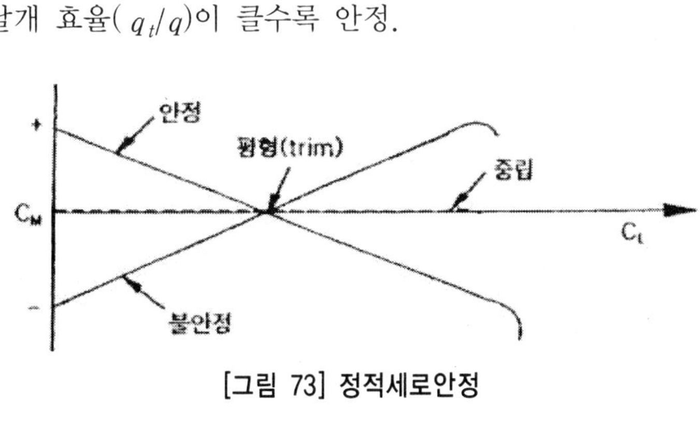

[그림 73] 정적세로안정

2) 세로 조종

① 세로 조종의 임계 조건

㉮ 기동 조종 조건 : 비행기는 비행 중에 최대 양력계수와 제한 하중계수를 가지기 위하여 충분한 조종력이 요구된다.

㉯ 이륙 조종 조건 : 프로펠러기는 실속 속도의 80%, 제트기는 실속 속도의 90%에서 이륙 자세를 취할 수 있는 충분한 조종력이 요구된다.

㉰ 착륙 조종 조건 : 적절한 착륙 조종이란 활주로 바로 위에서 105%의 실속 속도를 유지할 수 있도록 승강키가 작동되는 경우를 말한다.

3) 동적 세로 안정(Dynamic Longitudinal Stability)

① 동적 세로 안정 : 돌풍 등의 외부의 영향을 받은 비행기가 시간에 따른 진폭이 감소하는 경우 동적 세로 안정.

㉮ 장주기운동 : 키놀이 자세, 고도 및 비행 속도에 상당한 변화가 있지만 받음각은 거의 일정하고 진동주기가 상당히 길며 대개 20초~100초.

㉯ 단주기운동 : 단주기운동은 속도변화에 거의 무관한 키놀이 진동이며, 외부영향을 받은 비행기는 정적 안정과 키놀이 감쇄에 의해 진폭이 감쇄되어 평형상태로 복귀되는데 진동주기는 0.5초~ 5초.

㉰ 승강키 자유운동: 승강키를 자유롭게 하였을 때 발생되는 아주 짧은 주기의 진동. 대개 진동주기가 0.3초~1.5초.

6. 방향 안정 및 조종

1) 방향 안정

비행기의 방향 안정은 수직축에 관한 모멘트와 빗놀이 및 옆 미끄럼각과의 관계를 포함한다. 정적 방향 안정을 가지는 비행기는 평형상태로부터 외부의 영향을 받으면 평형상태로 되돌아오려는 성질을 가진다. 정적 방향 안정은 비행기를 평형상태로 되돌리는 경향을 가지는 빗놀이 모멘트를 발생시킨다.

① 빗놀이 모멘트(yawing moment)

* 양(+)의 빗놀이 모멘트 : 비행기의 좌표축에서 수직축에 대하여 기수를 오른쪽으로 회전시키는 모멘트

$$N = C_n qSb$$

N: 빗놀이 모멘트, C_N: 빗놀이 모멘트계수 q: 동압, S: 날개면적, b : 날개길이

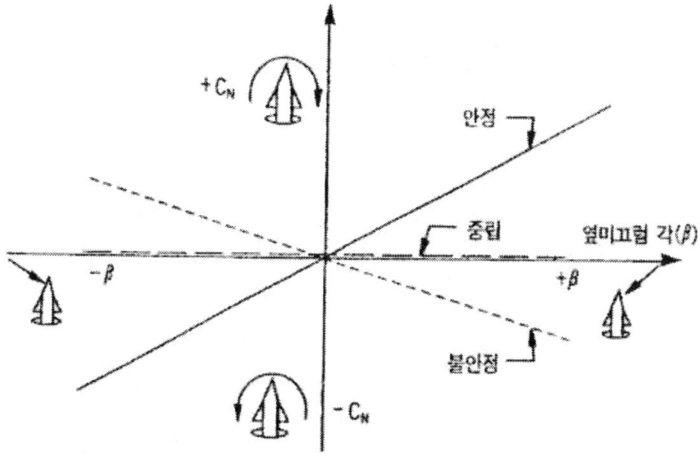

[그림 74] 정적방향안정

㉮ 옆 미끄럼 각(β): 상대 풍으로 비행기의 중심선이 이동한 각도를 말한다. 비행기의 받음각이며 방향 안정과 마찬가지로 가로 안정에 일차적인 영향을 준다.

㉯ 양의 빗놀이 각(α): 비행기의 기수가 기준 방위방향의 오른쪽으로 이동했을 때의 각도를 말하며 옆 미끄럼 각과 크기가 같고 부호가 반대인 각도이다.

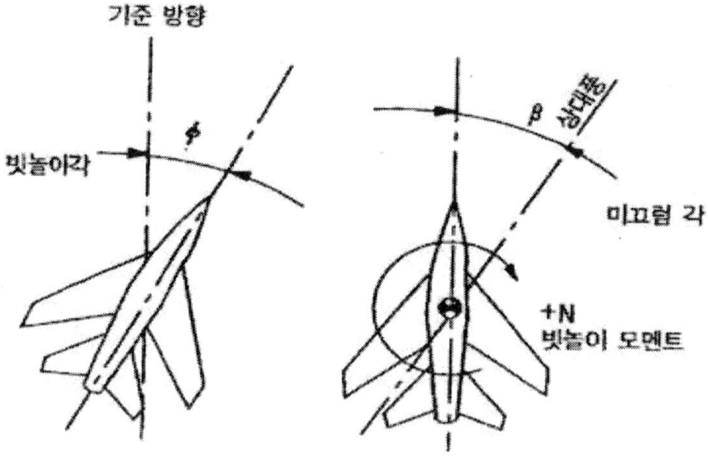

[그림 75] 옆 미끄럼 각 과 빗놀이 각

② 비행기 방향 안정에 영향을 끼치는 요소

㉮ 수직 꼬리 날개 : 비행기의 방향 안정에 일차적인 영향을 준다.

㉯ 동체, 기관 등의 영향: 동체와 기관은 불안정한 영향을 끼치는 가장 큰 요소이다.

* 도살 핀(dorsal fin) : 수직 꼬리날개가 실속하는 큰 옆 미끄럼 각에서도 방향 안정을 유지하는 강력한 효과를 얻을 수 있다. 비행기에 도살 핀을 장착하면 다음 두 가지 방법으로 옆 미끄럼 각에 대한 방향 안정성을 증가시킨다.

㉠ 큰 옆 미끄럼 각에서의 동체의 안정성을 증가시킨다.

㉡ 수직 꼬리날개의 유효 가로세로비를 감소시켜 실속각을 증가시킨다.

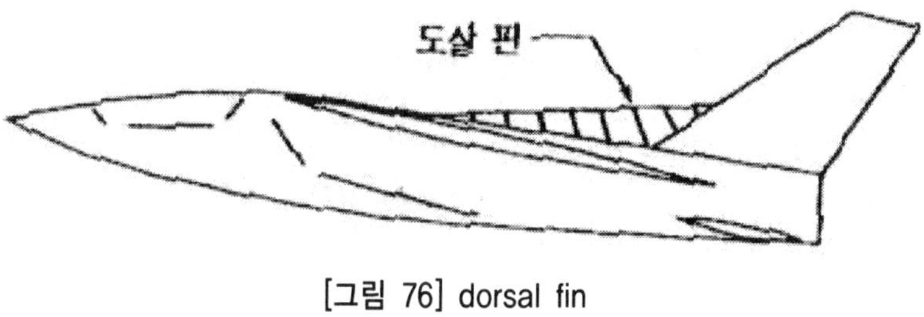

[그림 76] dorsal fin

㉰ 추력 효과

정적 방향 안정에 대한 직접적인 추력 효과는 프로펠러 회전면이나 제트 입구에서의 수직력에 한정되며 프로펠러 회전면이나 제트 입구가 무게 중심의 앞에 위치했을 때 불안정을 유발한다.

2) 방향 조종

비행기는 방향 안정뿐만 아니라 적절한 방향 조종을 가져야 균형선회, 추력 효과의 평형, 옆 미끄럼, 그리고 비대칭 추력의 균형 등을 할 수 있다. 방향 조종은 방향키에 의해 수행되며 방향키는 필요한 경우에 충분한 빗놀이 모멘트를 발생시킬 수 있어야 한다.

① 방향키 부유각(rudder floating angle)

방향키를 자유로 하였을 때 공기력에 의하여 방향키가 자유로이 변위되는 각.

② 방향키 고착(rudder lock)의 발생

큰 옆 미끄럼 각에서 방향키 부유각은 급격히 증가하는데, 방향키 부유각이 평형을 이루는 방향키 각도에 이르게 되면 방향키 페달 힘은 0으로 감소하고 방향키 고착 발생.

7. 가로 안정 및 조종

1) 정적 가로 안정(Static Lateral Stability)

① 옆놀이 모멘트(rolling moment)

㉮ 양(+)의 옆놀이 모멘트: 비행기 기준축에 대해 비행기의 오른쪽 날개를 아래로 향하게 하는 세로축에 관한 모멘트를 양의 옆놀이 모멘트.

$$L = C_l q S b$$

L : 옆놀이 모멘트, C_l : 옆놀이 모멘트 계수, q : 동압, S : 날개면적,

b : 날개길이

비행기의 양의 옆 미끄럼 각을 가지게 될 경우 음의 옆놀이 모멘트를 발생 시킬 때 정적 가로 안정.

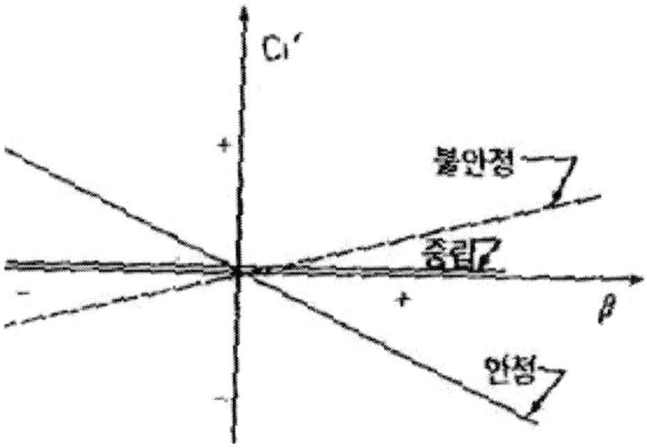

[그림 77] rolling moment

② 가로 안정에 영향을 미치는 요소

㉮ 날개 : 날개는 비행기의 가로 안정에 가장 중요한 요소이다. 날개의 쳐든각 효과는 가로 안정에 가장 중요한 요소이다.

㉠ 쳐든각의 효과 : 비행기의 옆 미끄럼(side slip)에 대한 복원력을 발생 시킨다.

㉯ 동체

㉠ 낮은 날개 항공기
−3° 나 −4° 정도의 쳐든각 효과 ➤ 상당한 쳐든각을 필요로 한다.

㉡ 고익기(높은 날개 항공기) : 2° 나 3° 의 쳐든각 효과

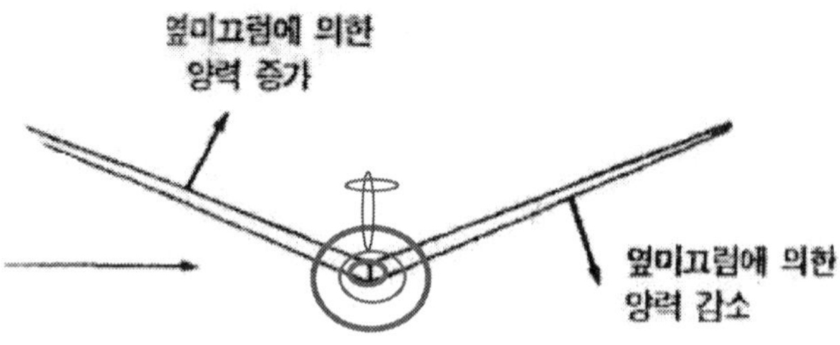

[그림 78] 쳐든각 효과

㉰ 수직 꼬리날개: 수직 꼬리날개도 가로 안정에 대해 중요한 영향을 끼친다.

수직 꼬리날개가 클 경우 옆 미끄럼에 의한 힘은 옆놀이 모멘트를 발생

2) 동적 가로 안정

비행기가 자유비행상태에 놓이게 되면 가로 안정과 방향 안정은 결합되어 일어난다. 옆 미끄럼에 의해 옆놀이 모멘트와 빗놀이 모멘트가 동시에 발생한다. 그러므로 비행 시 비행기의 동적 가로 운동은 가로 운동과 방향 운동의 효과를 결합한 상호 작용을 고려하여야 한다.

① 동적 가로 안정의 특성을 결정하는 세 가지 운동

㉮ 방향 불안정(directional divergence): 일반적으로 허용될 수 없으며 초기의 작은 미끄럼에 대한 반응이 옆 미끄럼을 증가시키는 경향.

㉯ 나선 불안정(spiral divergence): 정적 방향 안정성이 쳐든각 효과보다 훨씬 클 때 나타나며 나선 불안정은 결코 심하지 않다. 비행기가 수평비행의 평형상태로부터 외부의 영향을 받으면 느린 나선형 운동이 시작되어 점차적으로 나선 하강이 된다. 작은 옆 미끄럼이 시작되면 상대적으로 약간 쳐든 효과는 가로 방향으로 회복시키는 것을 지연시키는데 비해 강한 방향 안정은 기수를 바람방향으로 회복시킨다. 대개의 경우 나선운동에서의 발산율은 아주 작기 때문에 조종사가 어려움 없이 조종할 수 있다.

㉰ 가로방향 불안정(더치 롤, dutch roll): 가로진동과 방향진동이 결합된 것으로 대개 동적으로는 안정하지만 진동하는 성질 때문에 문제가 된다. 평형상태로부터 영향을 받은 비행기의 반응은 옆놀이와 빗놀이 운동이 결합된 것으로 옆놀이 운동 보다 앞서 발생된다. 이러한 운동은 바람직하지 않으며 이것은 정적 방향 안정 보다 쳐든각의 효과가 클 때 발생.

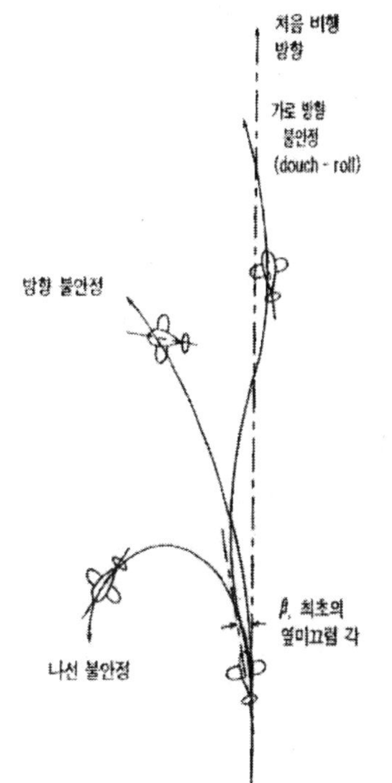

가로 및 방향불안정

8. 고속기의 비행 불안정

1) 세로 불안정

① 턱 언더(tuck under)

속도가 느린 저속 비행기에서는 수평비행이나 하강비행에서 속도를 증가시킬수록 비행기의 기수가 올라가려는 경향이 커져서 조종간을 점점 세게 밀어야 하지만 비행기가 음속에 가까운 속도를 비행을 하게 되면 속도를 증가시킬수록 기수가 오히려 내려가는 경향이 생겨 조종간을 당겨야 하는 조종력의 역작용 현상.

㉮ 턱 언더가 생기는 이유

㉠ 마하수가 임계 마하수를 넘게 되면 날개면에 작용하는 압력분포가 변화 하여 풍압중심의 위치가 뒤쪽으로 이동하여 기수를 내리는 모멘트가 증가하기 때문.

㉡ 속도가 증가하면 날개의 양력계수가 작아지게 되고 수평 꼬리날개에 작용하는 내리흐름(down wash)도 작아져 꼬리날개의 받음각이 증가하기 때문

㉯ 턱 언더 수정: 마하 트리머(mach trimmer), 또는 피치 트림 보상기(pitch trim compensator)를 설치.

② 피치 업(pitch up)

비행기가 하강비행을 하는 동안 조종간 당겨 기수를 올리려고 할 때 받음각과 속도가 특정값을 넘게 되면 예상한 정도 이상으로 기수가 올라가고 이를 회복할 수 없는 현상.

㉮ 원인

㉠ 뒤젖힘 날개의 날개 끝 실속

㉡ 뒤젖힘 날개의 비틀림

㉢ 날개의 풍압 중심이 앞으로 이동

㉣ 승강키 효율의 감소

③ 딮 실속(deep stall) 또는 수퍼 실속(super stall)

수평 꼬리날개가 높은 위치에 있거나 또는 T형 꼬리날개를 가지는 비행기가 실속을 할 때 생기는 문제로 수평 꼬리날개가 후류 안으로 들어가게 되면 기수를 올리려는 모멘트가 작용하게 되고 받음각을 증가하는 정적 불안정이 나타나 실속운동은 더욱 복잡해지고 승강키 효율은 더욱 떨어지게 되는 현상.

㉮ 딮 실속 방지책 : 동체 뒤쪽에 기관을 부착하는 경우에는 실속트리거(stall trigger)의 역할을 위해 날개 윗면에 펜스(fence)를 붙이거나 날개 밑에 보틸론(vortilon)을 장착.

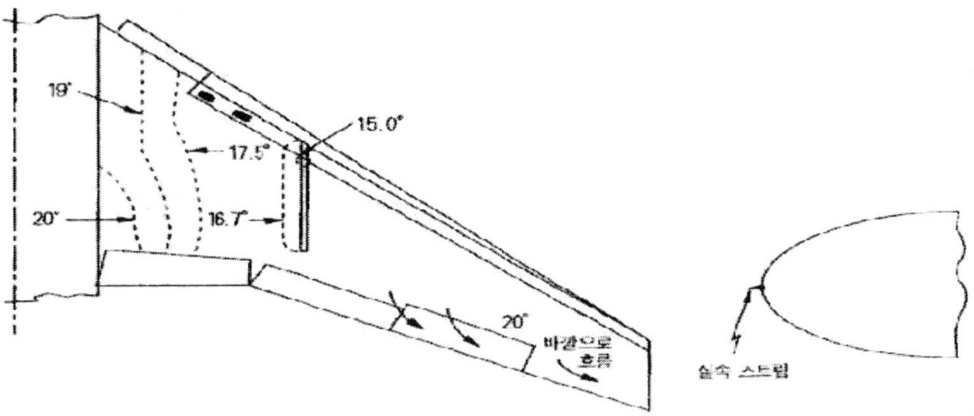

[그림 80] Stall trigger

2) 가로 불안정

① 날개 드롭(wing drop), 또는 wing heaviness

비행기가 수평비행이나 급강하로 속도를 증가하여 천음속 영역에 도달하게 되면 한쪽 날개가 충격 실속을 일으켜 갑자기 양력을 상실하여 강한 옆놀이를 일으키는 현상.

㉮ 날개 드롭의 발생 원인

㉠ 비행기가 좌우 대칭이 아닐 때

㉡ 날개 표면이나 흐름의 조건이 좌우가 조금 다를 때

ⓒ 비행기가 수평비행이나 급강하와 같이 받음각이 작을 때 강하게 나타나서 한쪽 날개에만 충격 실속이 생길 때

* 날개 드롭은 비교적 두꺼운 날개를 사용한 비행기가 천음속으로 비행할 때 나타나며 얇은 날개를 가지는 초음속 비행기가 천음속으로 비행할 때는 발생하지 않는다.

② 옆놀이 커플링(rolling coupling)

㉮ 공력 커플링(aerodynamic coupling) : 방향키만 조작하거나 옆 미끄럼 운동을 하였을 때 빗놀이와 동시에 옆놀이 운동도 생기는 현상.

㉯ 관성 커플링(inertia coupling): 비행기가 고속으로 비행할 때 공기 역학적인 힘과 관성력이 상호 영향을 준 결과로 만들어진 자연스런 현상.

㉰ 옆놀이 커플링: 초음속기에서와 같이 날개길이가 짧고 동체가 가늘고 긴 경우 기체축 주위의 관성 능률은 다른 축 주위보다 대단히 적어지므로 큰 옆놀이 각속도를 가지게 되는데 큰 각속도가 큰 받음각을 가지면 큰 관성 커플링을 일으켜 받음각과 옆 미끄럼 각을 계속 증가시켜 발산하게 하는 현상을 말한다.

* 옆놀이 커플링을 줄이는 방법

㉠ 방향 안정성을 증가시키고, 쳐든각 효과를 감소시키고, 정상 비행 상태에서 바람축과의 경사를 최대한 줄이며 불필요한 공력 커플링 감소시키고, 옆놀이 운동에서의 옆놀이 율이나 기간 그리고 받음각 등을 제한.

㉡ 초음속기에서는 수직 꼬리날개 면적을 크게 하거나 밴트럴 핀(ventral fin)을 붙여서 고속 비행시 도움날개나 방향키의 변위각을 자동으로 제한하여 옆놀이 현상 방지.

9. 프로펠러 후류의 영향

(1) 프로펠러 후류의 영향

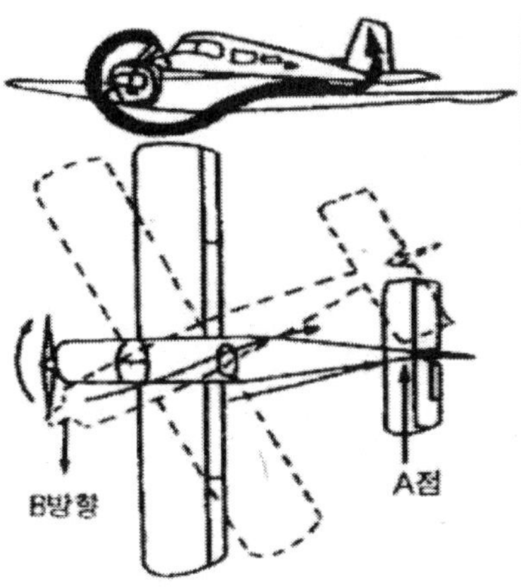

① 프로펠러가 오른쪽으로 회전하는 단발 비행기에서는 기류가 A점의 수직 꼬리날개에 닿고 그 때문에 비행기의 기수는 왼쪽으로 (B방향) 흔들린다.
② 프로펠러 후류를 받는 부분의 주 날개는 비행 속도와 프로펠러 후류의 속도가 합하여 증가하여 양력이 증가한다. 특히 다발기에서는 플랩(FLAP) 이상의 양력 증가 효과가 발생한다.
③ 지상 활주시 프로펠러에 의해 증가된 후류가 꼬리날개에 닿아 조종면의 효과를 양호하게 한다.

[그림 81] 프로펠러 후류의 영향

10. 항공기의 진동

1) **버핏(Buffet, Buffeting)** : 흐름의 떨어짐의 후류가 날개나 꼬리날개를 진동시키는 현상.

① 저속 버핏(buffet) : 저속에서 실속했을 때 날개가 와류에 의해서 진동하는 현상
② 고속 버핏(buffet) : 음속 부근에서 충격파에 의해 기체가 진동하는 현상. 특히 조종면에 생기는 진동을 buzz라 한다.

* buzz : 수평 꼬리날개에 충격파가 발생하여 승강키 효율이 떨어지는 현상

2) 플러터(Flutter) :

비행기가 어떤 속도에서 갑자기 주 날개가 진동을 일으키고, 그 진동의 폭은 급격히 증가하고 때에 따라서는 공중분해를 일으킬 수 있는 현상.

① 조종면 플러터(flutter) : 조종면에 mass balance가 되지 않았을 때 생기는 현상

㉮ mass balance: 저속 비행기의 조종면의 앞전에 추를 부착한 경우가 있는데 이것이 mass balance이다. 조종면의 중심위치를 되도록 앞에 오도록 하기 위함

플러터(flutter)의 방지책은 날개 및 조종면의 강성을 높이는 것과 mass balance를 설치하는 것인데 특히 mass balance의 효과가 더 크다.

mass balance는 거의 필수적으로 기체나 조종면에 있다.

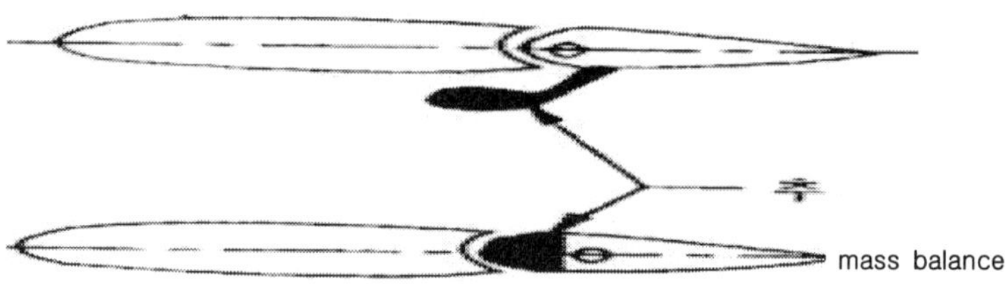

[그림 82] mass balance

② 기체 플러터(flutter)

비행 속도가 아주 커서 어느 속도 이상이 되면 두 개 이상의 관성력, 탄성력, 공기력이 상호작용에 의해 주기적으로 진동하는 불안정한 진동

③ 플러터 방지책

㉮ 플러터가 발생하면 비행기의 속도를 감소시킨다.

㉯ 공기밀도가 적으면 일어나기 어렵다.

㉰ 날개 앞전에 납 등의 추를 붙인다

㉱ 조종면의 조종장치의 강성을 크게 한다.

㉲ 조종면의 힌지 축 및 조종계통의 여유를 적게 둔다.

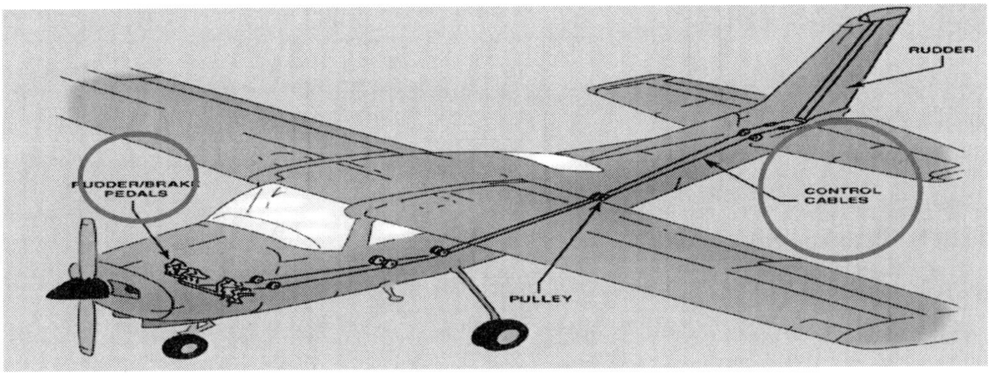

[그림 83] 방향조종계통

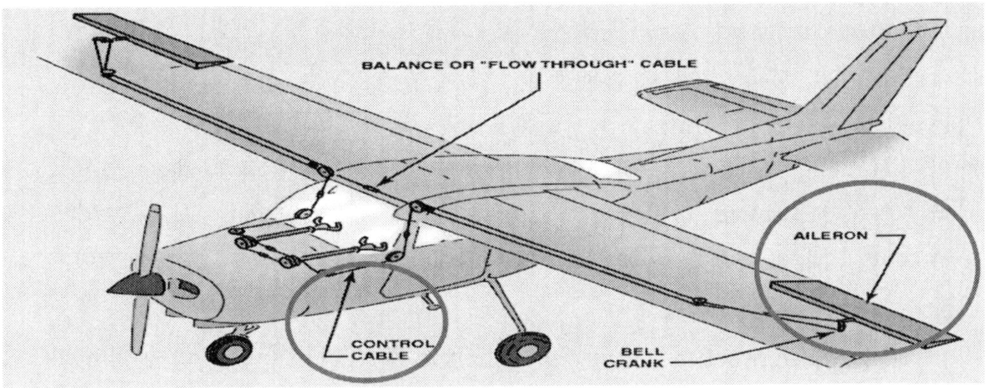

[그림 84] 가로조종계통

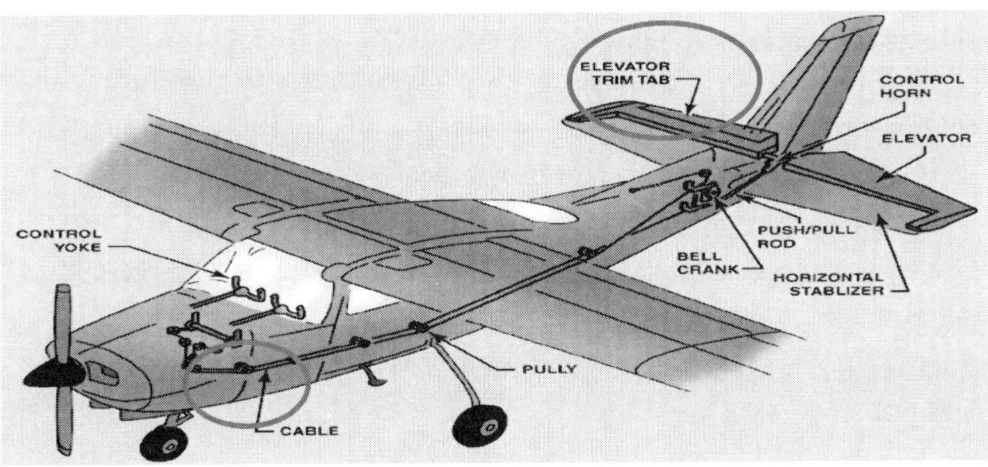

[그림 85] 세로조종계통

11. 중량 및 중심 위치

1) 무게 측정 관련 용어

① 기준선(datum line) : 항공기가 수평비행을 할 때 평형을 유지하기 위하여 세로축에 임의로 정한 수직선을 말한다. 항공기에서 장비, 유류탱크, 화물, 좌석, 프로펠러 등의 위치는 기준선으로 부터의 거리로 나타낸다. 기준선의 위치는 일정하지 않으나 일반적으로 기체의 앞부분(nose)이나 방화벽 등을 기준으로 하는 경우가 많다.

② 유효하중(useful load) : 승무원, 승객, 화물, 무장계통, 연료, 윤활유의 무게를 포함한 것과 최대 총무게에서 자기 무게를 뺀 것을 말한다.

③ 기본 자기무게(basic empty weight), 또는 공허 하중 : 승객, 승무원 등의 유효 하중, 사용 가능한 연료, 배출 가능한 윤활유의 무게를 포함하지 않은 상태에서의 항공기의 무게이다. 기본 자기무게에는 사용 불가능한 연료, 배출 불가능한 윤활, 기관 내의 냉각액의 전부, 유압계통의 작동유의 무게를 포함한다.

④ 운항 자기무게(operating empty weight) : 본 자기무게에 운항에 필요한 승무원, 장비품, 식료품을 포함한 무게로서 승객, 화물, 연료 및 윤활유는 포함하지 않은 무게를 말한다.

⑤ 최대 무게(maximum weight) : 항공기에 인가된 최대 무게이며 항공기의 비행 상태에 따라 최대 이륙무게, 최대 연료무게 등으로 구분한다.

⑥ 영 연료 무게(zero fuel weight) : 연료를 제외하고 적재된 항공기의 최대 무게로서 화물, 승객, 승무원의 무게를 포함한다.

⑦ 테어 무게(tare weight) : 항공기의 무게를 측정할 때 사용하는 잭(jack), 블록(block), 촉(chock)과 같은 부수적인 품목의 무게를 말한다. 항공기의 실제 무게와는 관계없다.

⑧ 설계단위 무게 : 항공기의 탑재물에 대한 무게를 정하는데 기준이 되는 설계상의 무게

㉮ 남자 승객의 무게 : 75kg(165 lb)

㉯ 여자 승객의 무게 : 65kg(148 lb)
㉰ 항공기 가솔린의 무게 : 1리터당 0.7kg(1갈론당 5.83 lb)
㉱ JP-4의 무게 : 1리터당 0.767kg(1갈론당 6.5 lb)
㉲ 윤활유의 무게 : 1리터당 0.9kg(1갈론당 7.5 lb)

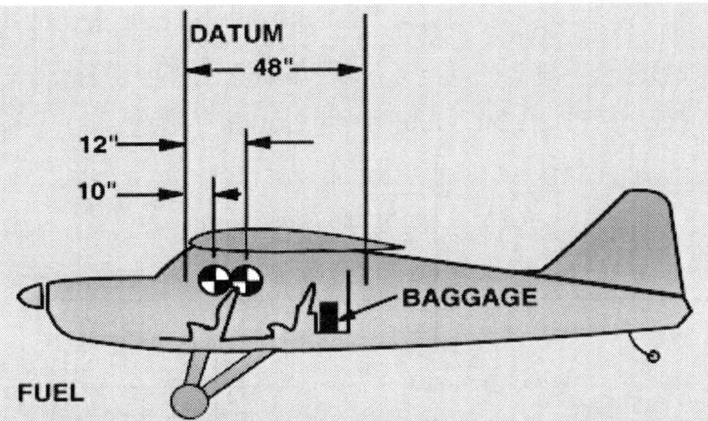

AIRPLANE WITH PILOT & FULL FUEL = 1,045 POUNDS

$$\text{BALLAST} = \frac{\text{ACFT. WT.} \times \text{CHANGE IN C.G. DESIRED}}{\text{BALLAST ARM} - \text{ARM OF DESIRED C.G.}}$$

$$= \frac{1{,}045 \times 2}{48 - 12}$$

$$= 58.06 \text{ POUNDS}$$

PROOF:

ITEM	WEIGHT	ARM	MOMENT
AIRPLANE	1,045	10	10,450
BALLAST	58	48	2,784
	1,103	11.99	13,234

[그림 86] Weight and balance

2) 중심 계산

① 중심 계산의 기본식 : 모든 무게가 기준에서부터 한쪽 방향에 위치할 때 중심위치 구하는 식

㉮ 모멘트 = 무게(W) × 거리(l)

㉯ 무게 중심(c.g) $c.g=\frac{총모멘트}{총무게}=\frac{W_1l_1+W_2l_2+\cdots+W_nl_n}{W_1+W_2+\cdots+W_n}$

> [예] 수송기에 무게가 4,500kg인 기관을 중심으로부터 900cm 되는 곳에 장착하는 경우 이로 인하여 생기는 중심에서의 모멘트는 얼마인가?
> (풀이) : 모멘트 = 무게 * 거리 = 4,500 * 900 = 4,050,000kg·cm
>
> [예] 항공기의 총모멘트가 81,307,499kg·cm이고 총무게가 94,495kg 일 때 이 항공기의 중심위치(c.g)는 어디에 있는가?
>
> $$c.g=\frac{총모멘트}{총무게}=\frac{81,307,499}{94,495}=860.4cm$$

㉰ 무게가 증가된 후 새로운 중심위치 : $c.g=\frac{총모멘트+증가된모멘트}{총무게+증가된무게}$

> [예] 예제 2에서 항공기에 4,500kg의 기관을 장착하여 40,50,000kg·cm의 모멘트를 가져왔다면 기관 장착으로 생기는 새로운 무게 중심은 얼마인가?
>
> 중심위치 $c.g=\frac{총모멘트+추가된모멘트}{총무게+추가된무게}=\frac{81,307,499+4,050,000}{94,495+4,500}=862.2cm$

㉱ 무게를 제거한 다음의 새로운 중심위치 : $c.g\frac{총모멘트-추가된모멘트}{총무게-추가된무게}$

㉲ 무게의 위치를 기준선 앞으로 이동한 경우의 중심위치

$$c.g=\frac{원래의모멘트-변화된모멘트}{본래의무게}$$

㉳ 무게의 위치를 기준선 뒤로 이동한 경우의 중심위치

$$c.g=\frac{원래의모멘트+변화된모멘트}{본래의무게}$$

② 중심계산의 보기

받침점은 기준선에서부터 주바퀴까지의 거리는 +136cm이고, 앞바퀴까지의

거리는 −52cm이다. 따라서 다음과 같은 3점의 모멘트가 얻어진다.

측정 항목	자기 무게(kg)	팔 길 이(cm)	모멘트(kg·cm)
왼쪽 큰 바퀴	313	136	+42,568
오른쪽 바퀴	307	136	+41,752
앞 바 퀴	80	−52	−4,160
합 계	700		80,160

여기서 자기무게에 대한 중심위치는?

$$c.g = \frac{총모멘트}{총무게} = \frac{80,160}{700} = 114.51cm$$

[그림 87] Weight and balance

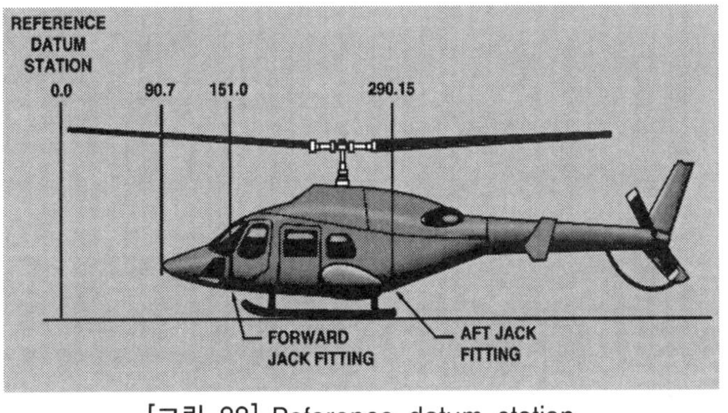

[그림 88] Reference datum station

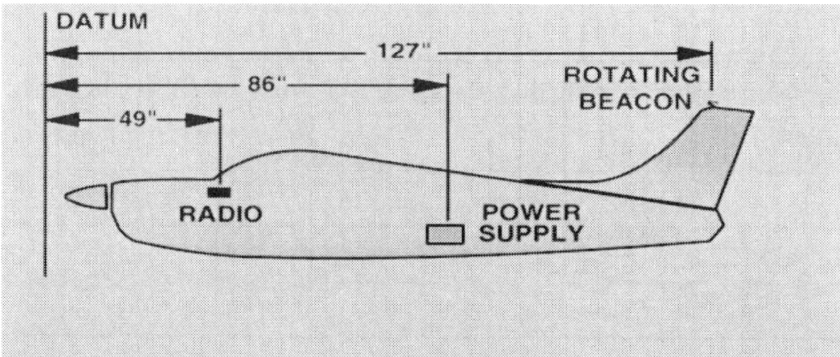

ITEM	WEIGHT	ARM	MOMENT
AIRPLANE	2,024	+ 52.5	+ 106,260
REMOVE RADIO	(–) 16	+ 49	(–) 784
REMOVE POWER SUPPLY	(–) 12	+ 86	(–) 1,032
ROTATING BEACON	(+) 4	+127	+ 508
RADIO	+ 9	+ 49	+ 441
	2,009	52.46	+ 105,393

[그림 89] Reference datum station and C.G

제 2 편

항공역학 기초정리

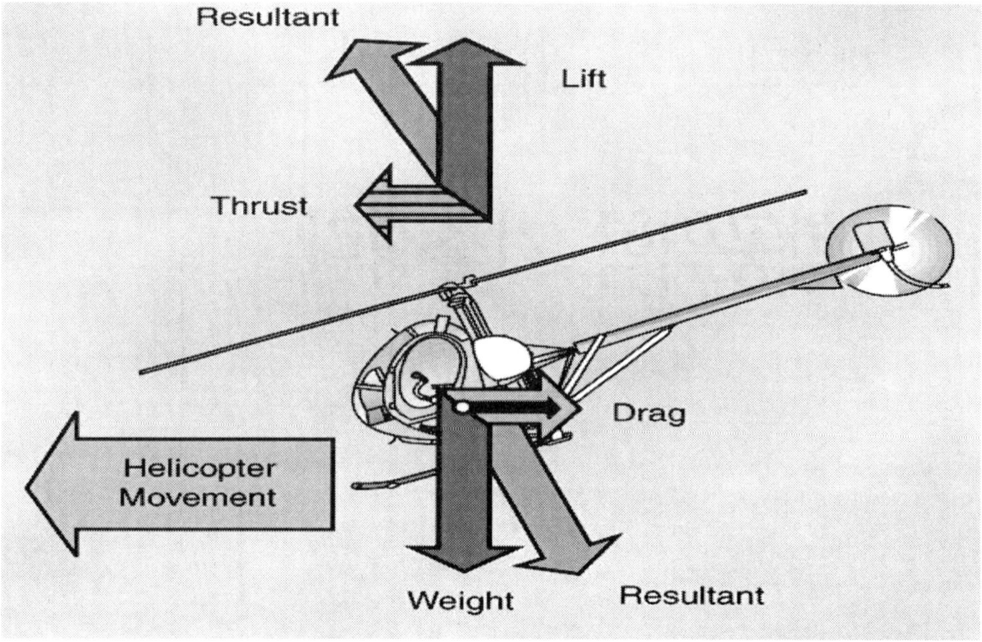

[그림 90] 헬리콥터 전진 비행시 힘의 평형

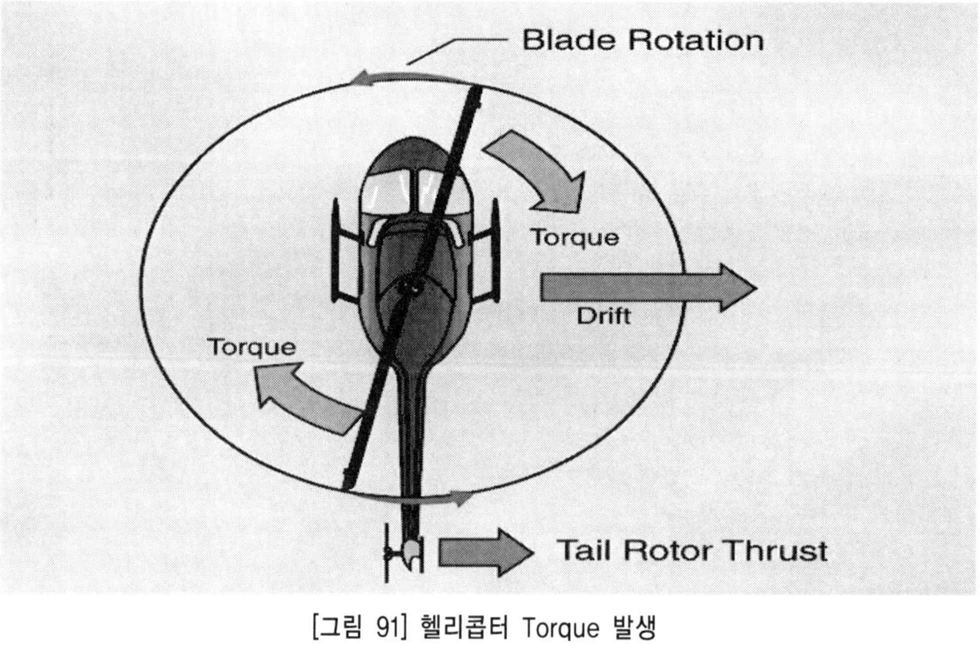

[그림 91] 헬리콥터 Torque 발생

항공역학 기초정리 1		
no	문	답
1	대기권의 성분 구성비를 쓰고 설명하라	
2	대기권을 권역별로 분류하라	
3	대기권역의 특징을 약술하라.	
4	대기의 물리적 상태 변화를 설명하라.	
5	국제표준대기의 만족(가정)조건을 써라	
6	기하학적 고도와 지오퍼텐셜 고도의 차이를 설명하라.	
7	공기의 고도 압력, 밀도. 온도, 체적의 변화관계를 설명하라	
8	압축성 유체와 비압축성 유체의 차이와 특성을 설명하라	
9	정상흐름과 비정상흐름을 설명하라	
10	연속의 방정식을 쓰고 설명하라	
11	관의 출구지름이 2배증가시 속도와 압력의 변화를 풀이[전개]과정을 쓰고 설명하라	
12	베르누이정리의 공식을 쓰고 설명하라	
13	정압이란?	
14	동압이란?	
15	항공기 속도를 측정하는 피토관의 원리와 속도산정 과정을 설명하라	
16	압력계수의 공식을 쓰고 설명하라	
17	점성과 점성이 미치는 영향을 써라	
18	동점성계수란?	
19	경계층이란?	
20	레이놀즈수란?	
21	레이놀즈수에 영향을 미치는 요소?	
22	레이놀즈수에서 물체의 특성길이란?	
23	레이놀즈수와 층류 난류 흐름의 떨어짐 날개현상과의 관계를 설명하라	
24	점성저층의 특성을 설명하라.	
25	흐름의 떨어짐(박리)의 원인과 결과, 방지법을 써라	

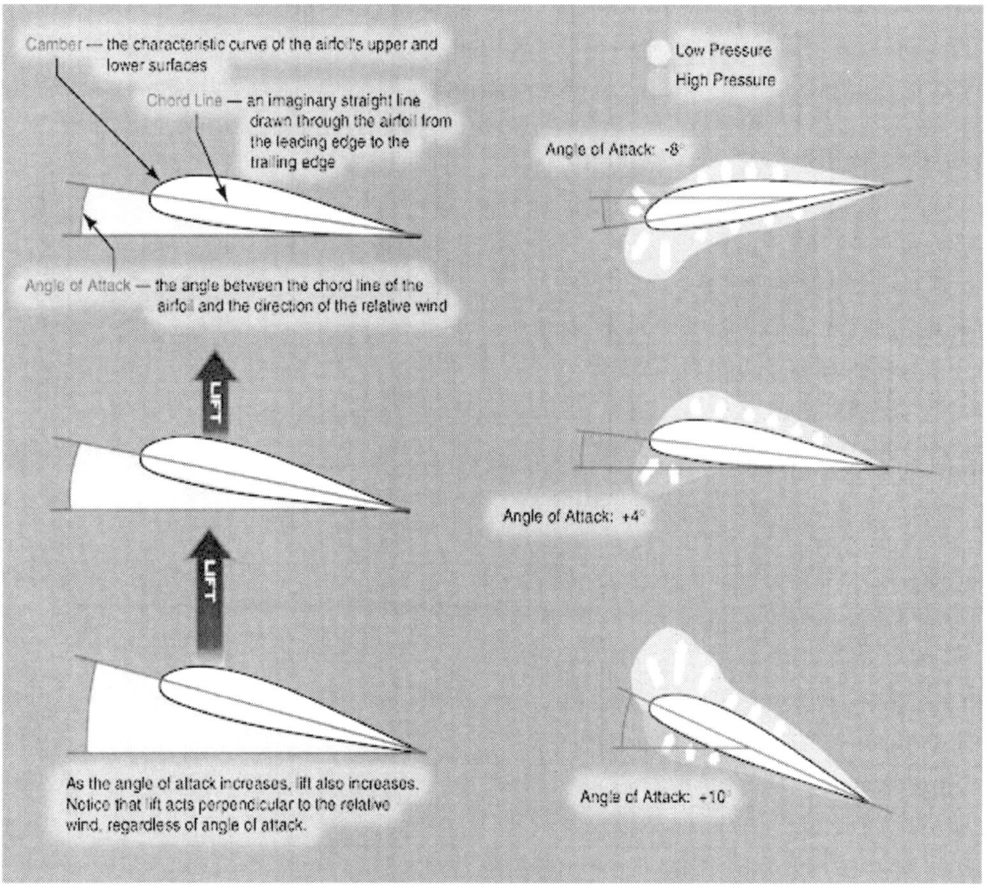
Camber — the characteristic curve of the airfoil's upper and lower surfaces
Chord Line — an imaginary straight line drawn through the airfoil from the leading edge to the trailing edge
Angle of Attack — the angle between the chord line of the airfoil and the direction of the relative wind
Low Pressure
High Pressure
Angle of Attack: -8°
LIFT
LIFT
Angle of Attack: +4°
As the angle of attack increases, lift also increases. Notice that lift acts perpendicular to the relative wind, regardless of angle of attack.
Angle of Attack: +10°

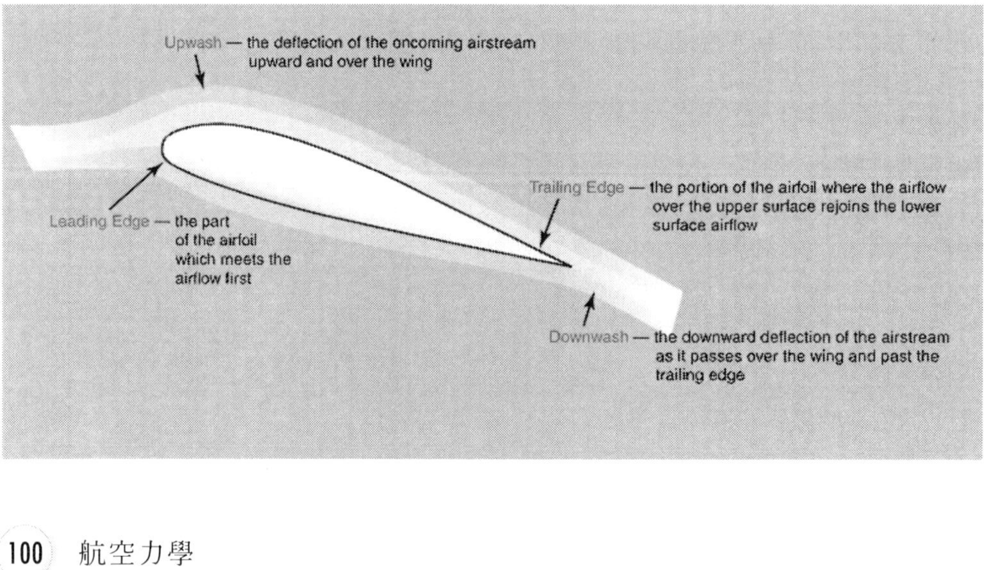
Upwash — the deflection of the oncoming airstream upward and over the wing
Trailing Edge — the portion of the airfoil where the airflow over the upper surface rejoins the lower surface airflow
Leading Edge — the part of the airfoil which meets the airflow first
Downwash — the downward deflection of the airstream as it passes over the wing and past the trailing edge

항공역학 기초 정리2		
1	항력의 공식을 쓰고 설명하라	
2	항력계수의 공식을 쓰고 설명하라	
3	항력의 종류를 쓰고 관계를 설명하라	
4	음속이란?	
5	마하수란?	
6	음속을 구하는 공식을 써라	
7	마하수에 따른 흐름의 특성을 설명하라	
8	초음속흐름의 수축 단면과 확대 단면에서의 압력과 속도의 변화를 설명하라	
9	충격파의 발생 원인과 결과 충격파를 줄이려면?	
10	팽창파의 발생요건과 흐름의 특성변화를 설명하라.	
11	조파항력에 영향을 끼치는 요소를 써라	
12	airfoil의 단면을 그리고 각부의 명칭을 써라.	
13	chord line이란?	
14	camber란? 양력에 미치는 영향?	
15	camber있는 날개와 camber가 없는 날개의 예를 들고 차이점을 설명하라.	
16	mean camber line이란?	
17	angle of attack이란	
18	angle of attack이 lift 및 drag에 미치는 영향을 써라	
19	양력의 공식을 쓰고 설명하라	
20	양력계수에 영향을 미치는 요소를 쓰고 설명하라	
21	양력의 공식에서 속도를 구하는 공식으로 변환 최소속도 및 stall velocity를 구하는 공식으로 변환하라	
22	실속속도를 구하는 공식을 쓰고 설명하라	
23	항력의 공식을 쓰고 속도를 구하는 공식으로 변환하라	
24	날개골과 영양력 받음각과의 관계를 설명하라	
25	날개골 형상에 따른 양, 항 관계를 설명하라.	

항공역학 기초 정리3		
no	문	답
1	center of pressure	
2	aerodynamic center	
3	stagnation point	
4	날개에서 양력이 발생하는 원리를 써라	
5	압력중심의 위치는 어떻게 나타내는가?	
6	압력중심의 변화와 미치는 영향을 써라	
7	공기력모멘트란	
8	공기력모멘트에 영향을 미치는 요소?	$M=Cm \frac{1}{2} \rho V^2 S C$
9	NACA 0009	
10	NACA 0015	
11	NACA 2415	
12	NACA 4415	
13	NACA 23015	
14	NACA 23115	
15	NACA 651-215	
16	NACA 652-415	
17	NACA 631-412	
18	NACA -1S-(70)-(03)-(70)-(03)	
19	NACA-2S-(30)-(03)-(30)-(03)	
20	NACA-1S-(50) (03-(50) (03)	
21	5자 계열 날개골의 특징을 써라	
22	6자계열 날개골의 특징을 써라	
23	항력버켓이란? 날개골에 따른 항력버켓의 변화는?	
24	NACA631-412와 NACA4412 날개의 특성을 써라	
25	임계마하수란?	

항공역학 기초정리 4			
1	항력발산 마하수란?		
2	층류날개골(laminar flow airfoil)의 설계 목적, 장점, 제한요소를 써라		
3	peaky airfoil의 특징?		
4	초임계 날개골의 특징?		
5	날개의 wet aera란?		
6	MAC: mean aerodynamic chord란?		
7	aspect ratio의 공식 3가지를 써라		
8	taper ratio란?		
9	sweep back angle이란?		
10	처든각 이란? 관계사항?		
11	붙임각 이란?		
12	기하학적비틀림이란?		
13	날개형상에 따른 실속특성 및 일반특성을 써라	직사각형날개	
		taper wing	
		타원형 날개	
		앞젖힘 날개	
		sweep back wing	
		delta wing	
		ogee wing	
14	천음속과 초음속의 충격파 흐름특성을 비교 설명하라		
15	항력발산마하수를 높이기 위한 날개의 설계조건은?		
16	wing tip stall을 줄이기 위한 방법은?		
17	마하수에 따른 항력특성 비교	직사각형날개	
		뒤젖힘날개	
		삼각형날개	
18	쿠타-쥬코브스키 양력이란?		
19	속박와류란?		
20	내리흐름(down wash)란?		
21	유효받음각(effective angle of attack)이란?		
22	유도항력계수의 공식?		
23	유도항력의 공식?		
24	전방 실속형 날개 형상과 후방 실속형 날개 형상		
25	날개 끝 실속방지법?		

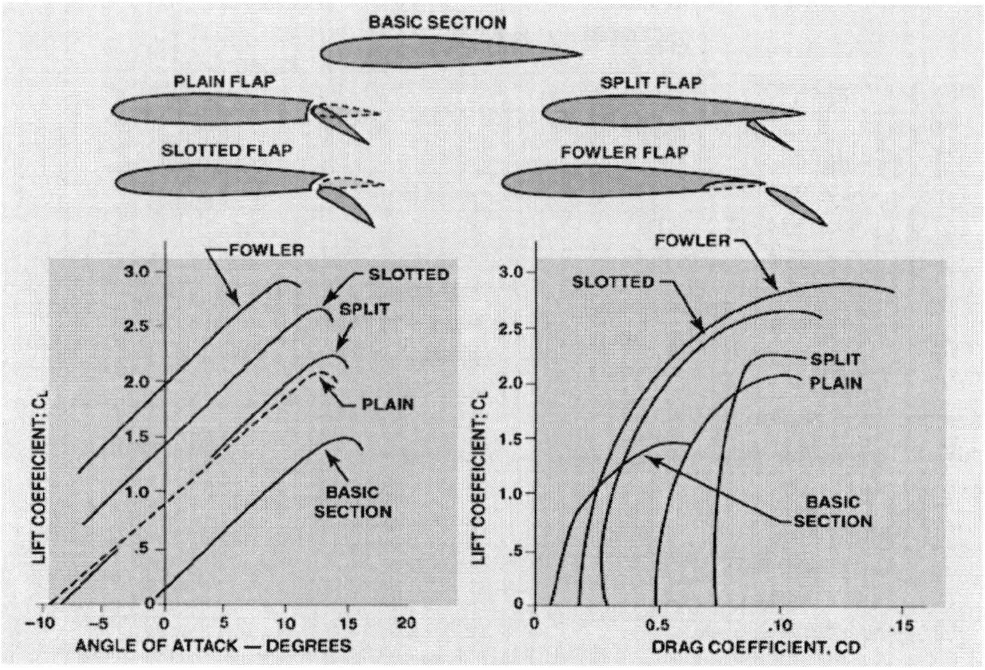
BASIC SECTION
PLAIN FLAP
SPLIT FLAP
SLOTTED FLAP
FOWLER FLAP
FOWLER
SLOTTED
SPLIT
PLAIN
BASIC SECTION
LIFT COEFEICIENT; C_L
ANGLE OF ATTACK — DEGREES
-10
-5
0
5
10
15
20
3.0
2.5
2.0
1.5
1.0
.5
0
FOWLER
SLOTTED
SPLIT
PLAIN
BASIC SECTION
LIFT COEFEICIENT; C_L
DRAG COEFFICIENT, CD
0
0.5
.10
.15

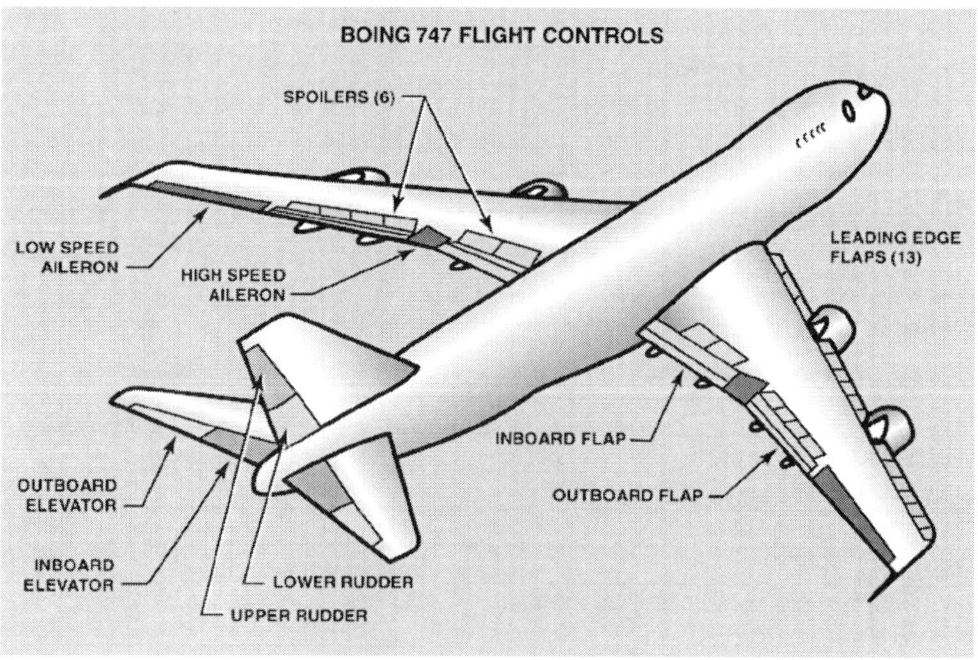
BOING 747 FLIGHT CONTROLS
SPOILERS (6)
LOW SPEED AILERON
HIGH SPEED AILERON
LEADING EDGE FLAPS (13)
INBOARD FLAP
OUTBOARD FLAP
OUTBOARD ELEVATOR
INBOARD ELEVATOR
LOWER RUDDER
UPPER RUDDER

항공역학 기초정리 5		
no	문	풀이과정
1	실속속도의 공식을 쓰고 이착륙 거리와의 관계를 설명하라	
2	고양력장치의 종류를 쓰고 특성을 설명하시오	
3	항력감소 장치의 예를 들고 설명하시오	
4	고 항력장치의 예를 들고 설명하시오	
5	비행중 작용하는 유해항력의 종류를 써라	
6	필요마력이란?	
7	연료소비가 가장적은 비행상태를 설명하라	
8	이용마력이란	
9	제트기의 이용마력 공식?	
10	프로펠러기의 이용마력 공식?	
11	여유마력이란?	
12	이용마력, 필요마력, 여유마력의 관계식을 써라	
13	상승률을 구하는 공식 2가지를 써라	
14	상승각을 구하는 공식을 써라	
15	동일 추력 일 때 고도 상승시 속도의 변화는?	
16	고도가 증가하면 실속속도는?	
17	평균상승률이란?	
18	상승시간?	
19	상승한계?	
20	등속수평비행의 조건?	
21	순항방식?	
22	항속시간을 구하는 공식?	
23	프로펠러기의 최대항속거리 조건?	
24	제트기의 최대항속거리 조건?	
25	활공비와 양항비, 활공각의 관계를 설명하라	

항공역학 기초정리 6		
1	활공비행시 하강속도를 구하는 공식은?	
2	종극속도란? 종극속도의 조건과 공식?	
3	이륙거리란	
4	이륙거리의 단축조건?	
5	착륙거리란?	
6	착륙거리 단축조건?	
7	실속의 종류 3가지?	
8	실속시 발생현상은?	
9	스핀현상이란?	
10	정상스핀의 상태?	
11	수평스핀의 상태?	
12	스핀에서 벗어나려면 조종장치는 어떻게 조작하나?	
13	정상선회의 조건?	
14	원심력의 공식?	
15	선회반지름을 구하는 공식?	
16	선회반지름을 작게하려면? 제약조건은?	
17	선회중의 실속속도는?	
18	선회중의 하중배수?	
19	가속도운동시의 하중배수? 제한하중이란?	
20	종극하중이란?	
21	하중배수가 큰 항공기와 작은 항공기를 비교 설명	
22	감항류별 별로 제한하중배수와 특징은?	
23	공중스포일러와 지상스포일러의 차이점?	
24	제트기의 역추력방식의 기본2가지?	
25	항공기의 3가지 기준축과 기본운동을 설명하라	

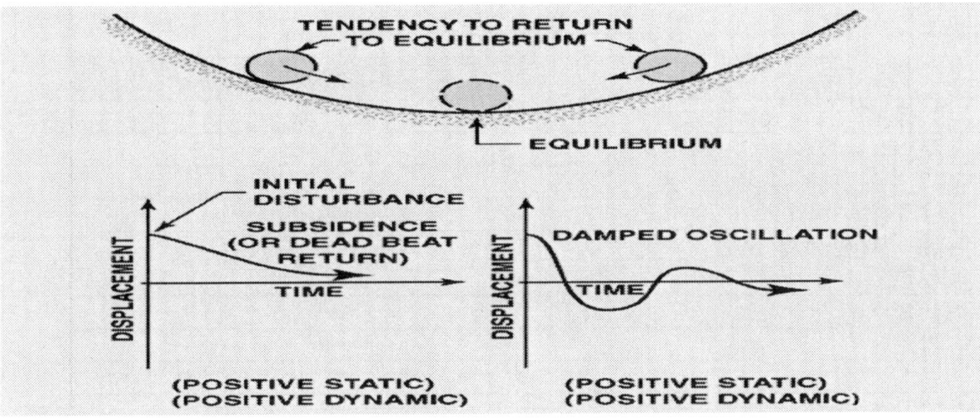
TENDENCY TO RETURN
TO EQUILIBRIUM
EQUILIBRIUM
INITIAL
DISTURBANCE
SUBSIDENCE
(OR DEAD BEAT
RETURN)
DISPLACEMENT
TIME
(POSITIVE STATIC)
(POSITIVE DYNAMIC)
DAMPED OSCILLATION
DISPLACEMENT
TIME
(POSITIVE STATIC)
(POSITIVE DYNAMIC)

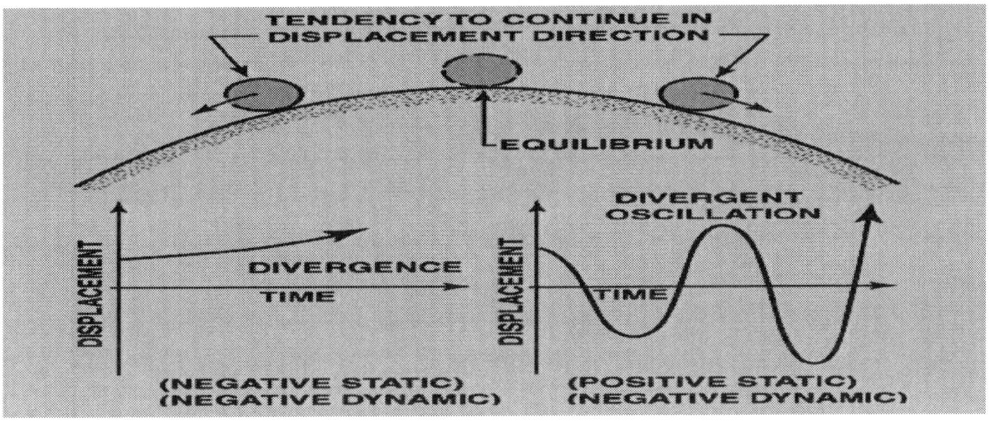
TENDENCY TO CONTINUE IN
DISPLACEMENT DIRECTION
EQUILIBRIUM
DISPLACEMENT
DIVERGENCE
TIME
(NEGATIVE STATIC)
(NEGATIVE DYNAMIC)
DIVERGENT
OSCILLATION
DISPLACEMENT
TIME
(POSITIVE STATIC)
(NEGATIVE DYNAMIC)

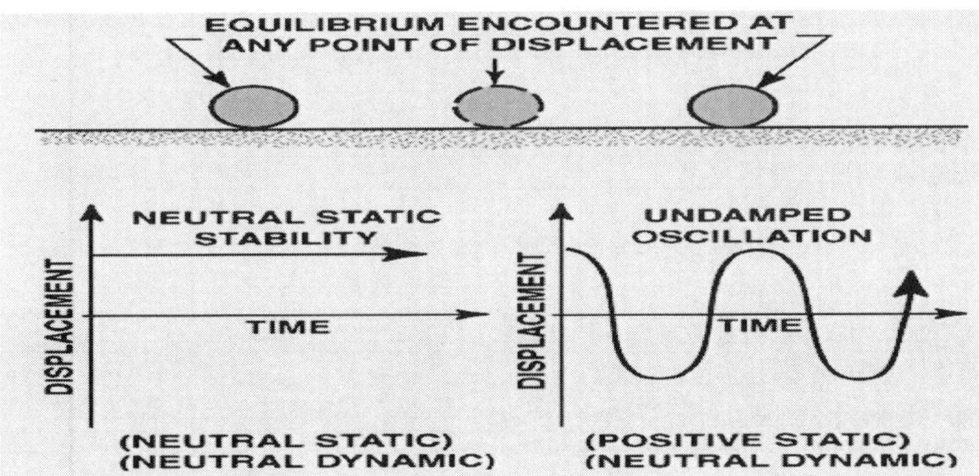
EQUILIBRIUM ENCOUNTERED AT
ANY POINT OF DISPLACEMENT
NEUTRAL STATIC
STABILITY
DISPLACEMENT
TIME
(NEUTRAL STATIC)
(NEUTRAL DYNAMIC)
UNDAMPED
OSCILLATION
DISPLACEMENT
TIME
(POSITIVE STATIC)
(NEUTRAL DYNAMIC)

항공역학 기초정리7			
no	문		풀이과정
1	조종면 이란?		
2	주 조종면과 부 조종면을 쓰시오		
3	힌지모멘트에 대해설명하고 관련요소/공식을 쓰시오		
4	조종력의 구성요소를 쓰고 설명하시오		
5	공력평형장치란?		
6	앞전 발란스		
7	혼 발란스		
8	내부 발란스		
9	프리즈 발란스		
10	tab이란?		
11	trim tab?		
12	balance tab?		
13	servo tab?		
14	spring tab?		
15	조종면 효율변수란?		
16	정적 안정/중립/불안정에 대해 설명하라	정적가로안정	
		세로안정	
		방향안정	
		정적가로중립	
		세로중립	
		방향중립	
		정적가로불안정	
		세로불안정	
		방향불안정	
17	동적안정/중립/불안정에 대해 설명하시오	동적가로안정	
		중립	
		불안정	
		동적세로안정	
		중립	
		불안정	
		동적방향안정	
		중립	
		불안정	
18	안정형태의 그래프를 그리시오		
19	조종에서 balance란?		
20	비행기의 3축과 모멘트, 조종면을 연계하여 설명하시오		

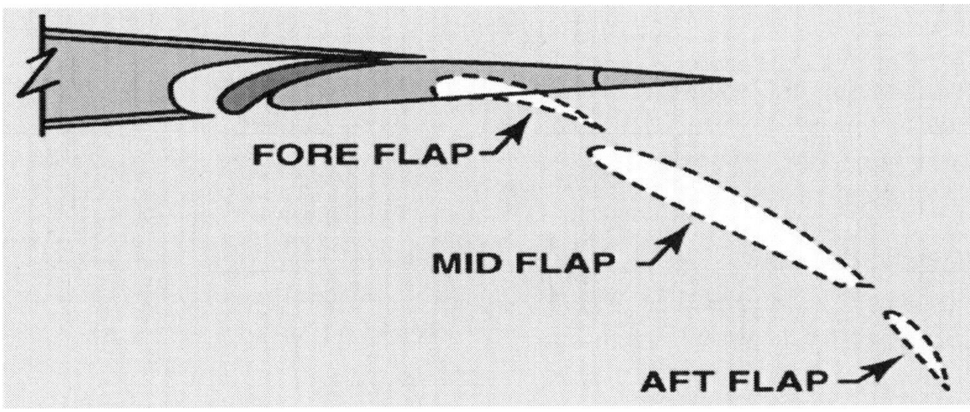
FORE FLAP
MID FLAP
AFT FLAP

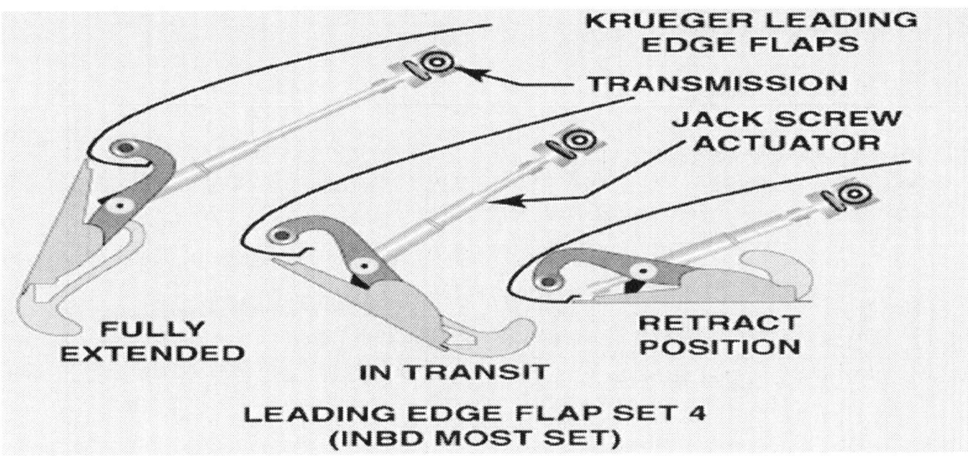
KRUEGER LEADING EDGE FLAPS
TRANSMISSION
JACK SCREW ACTUATOR
FULLY EXTENDED
IN TRANSIT
RETRACT POSITION
LEADING EDGE FLAP SET 4 (INBD MOST SET)

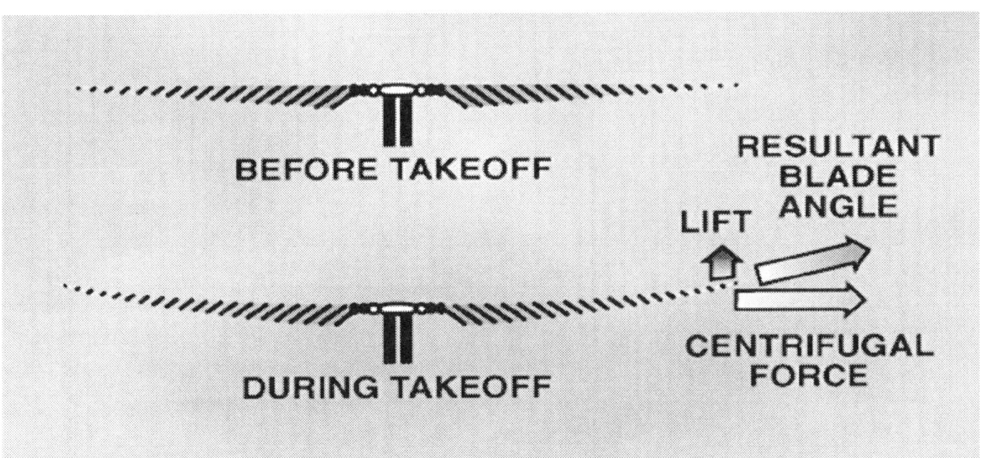
BEFORE TAKEOFF
RESULTANT BLADE ANGLE
LIFT
DURING TAKEOFF
CENTRIFUGAL FORCE

	항공역학 기초정리8	
1	차동도움날개에 대해 설명하고 사용 목적을 쓰시오	
2	항공기 무게중심에 대한 키놀이 모멘트에 영향을 미치는 요소?	
3	세로안정이 좋으려면?	
4	세로조종의 임계요건 충족요소 3가지	
5	세로운동의 주요변수를 쓰시오	
6	3가지 세로진동의 기본 형태는?	
7	옆놀이 모멘트의 구성요소는?	
8	비행기의 가로안정에 영향을 미치는 요소를 각각 설명하라	
9	동적 가로불안정 요소 3가지를 쓰고 설명하라	방향 불안정 directional divergence 나선 불안정 spiral divergency 가로방향 불안정 dutch roll
10	수직축에 관한 빗놀이 모멘트 관계요소	
11	비행기 구성요소들의 방향안정에 대한 영향을 써라	수직꼬리날개 동체와 기관 추력효과
12	정적방향안정성이 크게 요구되는 경우	
13	방향키 부유각 rudder float angle?	
14	dorsal pin?	
15	기계적 조종계통이란?	
16	조종력 배력장치란?	
17	fly by wire system	
18	fly by light system	
19	아음속기에서 적절한 조종력 유지를 위해사용하는 보조장치를 쓰시오	
20	공력평형장치의 종류와 탭의 종류를 쓰시오	

항공역학 기초 정리9		
1	고속기의 세로불안정현상 3가지를 쓰시오	
2	턱언더 현상과 수정장치를 쓰시오	
3	피치업현상과 원인 방지법을 쓰시오	
4	디프실속현상, 발생형상, 방지법을 쓰시오	
5	고속기의 가로불안정 2가지를 써라	
6	wing drop의 현상과 발생요소?	
7	roll coupling의 종류2가지와 각각의 원인 현상 방지법을 쓰시오	
8	자이로 플레인의 특징?	
9	자이로 다인/자이로콥터의 특징?	
10	헬리콥터의 특징?	
11	단일회전날개 헬리콥터의 구성과 장, 단점?	
12	동축 역회전식 헬기의 구성과 장단점?	
13	병렬식 헬기의 구성과 장, 단점?	
14	직렬식회전날개의 구성과 장, 단점?	
15	제트반동헬기의 구성과 장, 단점?	
16	주회전날개의 역할	
17	꼬리회전날개의 역할	
18	프네스트론 및 NOTAR	
19	플레핑힌지	
20	리드래그힌지	

항공역학 기초 정리10		
1	리드래그 댐퍼	
2	헬기의 원추각[코닝각]	
3	헬기의 받음각	
4	헬기 깃의 비틀림각	
5	회전경사판(Swash plate)의 구성과 역할	
6	회전날개 설계시 고려사항?	
7	회전날개허브 설게시 고려사항?	
8	원판하중/회전면하중이란?	
9	마력하중이란?	
10	회전날개의 양력 불균형과 해소방법에 대해 설명하라	
11	플레핑힌지에 발생하는 모멘트?	
12	회전날개의 기하학적불평형의 원인?	
13	관절식 허브	
14	회정경사판	
15	주기피치제어간	
16	동시피치제어간	
17	auto rotation	
18	지면효과	
19	헬기는 최대속도부근에서 필요마력이 급상승하고 최대속도를 300Km/h정도로 제한하는 이유?	
20	비항속거리(specific range)란?	

제 3 편

항공역학 용어정리

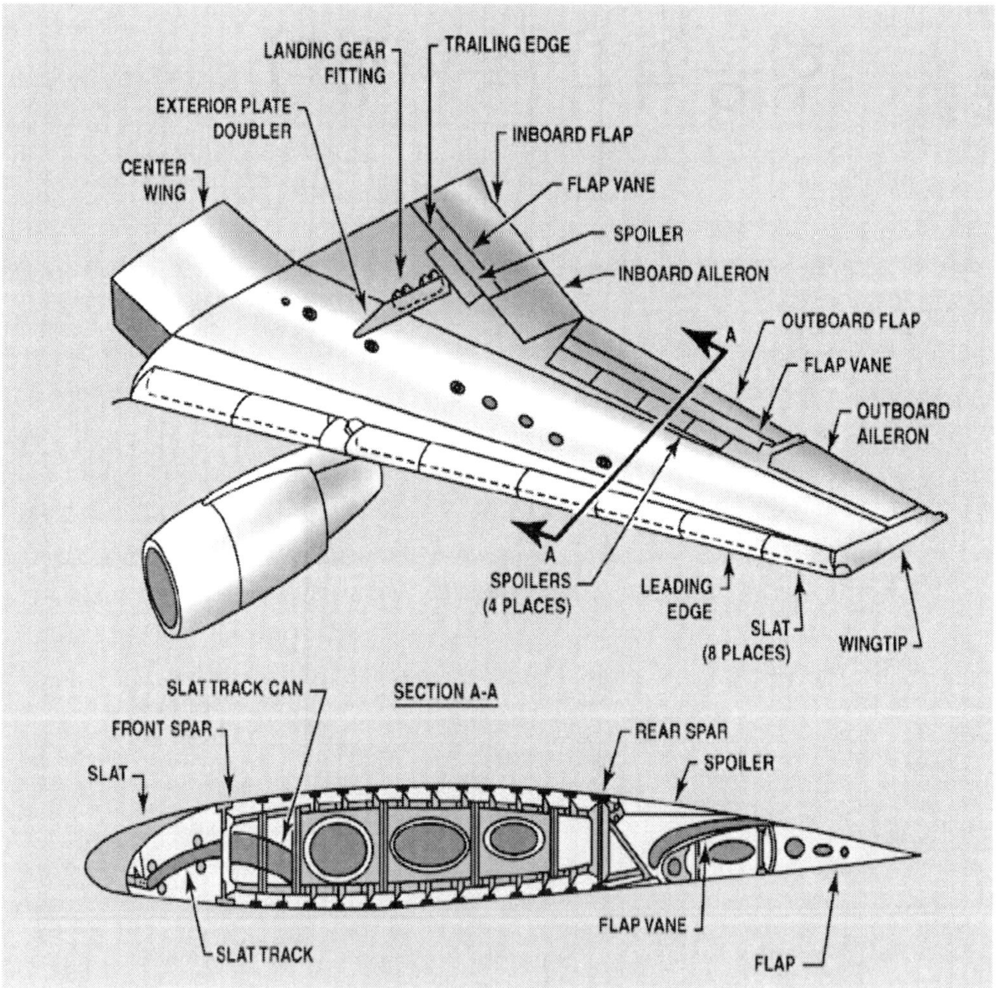

LANDING GEAR FITTING
TRAILING EDGE
EXTERIOR PLATE DOUBLER
INBOARD FLAP
CENTER WING
FLAP VANE
SPOILER
INBOARD AILERON
A
OUTBOARD FLAP
FLAP VANE
OUTBOARD AILERON
A
SPOILERS (4 PLACES)
LEADING EDGE
SLAT (8 PLACES)
WINGTIP
SLAT TRACK CAN
SECTION A-A
FRONT SPAR
REAR SPAR
SLAT
SPOILER
FLAP VANE
SLAT TRACK
FLAP

항공역학 용어정리 1		
항	문	답
1	absolute ceiling	절대상승한계
2	air brake	에어 브레이크
3	aspect ratio	가로세로비
4	attached shock wave	부착 충격파
5	automatic slot	자동 슬롯
6	available horse power	이용마력
7	blowing	불어날림 방식
8	boundary layer control	경계층 제어
9	bound vortex	속박와류
10	brake horse power: BHP	제동마력
11	climb	상승
12	climb flight	상승비행
13	cooling drag	냉각항력
14	cruising	순항
15	descending	하강
16	detached shock wave	이탈 충격파
17	down wash	내리흐름
18	drag chute	제동 낙하산
19	drooped leading	드루프 앞전
20	effective angle of attack	유효 받음각
21	endurance	항속시간
22	excess horse power	여유마력
23	finite wing	유한 날개
24	fixed slot	고정 슬롯
25	flight spoiler	공중 스포일러
26	geometrical angle of attack	기하학적 받음각
27	ground spoiler	지상 스포일러
28	horsepower	1마력
29	hypersonic speed	마하수>5.0
30	induced drag	유도 항력

항공역학 용어정리 2		
1	induced velocity	유도속도
2	interference drag	간섭항력
3	kutta–joukowsky	쿠스타–쥬코브스키 양력
4	landing	착륙
5	maximum rate of climb	최대 상승률
6	mean aerodynamic chord	공력평균시위
7	ogee wing	반곡선날개
8	parasite drag	유해항력
9	power off stall	무동력 실속
10	power on stall	동력 실속
11	profile drag	형상항력
12	rate of climb	상승률
13	required horse power	필요마력
14	rolling	옆놀이
15	service ceiling	실용상승한계
16	stall region	실속 영역
17	stalling characteristics	실속 특성
18	subsonic speed	마하수〈0.75
19	suction	빨아들임 방식
20	supersonic speed	1.2〈마하수〈5.0
21	sweep back angle	뒤 힘각
22	take–off	이륙
23	taper ratio	테이퍼비
24	thrust horsepower	추력마력
25	thrust reverser	역추력 장치
26	trailing edge	뒷전
27	transonic speed	0.75〈마하수〈1.2
28	variable leading edge flap	가변 캠버 앞전 플랩
29	viscosity	점성
30	wave drag	조파항력

항공역학 용어정리 3		
1	aerodynamic center	
2	aileron	
3	approach	
4	auto rotation	
5	bank angle	
6	center of pressure	
7	complete stall	
8	control cable	
9	coordinate turn	
10	degree of freedom	
11	diagram	
12	dihedral effect	
13	directional divergence	
14	down wash	
15	dynamic longitudinal stability	
16	dynamic stability	
17	elevator	
18	flap or control effectiveness parameter	
19	flat spin	
20	high wing	
21	horn balance	
22	internal balance	
23	leading edge balance	
24	load factor	
25	low wing	
26	negative static stability	
27	neutral static stability	
28	neutral dynamic stability	
29	normal spin	
30	normal stall	

항공역학 용어정리 4		
1	nose down	
2	partial stall	
3	phugoid 장주기운동	
4	plain flap	
5	positive static stability	
6	range	
7	rolling moment	
8	rudder	
9	rudder pedal	
10	safety factor	
11	shielded horn	
12	short period	
13	short take-off and landing : STOL	
14	side slip	
15	speed brake	
16	spiral divergence	
17	stall warning	
18	static lateral stability	
19	static stability	
20	stick fixed	
21	stick free	
22	sweepback effect	
23	swept forward wing	
24	terminal velocity	
25	touch down	
26	ultimate load	
27	unshielded horn	
28	vertical take-off and landing : VTOL	
29	wind tunnel test	
30	yawing moment	

항공역학 용어정리 5		
1	aerodynamic balance	
2	aerodynamic coupling	
3	all movable tail	
4	aspect ratio	
5	auto rotation	
6	blade element theory	
7	blade loading	
8	blade root	
9	buffeting	
10	co-axial contra-rotating type	
11	coning angle	
12	coupling	
13	cross effect	
14	damper	
15	deep stall	
16	directional stability	
17	dorsal fin	
18	drag chute	
19	flapping hinge	
20	fly by light	
21	fly by wire	
22	forward flight	
23	helix	
24	hovering	
25	hub	
26	inertia coupling	
27	lead-lag hinge	
28	Mach trimmer	
29	main rotor	
30	momentum theory	운동량 이론
31	NOTAR	
32	pitch angle	
33	pitch trim compensator	
34	pitch up	
35	pressurization	

항공역학 용어정리 6		
1	ram jet engine	
2	roll coupling	
3	rotating swash plate	
4	rotor disk	
5	rudder float angle	
6	rudder lock	
7	side by side system rotor	
8	side force	
9	sideslip angle	
10	single rotor	
11	space ship	
12	speed brake	
13	spin strip	
14	stabilator	
15	stall strip	
16	stall trigger	
17	static directional stability	
18	stationary swash plate	
19	swash plate	
20	sweep back angle	
21	sweep back wing	
22	tail rotor	
23	tandem rotor	
24	thrust brake	
25	tip jet rotor	
26	tip path plane	
27	torque	
28	tuck under	
29	turbo shaft engine	
30	universal joint	
31	ventral fin	
32	vertical flight	
33	vortex	
34	vortex theory	
35	vortilon	
36	wing drop	

제 4 편

항공역학

예상기초문제

예상기초문제

1. 비행기의 기체는 대략 모양이 비슷하여 그 분류를 3부분으로 구분한다. 그 부분은?
   가. 큰날개, 동체, 수평안정판　　나. 큰날개, 동체, 방향키
   다. 큰날개, 방향키, 수평안정판　　라. 큰날개, 동체, 꼬리날개

2. 겹날개 비행기에 대한 설명 중 틀린 것은?
   가. 착륙조작이 쉽다.　　나. 조종성이 좋다.
   다. 운동성이 좋다.　　라. 공기저항이 적다.

3. 오토자이로(autogyro)의 장점으로 틀린 것을 고르시오.
   가. 이륙거리가 짧다.　　나. 실속속도가 작다.
   다. 호버링(Hovering)이 뛰어나다.　　라. 착륙거리가 짧다.

4. 양력에 의하여 공중에 뜰 수 있도록 만들어진 항공기에 해당하지 않는 것을 고르시오.
   가. 연　　나. 비행선　　다. 활공기　　라. 자이로다인

5. 다음 중 동압의 설명으로 옳은 것은?(단, P : 정압, q : 동압, ρ : 유체밀도, V : 유속)
   가. $q = P + \frac{\rho \cdot V^2}{2}$　　나. $q = \frac{\rho \cdot V^2}{2}$　　다. $q = V + \frac{P}{\rho}$　　라. $q = P \cdot V^2$

6. 다음 정압에 대한 설명 중 틀린 것은?
   가. 유체 속에 잠겨있는 어느 한점에 작용하는 압력이다.
   나. 상하, 좌우 방향에 관계없이 일정하다.
   다. 대기압이란 측정하는 점의 위쪽에 있는 공기기둥의 무게를 말한다.
   라. 정지상태에 있는 유체의 정압은 주어진 점의 위쪽에 있는 유체의 무게에 반비례한다.

예상기초문제 1

1. 다음 중 항공기의 발달과정으로 옳은 것은?
   가. 기구→활공기→비행선→왕복항공기→제트항 공기→헬리콥터
   나. 기구→활공기→비행선→왕복항공기→헬리콥터→제트항공기
   다. 기구→비행선→활공기→헬리콥터→왕복항공기→제트항공기
   라. 기구→비행선→활공기→왕복항공기→헬리콥터→제트비행기

2. 다음에서 동력장치가 없고, 고정날개를 가진 공기보다 무거운 항공기를 고르시오.
   가. 비행기
   나. 연
   다. 활공기
   라. 자이로플레인

3. 레오나르도 다빈치의 업적이 아닌 것은?
   가. 헬리콥터 고안
   나. 날개치기 장치 고안
   다. 오토자이로 완성
   라. 낙하산 고안

4. 다음은 비행기의 속도에 의한 분류이다. 아음속기란 마하수 얼마를 말하는가?
   가. 0.8 이하
   나. 0.8 ~ 1.2
   다. 1.2 ~ 5
   라. 5 이상

5. 비행선 중 두랄루민을 사용하여 유선형의 선체를 만들고, 그 속에 여러 개의 수소가스 주머니를 넣어 부력을 얻는 것은?
   가. 경식 비행선
   나. 연식 비행선
   다. 반경식 비행선
   라. 부양식

6. 다음은 비행기의 속도에 의한 분류다. 음속보다 빠른 초음속기는 마하수가 얼마정도 인가?
   가. 0.8 이하
   나. 0.8 ~ 1.6
   다. 1.2 ~ 5
   라. 5 이상

7. 세계 최초로 활공기(glider)를 사용하여 비행에 성공한 사람은?
   가. 제벨린
   나. 케일리
   다. 릴리엔탈
   라. 몽골피에

8. 다음 비행기의 분류방법 중 날개형식에 따른 분류방법이 아닌 것은?
   가. 테이퍼형 날개
   나. 후퇴 날개
   다. 삼각형 날개
   라. 원형 날개

9. 세계 최초로 동력비행에 성공한 사람은 누구인가?
   가. 1906년 생투즈 뒤몽
   나. 1903년 라이트 형제
   다. 1903년 생투즈 뒤옹
   라. 1906년 라이트 형제

10. 아래 그림과 같은 항공기의 날개의 형태는 무엇인가?
   가. 타원형　　나. 테이퍼형
   다. 뒤젖힘형　　라. 삼각형

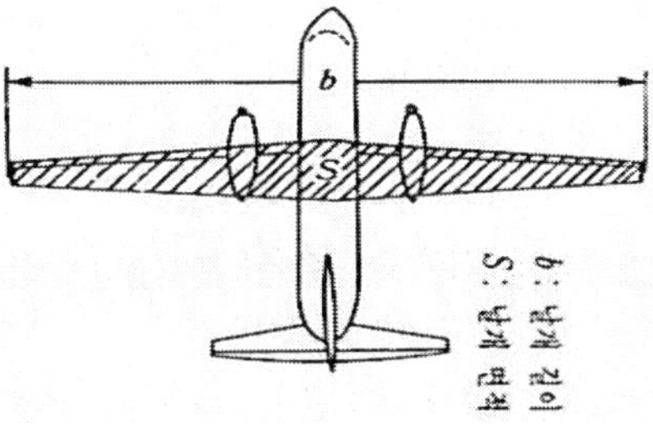

11. 프랑스의 파브르가 한 업적은?
   가. 세계 최초의 해양 횡단 비행
   나. 양력의 원리를 정립
   다. 최초의 수상기 제작
   라. 최초의 제트 항공기 제작

12. 비행기 날개에 대한 설명이다. 맞는 것은?
   가. 겹날개는 홑날개에 비하여 공기저항이 적다.
   나. 겹날개는 홑날개에 비하여 공기저항이 크다.
   다. 겹날개는 홑날개에 비하여 가볍다.
   라. 겹날개는 홑날개에 비하여 간단하다.

13. 세계 최초의 제트 항공기는?
   가. Boeing - 707
   나. He - 178
   다. HeS 3B
   라. ME - 262

14. 군용 비행기중 기관이 쌍발 이하가 보통이며 주로 지상폭격, 로켓 공격 등을 하는 기종은?
   가. 전투기　　나. 폭격기
   다. 공격기　　라. 초계기

15. 오토자이로(autogyro)를 최초로 창안한 사람은?
   가. 독일의 융커어즈
   나. 프랑스의 크레브스
   다. 시에르바
   라. 브라질의 생투즈

16. 동축 역회전식 헬리콥터를 발명한 사람은 누구인가?
가. 레오나르도 다빈치
나. 코르뉘
다. 케일리
라. 시코르스키

17. 항공기 발달사가 맞는 것은?
가. 활공기→기구→제트항공기→가솔린 항공기
나. 기구→활공기→제트 항공기→가솔린 항공기
다. 활공기→기구→가솔린 항공기→제트 기관
라. 기구→활공기→가솔린 항공기→제트 항공기

18. 세계 최초로 기구를 발명한 사람은 누구인가?
가. 몽골피에 형제
나. 보렐리
다. 레오나르도 다빈치
라. 케번디시

19. 독일의 제벨린이 처음 제작한 제1호 비행선은 다음중 어느 형식에 속하는가?
가. 연식　　나. 연경식
다. 경식　　라. 곡재식

20. 영국의 케일리(cayley. george)가 1809년에 발표한 '공중비행에 대하여'라는 논문중에서 양력과 항력에 대한 말 중에 맞는 것은?
가. 실로 맨 연은 알맞은 각도에서 배풍을 받아도 연은 떠오른다.
나. 실로 맨 연은 알맞은 각도에서 측풍을 받아도 떠오른다.
다. 실로 맨 연은 알맞은 각도에서 맞바람을 받아도 떠오른다.
라. 실로 맨 연은 어떤 각도라도 양력에는 지장이 없다.

21. 1917년 독일의 융커어즈는 경금속판을 사용 전금속제 비행기를 제작, 비행기 구조상 일대 혁신을 하였다. 이 경금속판은?
가. 강철판　　나. 알루미늄판
다. 두랄루민판　　라. 동합판

22. 세계 최초의 제트 여객기를 운항한 것은 언제인가?
가. 1942년 2월
나. 1944년 2월
다. 1952년 2월
라. 1954년 2월

23. 세계 최초로 물에서 수상 비행기로 이수하는데 성공한 인물은?
가. 블레리오　　나. 파브르
다. 러나르　　라. 커티스

24. 헬리콥터가 뜰 수 있다는 것을 최초로 발견한 사람은?
가. 레오나르도 다빈치
나. 시코르스키

다. 코르뉘
라. 케일리

25. 우리나라 상공에서 처음으로 공개 비행한 장소는 어느 곳인가?
가. 서울 운동장
나. 여의도 비행장
다. 서울 용산 연병장
라. 뚝섬 연병장

26. 우리나라에 최초로 일본에서 비행기를 분해하여 도입 후 조립한 비행기는 어느 것인가?
가. 1912년 12월 제비호
나. 1922년 12월 금강호
다. 1932년 12월 창공호
라. 1942년 12월 세기호

27. 비행기의 기체는 대략 모양이 비슷하여 그 분류를 3부분으로 구분한다. 그 부분은?
가. 큰날개, 동체, 수평안정판
나. 큰날개, 동체, 방향키
다. 큰날개, 방향키, 수평안정판
라. 큰날개, 동체, 꼬리날개

28. 겹날개 비행기에 대한 설명 중 틀린 것은?
가. 착륙조작이 쉽다.
나. 조종성이 좋다.
다. 운동성이 좋다.
라. 공기저항이 적다.

29. 오토자이로(autogyro)의 장점으로 틀린 것을 고르시오.
가. 이륙거리가 짧다.
나. 실속속도가 작다.
다. 호버링(Hovering)이 뛰어나다.
라. 착륙거리가 짧다.

30. 양력에 의하여 공중에 뜰 수 있도록 만들어진 항공기에 해당하지 않는 것을 고르시오.
가. 연　　나. 비행선
다. 활공기　　라. 자이로다인

31. 다음 중 공기보다 무거운 항공기로만 짝지어진 것을 고르시오.
가. 비행기 – 활공기 – 기구
나. 헬리콥터 – 비행선 – 자이로플레인
다. 자이로다인 – 비행기 – 비행선
라. 활공기 – 연 – 전환식 항공기

32. 다음 중 이·착륙 방법에 의한 비행기의 분류에 속하지 않는 것은?
가. 전천후 비행기
나. 수상비행기
다. 수륙양용비행기
라. 비행정

33. 다음은 비행기들 이·착륙 거리에 따라 분류한 것이다. 수직 이·착륙 비행기는?
가. CTOL　　나. STOL
다. VTOL　　라. ATOL

34. 상업용 항공기를 설계할 때 가장 우선적으로 고려되어야 할 요소는?
가. 경제성 나. 운동성
다. 상승률 라. 속도

35. 전투기를 설계할 때 고려할 사항 중 거리가 먼 것을 고르시오.
가. 속도 나. 경제성
다. 상승력 라. 운동성

36. 해면에서 대기온도가 15℃일 때 그 지역의 해면고도 2,000m에서의 대기온도는 몇 ℃인가?
가. 2℃ 나. 4℃
다. 13℃ 라. 15℃

37. 해면에서의 표준 대기온도는 15℃이다. 그 곳의 5,000m 상공에서의 온도는 얼마인가?
가. − 59℃ 나. − 20℃
다. − 17.5℃ 라. 17.5℃

38. 대기권은 균질권과 비균질권으로 나뉘는데 성분비가 일정한 균질권은 고도 얼마까지인가?
가. 11km 나. 30km
다. 80km 라. 500km

39. 비체적에 대한 설명 중 맞는 것은?
가. 단위체적당 중량
나. 단위질량당 체적
다. 단위길이당 질량
라. 단위면적당 작용하는 중량

40. 대기를 이루고 있는 성분을 구성비에 따라 많은 순서대로 나열한 것은?
가. 산소 − 질소 − 아르곤 − 이산화탄소
나. 질소 − 산소 − 이산화탄소 − 아르곤
다. 질소 − 산소 − 아르곤 − 이산화탄소
라. 질소 − 아르곤 − 산소 − 이산화탄소

41. 대기가 안정하고 구름이 없고, 기온이 낮으며 공기가 희박하여 제트기의 순항고도로 적합한 곳은?
가. 성층권계면
나. 대류권계면
다. 중간권계면
라. 열권계면

42. 다음 중 대기권에 대한 설명으로 옳지 않은 것을 고르시오.
가. 대류권 : 주요 기상현상 발생
나. 성층권 : 전리층이 있어 전파를 흡수, 반사함
다. 열권 : 극관현상이 일어남
라. 대류권 : 고도 1km 올라갈 때마다 6.5℃씩 온도 감소

43. 다음 설명 중 벤츄리에서의 압력과 관계있는 것은?
가. 속도는 증가하고 압력은 감소
나. 속도는 감소하고 압력은 증가

다. 부자식 기화기에만 사용
라. 속도와 압력은 항상 일정

44. 평균 해발고도에서의 공기특성치에 대한 설명으로 틀린 것을 고르시오.
가. 온도 : 15℃
나. 압력 : 10.92psi
다. 밀도 : 0.1249kg · s^2/m^4
라. 중력 가속도 : $9.8m/s^2$

45. 일정량의 공기에 압력을 가하면?
가. 밀도증가, 체적감소
나. 밀도증가, 체적증가
다. 밀도감소, 체적감소
라. 밀도감소, 체적증가

46. 압력차를 알기 위하여 U자관을 이용하지만 대기속도를 측정하기 위하여 실제 항공기에서 사용되는 기구는?
가. 다이어프램
나. 와류발생 장치
다. 블리이드 밸브
라. 인버터

47. 압력이 증가하면 밀도도 같이 증가하는 유체를 무엇이라고 하는가?
가. 이상유체
나. 실제유체
다. 압축성 유체
라. 비압축성 유체

48. 다음 중 비압축성 흐름에 대한 연속방정식은?
가. $\rho_1 A_1 V_1 = \rho_2 A_2 V_2 =$ 일정
나. $A_1 V_1 = A_2 V_2 =$ 일정
다. $\rho_1 \frac{V_1}{A_1} = \rho_2 \frac{V_2}{A_2} =$ 일정
라. $\frac{V_1}{A_1} = \frac{V_2}{A_2} =$ 일정

49. 관을 흐르는 유체의 입구면적은 $20cm^2$이고, 출구면적은 $40cm^2$일 때, 입구에서의 속도를 40m/s라 하면, 출구에서의 속도는 얼마 인가?(단, 밀도는 같다)
가. 10m/s 나. 20m/s
다. 80m/s 라. 40m/s

50. 연속방정식을 식으로 표시한 것 중 맞는 것은?(단, A1 : 흐름의 입구 면적, V_1 : 흐름의 입구 속도, A_2 : 흐름의 출구 면적, V_2 : 흐름의 출구 속도)
가. $A_1 \times V_1 = A_2 \times V_2$
나. $A_1 \times V_2 = A_2 \times V_2$
다. $A_1 \times V_1^2 = A_2 \times V_2^2$
라. $A_1 \times V_2^2 = A_2 \times V_1^2$

51. 이상유체와 실제유체는 유체의 흐름을 분석할 때 (　　)의 영향을 고려하는가 안하는가에 따라 분류한다. (　　)속에 맞는 말은?

가. 밀도　　　　　나. 점성
다. 압력　　　　　라. 온도

52. 관을 통과하는 액체에서 출구의 직경이 반으로 줄어들면 속도는?
가. 반으로 준다.
나. 2배로 는다.
다. 4배로 는다.
라. 변함없다.

53. 초음속 흐름이 수축노즐을 통과할 때 흐름의 변화는?
가. 속도 증가, 압력 증가
나. 속도 감소, 압력 증가
다. 속도 증가, 압력 감소
라. 속도 감소, 압력 감소

54. 다음 동압에 대한 설명 중 틀린 것은?
가. 동압은 흐르는 유체의 밀도에 비례한다.
나. 동압은 흐르는 유체의 운동에너지를 압력으로 변환한 값이다.
다. 동압은 속도에 비례한다.
라. 흐르는 속도가 빠를수록 동압은 커진다.

55. 다음 중 동압의 설명으로 옳은 것은?(단, P : 정압, q : 동압, ρ : 유체밀도, V : 유속)
가. $q = P + \frac{\rho \cdot V^2}{2}$
나. $q = \frac{\rho \cdot V^2}{2}$
다. $q = V + \frac{P}{\rho}$
라. $q = P \cdot V^2$

56. 다음 정압에 대한 설명 중 틀린 것은?
가. 유체 속에 잠겨있는 어느 한점에 작용하는 압력이다.
나. 상하, 좌우 방향에 관계없이 일정하다.
다. 대기압이란 측정하는 점의 위쪽에 있는 공기기둥의 무게를 말한다.
라. 정지 상태에 있는 유체의 정압은 주어진 점의 위쪽에 있는 유체의 무게에 반비례한다.

57. 날개의 앞전에 장착되어 공기통로를 만들어 흐름의 떨어짐 현상을 방지하고 캠버를 증가시켜 양력을 증가시키는 장치는?
가. 앞전 플랩
나. 슬롯
다. 드루프 앞전
라. 크루거 플랩

58. 다음 항력에 관한 설명 중 잘못된 것은?
가. 압력항력과 점성항력을 합쳐서 형상항력이라 한다.
나. 양력에 관계하지 않고 비행을

방해하는 모든 항력을 유해항력이라 한다.

다. 형상항력은 물체의 모양에 따라 달라진다.

라. 유해항력이 클수록 비행기의 성능이 좋아진다.

59. 다음 설명 중 틀린 것은?

가. 실속속도 Vs를 작게 할수록 이 · 착륙 거리가 단축된다.

나. 실속속도 Vs를 작게 하려면 C_{Lmax}을 크게 해야 한다.

다. 플랩을 사용하면 양력은 증가하고 항력은 감소한다.

라. 일반적으로 고양력장치를 사용하면 실속속도가 감소한다.

60. 다음의 보기 중 날개의 모양과 특징을 바르게 연결한 것 은?

① 직사각형날개

② 테이퍼날개

③ 타원날개

④ 앞젖힘날개

ⓐ 유도항력이 최소인 날개 ⓑ 날개끝 실속을 일으키지 않음 ⓒ 제작이 쉽고, 소형 비행기에 사용 ⓓ 붙임강도가 높고, 현재의 대부분이 날개

가. ①-ⓐ, ②-ⓑ, ③-ⓒ, ④-ⓓ

나. ①-ⓒ, ②-ⓓ, ③-ⓐ, ④-ⓑ

다. ①-ⓑ, ②-ⓒ, ③-ⓓ, ④-ⓐ

라. ①-ⓓ, ②-ⓐ, ③-ⓑ, ④-ⓒ

61. 고속 항공기에 사용되는 날개로 적당하지 않은 것은?

가. 오지(ogee) 날개

나. 원형 날개

다. 경사 날개

라. 삼각 날개

62. 비행기에서 양력에 관계하지 않고 비행을 방해하는 모든 항력을 통틀어 무엇이라 하는가?

가. 압력항력　　나. 유도항력

다. 형상항력　　라. 유해항력

63. 속박 와류(bound vortex)와 날개끝 와류에 의한 유도속도로 인하여 수평비행시 꼬리날개는 밑으로 향하는 흐름을 받는데, 이 흐름을 무엇이라고 하는가?

가. 앞내림(wash out)

나. 내리흐름(down wash)

다. 말굽형 와류

라. 출발와류

64. 경계층 제어장치에 대한 설명 중 틀린 것을 고르시오.

가. 받음각이 클 때 흐름의 떨어짐을 방지하는 방법이다.

나. 빨아들임 방식(suction)과 불어날림 방식(blowing)이 있다.

다. 일반적으로 jet엔진의 압축기에서 빠져나온 공기(bleed air)를 이용한다.

라. 공기의 흐름을 층류경계층에서 난류경계층으로 전환시킨다.

65. 그림과 같은 U형 마노미터에서 유체의 비중값은 20kg/m^{3}이고, 높이차는 3cm일 때 압력은?

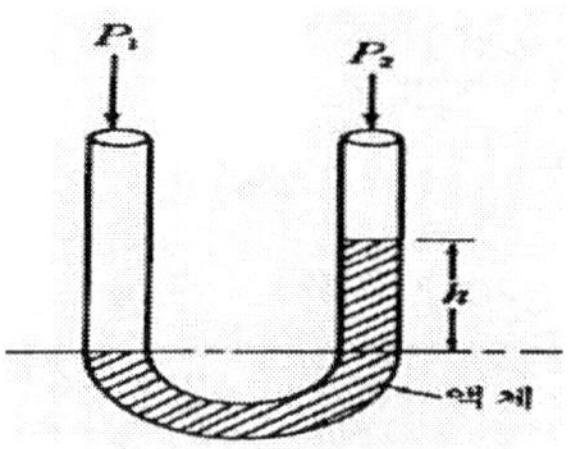

가. P_2가 P_1보다 0.6kg/m^2 높다.
나. P_1이 P_2보다 0.6kg/m^2 높다.
다. P_2가 P_1보다 6kg/m^2 높다.
라. P_1이 P_2보다 6kg/m^2 높다

66. NACA 651-215에 대한 설명으로 맞지 않는 것은?
가. a=0일 때 최소압력이 시위의 50%에 생긴다.
나. 설계 양력계수는 0.2이다.
다. 항력버킷의 크기는 설계 양력계수를 중심으로 1이다.
라. 최대두께가 시위의 15%이다.

67. 날개 끝 실속을 방지하는 방법 중 틀린 것은?
가. 기하학적 비틀림을 준다.
나. 공력적 비틀림을 준다.
다. 날개뿌리에 스트립을 장착한다.
라. 날개뿌리에 슬롯을 설치한다.

68. 날개의 양력이 기울어져 그 흐름 방향의 수평성분이 항력으로 작용하는데 이 항력을 무엇이라고 하는가?
가. 유도항력　　나. 압력항력
다. 마찰항력　　다. 유해항력

69. 다음 중 스포일러(spoiler)의 기능으로 볼 수 없는 것은?
가. 보조날개의 역할을 보조하는 기능
나. 에어 브레이크의 기능
다. 착륙후 양력을 증가시키는 기능
라. 착륙후 브레이크의 효과를 높여주는 기능

70. 비압축성 흐름에서의 형상항력, 압력항력 및 마찰항력의 관계를 맞게 표시한 것은?
가. 형상항력 = 압력항력 + 마찰항력
나. 압력항력 = 형상항력 + 마찰항력
다. 마찰항력 = 형상항력 + 압력항력
라. 마찰항력 = 압력항력 − 형상항력

71. 날개뿌리에서 끝으로 감에 따라 받음각이 작아지도록 날개에 앞내림(wash out)을 줌으로써 날개 끝 실속을 방지하는 것을 무엇이라고 하는가?
가. 기하학적 비틀림
나. 공력적 비틀림
다. 취부각
라. 후퇴각

72. 다음 중 비행기 날개의 가로세로비(aspect ratio) A를 올바르게 표

현한 것은?

가. $A = \frac{b}{s}$　　나. $A = \frac{b^2}{s}$

다. $A = \frac{b \cdot c}{s}$　　라. $A = \frac{c}{s}$

73. 풍압중심은 받음각이 증가할 때 어떻게 되는가?
   가. 전연쪽으로 이동한다.
   나. 후연쪽으로 이동한다.
   다. 전연쪽으로 이동하다 후연쪽으로 이동한다.
   라. 이동하지 않는다.

74. 항공기 진행방향과 날개골의 시위선이 만드는 사잇각을 무엇이라 하는가?
   가. 받음각　　나. 붙임각
   다. 캠버각　　라. 취부각

75. 압력중심(center of pressure)에 대한 설명이다. 옳지 않은 것을 고르시오.
   가. 받음각이 클 때 압력중심은 앞으로 이동한다.
   나. 압력중심은 시위선상의 25~50%에 위치
   다. 압력중심의 이동이 클수록 비행기의 성능이 저하된다.
   라. 모멘트의 크기가 받음각에 대해서 변하지 않는 점이다.

예상기초문제 2

1. 양력계수와 항력계수에 대한 설명으로 틀린 것을 고르시오.
   가. 날개골의 형태에 따라 값이 변한다.
   나. 유체중의 자세 즉, 받음각에 따라 값이 변한다.
   다. 단위가 없는 무차원 수이다.
   라. 공기밀도, 즉 고도에 따라 값이 변화한다.

2. 공기 중에 놓여 있는 면적 S인 평판에 속도 V인 공기흐름이 작용할 때의 설명으로 타당하지 않은 것을 고르시오.
   가. 면적이 증가하면 공기력도 증가한다.
   나. 속도가 증가하면 공기력도 증가한다.
   다. 밀도가 증가하면 공기력은 감소한다.
   라. 공기력은 속도에 의한 영향을 가장 크게 받는다.

3. 경계층 제어장치를 사용하는 가장 직접적인 목적은?
   가. 양력증가
   나. 흐름의 떨어짐 방지
   다. 캠버 증가
   라. 난류경계층 형성

4. 항공기 날개에서의 공기흐름을 층류 경계층에서 난류 경계층으로 바꿔 주기 위한 장치는?
   가. 와류 발생장치(vortex generator)
   나. 경계층 제어장치
   다. 피토-정압관(pitot-tube)
   라. 벤츄리 관(venturi-tube)

5. 조파항력에 관한 설명으로 옳지 않은 것을 고르시오.
   가. 초음속 흐름에서 충격파로 인해 발생되는 항력이다.
   나. 날개골의 두께가 두꺼울수록 작아진다.
   다. 충격파 뒤에서 압력이 급속히 증가하여 생긴다.
   라. 조파항력을 줄이기 위해 앞전을 뾰족하게 한다.

6. 날개의 시위가 3m이고, 면적이 54m^2인 날개의 가로세로비는?
   가. 4　　나. 5
   다. 6　　라. 7

7. 다음 중 비행기의 실속 속도를 구하는 식으로 맞는 것은?
   가. $Vs = \sqrt{\dfrac{2W}{\rho \cdot S \cdot C_{Lmax}}}$
   나. $Vs = \dfrac{2W}{\rho \cdot S \cdot C_{Lmax}}$
   다. $Vs = \dfrac{W}{\rho \cdot S \cdot C_{Lmax}}$
   라. $Vs = \sqrt{\dfrac{W}{\rho \cdot S \cdot C_{Lmax}}}$

8. 다음 중 고양력장치를 설치하는 목적으로 가장 타당한 것은?
   가. 이·착륙시에 양력을 크게 하기 위하여
   나. 순항시 양력을 크게 하기 위하여
   다. 순항시 항력을 작게 하기 위하여
   라. 이·착륙시 항력을 작게 하기 위하여

9. 날개의 가로세로비가 6이고, 양력계수가 0.8이며 스팬 효율계수가 1일 때 유도 항력계수는 얼마인가?
   가. 0.03　　나. 0.04
   다. 0.05　　라. 0.06

10. 공력 보조장치에 대한 설명 중 틀린 것은?
   가. 양력이나 항력을 목적에 따라 변화시키기 위해 날개면이나 동체에 덧붙인 장치이다.
   나. 양력을 증가시키기 위한 장치를 고양력장치라 한다.
   다. 항력을 감소시키기 위한 장치를 고항력장치라 한다.
   라. 플랩, 에어 브레이크, 스포일러는 고항력장치에 속한다.

11. 플랩의 종류 중 캠버의 증가 뿐만 아니라 면적의 증가효과까지 추가가 되어 가장 좋은 효율을 갖는 플랩은?
   가. 단순플랩
   나. 스플릿(split)플랩
   다. 슬롯(slot)플랩
   라. 파울러(fowler)플랩

12. 날개 뿌리부분의 시위가 3m이고, 테이퍼비가 0.6일때 날개 끝 시위의 길이는 얼마인가?
   가. 1.4m　　나. 1.6m
   다. 1.8m　　라. 2.0m

13. 날개의 면적이 $25m^2$인 비행기가 속도 360km/h로 비행하고 있다. 이 때, 항력이 3,125kg이라면 항력계수는 얼마인가?(단, 공기밀도는 $0.1kg-s^2/m^4$이다.)
   가. 0.20　　나. 0.25
   다. 0.30　　라. 0.35

14. 다음 중 조파항력의 결정요소와 무관한 것은?
   가. 날개골의 받음각
   나. 캠버선의 모양
   다. 날개구조의 강도
   라. 길이에 대한 두께의 비

15. 초임계 날개골에 대한 설명 중 틀린 것은?
   가. 같은 두께비인 경우 순항 마하수가 15% 정도 증가된다.
   나. 동일한 순항 마하수에서 항력 증가 없이 두께비를 증가할 수 있다.
   다. 임계 마하수를 0.99까지 얻을 수 있다.
   라. 시위의 앞부분에 압력분포가 집중되도록 만든 날개골이다.

16. 날개의 특성은 시위길이와 밀접한 관계가 있다. 날개전체를 대표하는 시위를 무엇이라 하는가?
   가. 대표시위
   나. 표준시위
   다. 공력 평균시위
   라. 평균 시위

17. 비행기가 공기중을 비행할 때 비행체에 작용하는 공기력은 동압으로 인한 (   ), 정압에 의한 (   ), 그리고 점성에 의한 (   )으로 구분할 수 있다. (   )안에 들어갈 일이 순서대로 바르게 나열된 것은?
   가. 관성력, 힘, 마찰력
   나. 힘, 관성력, 마찰력
   다. 마찰력, 힘, 관성력
   라. 관성력, 마찰력, 힘

18. 받음각과 C_L, C_D와의 관계를 설명한 것 중 틀린 것은?
   가. C_L이 0일 때의 받음각을 영양력 받음각이라고 한다.
   나. C_D가 가장 큰 값을 최대 양력계수, 즉, C_{Dmax}라 한다.
   다. 받음각이 증가하면 C_L은 거의 직선적으로 증가한다.
   라. 받음각이 증가하면 C_D는 포물선적으로 증가한다.

19. 충격파에 대한 설명으로 옳지 않은 것을 고르시오.
   가. 경사충격파는 수직 충격파에 비해 조파항력이 크다.
   나. 충격파의 강도는 충격파 전후의 압력차이다.
   다. 모서리나 쐐기부분에는 경사충격파가 발생한다.
   라. 충격파를 지나는 공기는 압력과 밀도가 증가하고 속도는 감소한다.

20. 날개 끝 실속에 대한 설명 중 틀린 것을 고르시오.
   가. 비행기의 가로 안정성을 좋지 않게 한다.
   나. 도움날개의 효과를 나쁘게 한다.
   다. 날개 끝 실속이 일어나지 않도록 항공기를 설계해야 한다.
   라. 테이퍼를 크지 않게 한다.

21. 항력발산 마하수를 크게 하기 위한 방법이 아닌 것은?
  가. 얇은 날개를 사용한다.
  나. 날개에 뒤젖힘 각(sweep back)을 준다.
  다. 날개의 가로세로비를 크게 한다.
  라. 경계층을 제어한다.

22. 다음 중 고양력장치라고 볼 수 없는 것은?
  가. 드래그 슈트(dragchute)
  나. 잽 플랩(zap flap)
  다. 슬롯(slot)과 슬랫(slat)
  라. 드루프 앞전(drooped leading edge)

23. 날개길이 전체에 걸쳐 내리흐름 분포가 일정하여 실속도 균일하게 생기지만, 실속에 들어서면 회복이 늦어지는 결점이 있는 날개는?
  가. 직사각형 날개
  나. 테이퍼형 날개
  다. 타원형 날개
  라. 뒤젖힘 날개

24. 다음 ( )안에 알맞은 말을 순서대로 바르게 나열한 것은?
"아음속 흐름에서는 흐름의 통로가 좁아지면 속도는 ( )하고 압력은 ( )하며, 초음속 흐름에서는 흐름의 통로가 좁아지면 속도는 ( )하고 압력은 ( )한다."
  가. 증가, 감소, 증가, 감소
  나. 증가, 감소, 감소, 증가
  다. 감소, 증가, 감소, 증가
  라. 감소, 증가, 증가, 감소

25. 다음 설명 중 옳은 것을 고르시오.
  가. 날개뿌리 시위와 날개끝 시위와의 비를 테이퍼비라 한다.
  나. 앞전에서 25%C되는 점들을 연결한 직선과 기체의 세로축이 이루는 각을 뒤젖힘각이라 한다.
  다. 기체의 가로축과 날개의 시위선이 이루는 각을 붙임각이라 한다.
  라. 날개의 투영면적을 날개면적이라 한다.

26. 다음 중 보기의 날개골에 대한 명칭을 올바르게 연결한 것은?

① 앞전과 뒷전을 연결하는 직선	ⓐ 캠버
② 두께의 2등분점을 연결한 선	ⓑ 시위
③ 시위선에서 평균 캠버선까지의 길이	ⓒ 평균캠버선

  가. ①-ⓐ, ②-ⓑ, ③-ⓒ
  나. ①-ⓑ, ②-ⓒ, ③-ⓐ
  다. ①-ⓒ, ②-ⓐ, ③-ⓑ
  라. ①-ⓑ, ②-ⓐ, ③-ⓒ

27. 날개골의 공력특성에 대한 설명 중 맞는 것은?

가. 받음각이 클 때 두께가 두꺼울 수록 항력이 크다.
나. 받음각이 클 때 앞전원이 클수록 항력이 크다.
다. 캠버가 크면 양력은 감소하나, 항력은 증가한다.
라. 같은 모양의 날개골이라고 하더라도 시위가 길면 흐름의 떨어짐이 잘 일어나지 않는다.

28. 좋은 날개골이 갖추어야 할 조건으로 맞는 것은?
가. C_{Lmax}가 크고, C_{Dmin}이 작아야 한다.
나. C_{Lmax}이 작고, C_{Dmin}이 커야 한다.
다. C_{Lmax}과 C_{Dmin}이 모두 작아야 한다.
라. C_{Lmax}는 크고, C_{Lmin}이 작을 것.

29. 항공기 날개골의 C_L, C_D는 날개골의 모양과 받음각에 의해 정해진다. 다음 중 날개골 특성 곡선상 바람직한 조건은?
가. C_{Lmax}, C_{Dmin}이 클 것
나. C_{Lmax}, C_{Dmin}이 작을 것
다. C_{Lmax}는 작고, C_{Dmin}이 클 것
라. C_{Lmax}는 크고, C_{Dmin}이 작을 것

30. 초음속 항공기에 가장 적당한 날개골의 형태는?
가. 유선형
나. 다이아몬드형
다. 타원형
라. 직사각형

31. 임계 마하수는?
가. 흐름의 떨어짐 현상이 발생할 때의 마하수
나. 비행체의 속도가 소리의 속도와 같은 마하수
다. 날개골에 충격파가 발생할 때의 비행체의 마하수
라. 날개골에서 가장 빠른 속도가 소리의 속도와 같을 때의 비행체의 마하수

32. 유체의 흐름에 대한 설명 중 틀린 것을 고르시오.
가. 입자들이 층을 이루면서 흘러가는 흐름을 층류라고 한다.
나. 천이현상이 일어나는 레이놀즈수를 임계 레이놀즈 수라 한다.
다. 난류 경계층에서는 벽면 가까운 곳에 점성저층이라 부르는 새로운 층이 형성된다.
라. 점성저층 속에서의 흐름의 특성은 난류와 유사하다.

33. 항력에 대한 설명으로 틀린 것을 고르시오.
가. 흐름의 떨어짐으로 인하여 발생하는 것은 압력항력이다.
나. 항력계수는 단위면적당 항력과

날개면적의 비이다.
다. 공기의 점성 때문에 생기는 항력은 마찰항력이다.
라. 항력의 대부분이 마찰항력으로 이루어지는 물체를 유선형 물체라 한다.

34. 날개의 시위길이가 4m, 공기의 흐름속도가 360km/h일 때 레이놀즈수는 얼마인가?
(단, 공기의 동점성 계수는 $0.2cm^2/s$)

가. 2×10^7　나. 2×10^6
다. 4×10^7　라. 4×10^6

35. 레이놀즈 수란 무엇인가?

가. 관성력과 밀도의 비
나. 점성력과 속도의 비
다. 관성력과 점성력의 비
라. 점성력과 밀도의 비

36. 실속에 대한 설명으로 틀린 것을 고르시오.

가. 비행기가 그 고도를 더 이상 유지할 수 없는 상태를 말한다.
나. 받음각이 실속각보다 클 때 일어나는 현상이다.
다. 날개에서 흐름의 떨어짐 현상이 생겼을 때 일어난다.
라. 양력계수가 급격히 증가하기 때문에 생긴다.

37. 무게가 100kg인 조종사가 면적이 $16cm^2$인 낙하산을 타고 10m/s의 속도로 낙하하고 있다. 공기밀도가 $0.1kg \cdot sec^2/m^4$일 때 항력계수는 얼마인가?

가. 1.15　나. 1.25
다. 1.35　라. 1.45

38. 비행기 무게 8,000kg, 날개면적 $50m^2$, 최대 양력계수 1.5일 때 실속속도는 몇 m/sec인가?(단, ρ = 0.125)

가. 32　나. 41
다. 54　라. 62

39. 받음각을 크게 할수록 실속영역이 날개의 뿌리에 끝으로 발전하는 경향이 있는 날개는?

가. 직사각형 날개
나. 테이퍼형 날개
다. 타원형 날개
라. 뒤젖힘 날개

40. 받음각 α=0일 때, 양력이 없는 날개골은 다음 중 무엇인가?

가. 0015　나. 2430
다. 4415　라. 2330

41. NACA 23015에서 최대캠버의 위치는?

가. 23%　나. 30%
다. 15%　라. 20%

42. 다음 중 실속특성이 좋은 날개에 해당되지 않는 것은?
가. 두께가 두꺼운 날개
나. 앞전 반지름이 큰 날개
다. 캠버가 큰 날개
라. 가로세로비가 큰 날개

43. 다음 중 아음속 항공기의 전 항력을 설명한 것은?
가. 압력항력 + 마찰항력 + 형상항력
나. 압력항력 + 형상항력 + 유도항력
다. 마찰항력 + 유도항력
라. 형상항력 + 유도항력

44. 마하수에 대한 설명으로 틀린 것을 고르시오.
가. 비행기의 속도가 증가하면 마하수는 커진다.
나. 고도가 높아지면 마하수는 커진다.
다. 마하수의 단위는 속도의 단위(m/s)이다.
라. 비행체의 속도와 음속이 비이다.

45. 날개의 가로세로비를 2배로 증가시키면 유도항력은 어떻게 변화하는가?
가. 변함없다.
나. 1/2로 감소한다.
다. 2배로 증가한다.
라. 4배로 감소한다.

46. 어떤 비행체의 속도가 1,080km/h이고, 이 때의 음속이 300m/s일 때 마하수는 얼마인가?
가. 1 나. 2
다. 0.5 라. 1.5

47. 다음 중 항공기 날개의 테이퍼비를 옳게 표현한 식은 어느 것인가?(C_t : 날개끝 시위, C_r : 날개뿌리 시위)
가. $\lambda = C_r \times C_t$
나. $\lambda = C_t / C_r$
다. $\lambda = C_r / C_t$
라. $\lambda = 1/Cr$

48. 레이놀즈 수에 대한 식으로 맞는 것은?
가. $R.N = \dfrac{\rho VL}{v}$
나. $R.N = \dfrac{\mu VL}{v}$
다. $R.N = \dfrac{vVL}{\mu}$
라. $R.N = \dfrac{\rho VL}{\mu}$

49. 받음각이란 무엇을 의미하는가?
가. 항공기의 진행방향과 날개골의 시위선이 이루는 각
나. 항공기의 진행방향과 항공기 동체 기준선이 이루는 각
다. 날개골 시위선과 항공기 동체 기준선이 이루는 각

라. 날개골 시위선과 항공기 동체 세로축이 이루는 각

50. 면적이 일정한 날개에서 날개길이가 반으로 줄면 유도항력은 어떻게 변하는가?
가. 2배로 증가
나. 1/2로 감소
다. 4배로 증가
라. 1/4로 감소

51. 충격파가 생기는 초음속 흐름에서 날개에 작용하는 항력은?
가. 압력항력 나. 마찰항력
다. 조파항력 라. 유도항력

52. 양력계수가 2.0, 가로세로비가 6인 타원형 날개의 유도항력계수는 얼마인가?
가. 0.11 나. 0.21
다. 0.31 라. 0.41

53. 초음속시 경사충격파는 어디서 일어나는가?

가. 1, 2
나. 2, 3
다. 1, 4
라. 2, 4

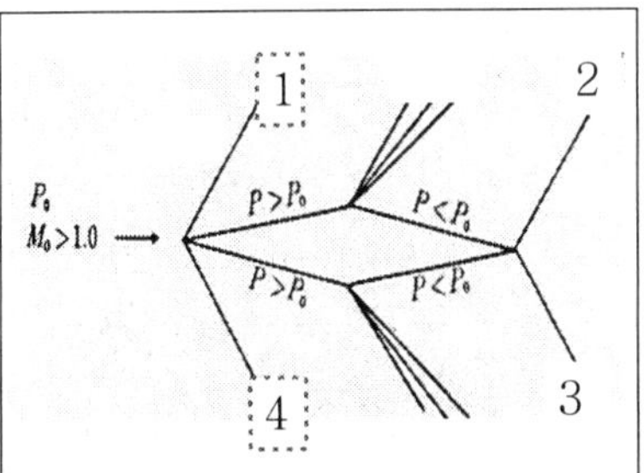

54. 압력중심에 대한 설명으로 틀린 것은?
가. 압력중심(C.P)=C/t로 표시된다.
나. 보통의 날개에서 받음각이 클 때 압력중심은 앞으로 이동한다.
다. 압력중심의 이동이 크다는 것은 비행기의 안전성에 좋지 않다.
라. 압력중심의 이동이 크다는 것은 비행기의 날개구조 강도상 좋지 않다.

55. 다음 설명 중 틀린 것을 고르시오.
가. 팽창파를 통과하고 나면 유체의 속도는 감소하고 압력은 증가한다.
나. 뾰족한 물체앞에 생기는 약한 충격파를 마하파라 한다.
다. 뭉뚝한 물체앞에 생기는 강한 파를 충격파라 한다.
라. 경사충격파는 초음속흐름에서 수직충격파는 천음속에서 생긴다.

56. 밀도가 $0.1 kg·sec^2/m^4$, 속도가 100m/sec일 때 동압은 얼마인가?
가. $500\ kg/m^2$
나. $1,000\ kg/m^2$
다. $5,000\ kg/m^2$
라. $100\ kg/m^2$

57. 두개의 가벼운 공이 가까이 실로 매달려 있다. 두 공 사이로 공기를 불어 넣으면 두 공사이 간격

은 어떻게 되겠는가?

가. 연속의 법칙에 따라 가까워진다.
나. 연속의 법칙에 따라 멀어진다.
다. 베르누이 정리에 따라 가까워 진다.
라. 베르누이 정리에 따라 멀어진다.

58. 동점성 계수의 정의로 옳은 것을 고르시오.

가. $v = \frac{\mu}{\rho}$　　나. $v = \frac{\rho}{\mu}$
다. $v = \mu + \rho$　　라. $v = \mu - \rho$

59. 흐름의 속도가 증가하면 정압은?

가. 감소한다.
나. 증가한다.
다. 변함없다.
라. 감소하다 증가한다.

60. 다음 중 동점성계수를 옳게 쓴 것은?

가. (점성계수)×(밀도)
나. (마찰계수)×(밀도)
다. $\frac{\text{밀도}}{\text{마찰계수}}$
라. $\frac{\text{점성계수}}{\text{밀도}}$

61. 점성의 영향의 뚜렷한 벽 가까운 구역의 가상적인 층을 무엇이라고 하는가?

가. 점성저층　　나. 경계층
다. 난류층　　라. 층류층

62. 고속 항공기에 사용하는 층류 날개골(laminar flow airfoil)의 특성 중 옳지 않은 것은?

가. 속도를 증가시키면서 항력을 감소시킬 수 있다.
나. 날개표면 위의 흐름이 가능한 한 층류경계층이 되도록 한다.
다. 날개표면의 천이점을 앞당길 수 있다.
라. 최소 항력계수를 작게 하는 효과가 있다.

63. 날개길이가 10m, 평균 시위길이가 1.8m인 항공기 날개의 가로세로비는 얼마인가?

가. 5.5　　나. 9
다. 11.5　　라. 18

64. 유체의 흐름이 층류에서 난류로 변하는데 관계되는 요소에 속하지 않는 것은?

가. 유체의 속도
나. 유체의 양
다. 유체의 점성
라. 물체의 형상

65. 항공기의 날개를 지나는 공기의 흐름에서 레이놀즈수와 천이점과의 관계를 옳게 설명한 것을 다음에서 고르시오.

가. 레이놀즈 수가 커지면 커질수록 천이점은 앞전 부근으로 이동한다.

나. 레이놀즈 수가 작으면 작을수록 천이점은 앞전 부근으로 이동한다.
다. 레이놀즈 수가 커지면 커질수록 천이점은 뒷전 부근으로 이동한다.
라. 레이놀즈 수가 천이점의 이동은 아무 관계가 없다.

66. 압력분포의 변화에 따라 충격파가 발생되고, 이 결과로 생기는 모든 항력을 무엇이라고 하는가?
가. 유해항력　　나. 유도항력
다. 조파항력　　라. 형상항력

67. 레이놀즈 수의 증가에 따른 흐름의 변화 순서를 옳게 설명한 것은?
가. 층류→난류→천이
나. 층류→천이→난류
다. 난류→층류→천이
라. 난류→천이→층류

68. 고도 1,000m에서 공기밀도가 0.1kg·sec^2/m4이고, 비행기의 속도가 720km/h 일 때 이 비행기의 피토우 관 입구에 작용하는 동압은 얼마인가?
가. 360 kg/m^2
나. 7,200 kg/m^2
다. 2,000 kg/m^2
라. 4,000 kg/m^2

69. 충격파를 지난 공기흐름에서 일어나는 현상을 옳게 설명한 것은?
가. 압력이 증가하고 속도는 감소한다.
나. 밀도가 감소하고 속도가 증가한다.
다. 압력이 감소하고 속도가 증가한다.
라. 압력과 속도가 증가한다.

70. 다음 중 충격파의 강도를 나타내는 것은?
가. 충격파 전후의 압력차
나. 충격파 전후의 온도차
다. 충격파 전후의 속도차
라. 충격파 전후의 유량차

71. 베르누이 정리에 대한 옳은 설명은?
가. 정압이 일정하다.
나. 동압이 일정하다.
다. 전압이 일정하다.
라. 동압과 전압의 합이 일정하다.

72. 비행기 날개의 시위길이에 따라 공기흐름 형태가 달라지는데 이것은 다음 중 주로 어떤 값에 비례하는가?
가. 웨버수
나. 마하수
다. 레이놀즈 수
라. 오일류수

73. 항력계수 CD의 특성을 올바르게 서술한 것은?

가. a가 커지면 C_D는 증가하고 실속각을 넘으면 C_D는 급격히 감소한다.

나. a가 커지면 C_D는 감소하고 실속각을 넘으면 C_D는 급격히 증가한다.

다. a가 커지면 C_D는 증가하고 실속각을 넘으면 C_D는 급격히 증가한다.

라. a가 커지면 C_D는 감소하고 실속각을 넘으면 C_D는 급격히 감소한다.

74. 삼각 날개의 설명 중 옳지 않는 것은?

가. 초음속 항공기에 사용된다.

나. 날개의 시위를 길게 할 수 없다.

다. 두께의 비를 작게 할 수 있다.

라. 최대양력이 과히 크지 않다.

75. 입구 단면적이 $8cm^2$, 출구 단면적이 $16cm^2$인 관의 입구에서 속도가 10m/s인 경우 출구에서의 속도는 얼마인가?(단, 유체는 비압축성 유체이다.)

가. 5m　　　나. 5m/s

다. 6m　　　라. 6m/s

예상기초문제 3

1. NACA 2415에 대한 설명으로 맞지 않는 것은?
   가. 최대캠버의 크기가 시위의 2%이다.
   나. 최대캠버의 위치가 앞전에서부터 40%뒤에 있다.
   다. 날개의 설계 양력계수가 0.2이다.
   라. 최대두께가 시위의 15%이다.

2. 다음 중 비행기에서 가장 보편적으로 사용되는 고양력 장치는?
   가. 플랩(flap)
   나. 슬롯(slot)
   다. 스포일러(spoiler)
   라. 드루프 앞전

3. 날개골에 작용하는 공기력 모멘트의 크기에 대한 설명 중 맞는 것은?
   가. 캠버의 길이에 비례한다.
   나. 속도에 반비례한다.
   다. 날개면적의 크기에 반비례 한다.
   라. 시위의 길이에 비례한다.

4. 다음 (　)에 알맞은 말은?

레이놀즈 수가 증가하면 유채 흐름은 (　)에서 (　)로 전환되는데 이 현상을 (　)라 하며, 이 현상이 일어나는 때의 레이놀즈 수를 (　) 레이놀즈 수라 한다.

   가. 층류-난류-천이-임계
   나. 난류-층류-임계-천이
   다. 층류-난류-임계-천이
   라. 난류-층류-천이-임계

5. 다음에서 마하수와 흐름의 특성이 잘못 설명된 것은?
   가. $M < 0.3$: 아음속 흐름, 압축성흐름
   나. $0.3 < M < 0.75$: 아음속 흐름, 압축성 흐름
   다. $0.75 < M < 1.2$: 천음속 흐름, 압축성 흐름
   라. $M > 5.0$: 극초음속 흐름, 충격파 흐름

6. 날개전체를 대표하는 시위는 어느 것인가?
   가. 공력시위
   나. 평균시위
   다. 공력 평균시위
   라. 표준시위

7. 동점성 계수 의 단위로 적당한 것은?
   가. kg·m/sec　나. kg/m^3
   다. m^2/sec　라. sec^3/m^3

8. 비행기 날개의 양력은 다음 어떤 것인가? (단, ρ : 공기밀도, V : 비행속도, S : 날개면적)
가. $\rho V^2 S$에 비례 한다.
나. ρV^2에 비례 한다.
다. ρVS에 비례 한다.
라. ρS에 비례 한다.

9. 다음 중 날개표면에서의 공기흐름이 박리(separation)되므로 인하여 후류가 발생할 때의 현상으로서 맞는 것은?
가. 압력이 낮아 진다.
나. 운동량 손실이 작아 진다.
다. 양력이 급속히 감소 한다
라. 항력이 급격히 감소 한다.

10. 항력계수가 다음과 같을 때 전항력계수는 얼마인가?(유도항력계수 0.06, 마찰항력계수 0.04, 압력항력계수 0.03, 형상항력계수 0.07)
가. 0.09 나. 0.13
다. 0.14 라. 0.16

11. 베르누이 정리에 의한 압력과 속도와의 관계는 어떠한가?
가. 속도가 커지면 압력이 커진다.
나. 속도가 커지면 압력이 작아진다.
다. 속도가 커지면 압력이 일정하다.
라. 속도가 작아지면 압력이 일정하다.

12. 가로세로비가 증가하면 유도항력은 어떻게 되는가?
가. 감소 나. 증가
다. 일정 라. 관계가 없다

13. 다음 중 날개에 작용하는 양력은?
가. 공기의 유속의 자승에 비례
나. 공기의 유속에 비례
다. 공기의 유속의 상승에 비례
라. 공기의 유속에 반비례

14. 공기의 흐름 중에 평판을 놓았을 때 평판에 작용하는 공기력은 다음 중 어떤 값에 비례하는가?
가. ρV^2에 비례
나. ρVS에 비례
다. $\rho V^2 S$에 비례
라. $1/2\rho VS$에 비례

15. 항력 D kg인 비행기가 등속 수평비행을 할 때 속도 V m/s를 내기 위한 필요 마력(Pr)을 식으로 표시하면?
가. $\mathrm{Pr} = \dfrac{D\times V}{750}$
나. $\mathrm{Pr} = \dfrac{D\times V}{75}$
다. $\mathrm{Pr} = \dfrac{D\times V}{450}$
라. $\mathrm{Pr} = \dfrac{D\times V}{45}$

16. 초음속 항공기에 생기는 총 항력은?
가. 유도항력 + 유해항력
나. 조파항력 + 마찰항력
다. 유도항력 + 유해항력 + 조파항력
라. 유해항력 + 형상항력 + 조파 항력 + 유도항력

17. 비행기의 이륙거리는 지상 활주거리와 상승거리를 향한 거리이며, 상승거리는 장애물고도까지 상승하는데 필요한 거리이다. 왕복비행기의 장애물 고도는?
가. 25ft(7.5m) 나. 30ft(9m)
다. 35ft(10.7m) 라. 50ft(15m)

18. 비행기 무게 8,000kg, 날개면적 $50m^2$, 최대 양력계수 1.5일 때 실속속도는 몇 m/sec인가?
(단, ρ = 0.125)
가. 32 나. 41
다. 54 라. 62

19. 다음 설명 중 틀린 것을 고르시오
가. 왕복기관은 제동 마력에 프로펠러 효율을 곱한 마력이 이륙마력이다.
나. 제트엔진의 이용마력은 추력과 속도의 곱을 75로 나눈 값이다.
다. 제트엔진의 추력은 초음속 범위에서는 압축효과에 의해 더욱 증가한다.
라. 이용 마력과 필요마력의 차를 여유 마력이라 한다.

20. 받음각이 일정할 때 공기밀도가 증가하면 속도와 필요마력은 어떻게 변화하는가?
가. 속도 증가, 필요마력 증가
나. 속도 감소, 필요마력 감소
다. 속도 증가, 필요마력 감소
라. 속도 감소, 필요마력 증가

21. 속도 50m/sec로 비행하는 비행기의 항력이 1,000kg이라면 이때 비행기의 필요 마력은 몇 Ps인가?
가. 529 나. 667
다. 720 라. 854

22. 받음각이 일정한 상태에서 고도가 증가되면 속도와 필요 마력은 어떻게 변화하는가?
가. 속도 감소, 필요 마력 감소
나. 속도 감소, 필요 마력 증가
다. 속도 증가, 필요 마력 감소
라. 속도 증가, 필요 마력 증가

23. 아음속 비행 상태에서 왕복비행기와 제트비행기의 이용마력 공식은?
가. 왕복비행기는 포물선, 제트비행기는 직선이다.
나. 왕복비행기는 직선, 제트비행기는 포물선이다.
다. 모두 직선이다
라. 모두 포물선이다.

24. 비행기가 수평비행 상태에서 급강하로 들어갈 때 속도가 차차 증가하다 끝에 가서는 일정속도에 가까워진다. 이 속도를 무엇이라 하는가?

가. 실속속도 나. 종극속도
다. 최소속도 라. 착륙속도

25. 비행기의 수평 등속도 비행조건에 대하여 옳게 서술한 것을 고르시오

가. 추력 = 항력, 양력 = 중력
나. 추력 〉 항력, 양력 = 중력
다. 추력 = 항력, 양력 〉 중력
라. 추력 〉 항력, 양력 〉 중력

26. 유해항력(parasite drag)에 대한 설명으로 틀리는 것은?

가. 비행기에서 양력에 관계하지 않고 비행을 방해하는 모든 항력을 말한다.
나. 유해항력에는 유도항력과 형상항력이 포함된다.
다. 초음속 비행에서는 조파항력이 발생하여 유해항력이 증가한다.
라. 유해항력이 클수록 비행기의 성능이 저하된다.

27. 고도 2,000m에서 활공을 시작한 활공기의 수평 활공거리가 50km 라면 이 활공기의 양항비는 얼마인가?

가. 20 나. 25
다. 30 라. 35

28. 비행기에 작용하는 운동이 아닌 것은?

가. 옆놀이(rolling)
나. 키놀이(pitching)
다. 빗놀이(yawing)
라. 선회(spinning)

29. 비행 중에 항공기 기체에 생길 수 있는 최대의 하중을 무엇이라고 하는가?

가. 제한하중 나. 운용하중
다. 종극하중 라. 설계하중

30. 비행기의 상승한계에 대한 설명 중 틀린 것은?

가. 상승률이 0일 때의 고도를 절대 상승한계라고 한다.
나. 상승률이 0.5m/s되는 고도를 실용 상승한계라고 한다.
다. 상승률이 2.5m/s되는 고도를 운용 상승한계라고 한다.
라. 실제 항공기가 비행하는 고도는 실용 상승한계이다.

31. 제트비행기의 이용 마력은?

가. $\eta \times BHP$
나. $\frac{TV}{75}$
다. $\frac{DV}{75}$
라. $T \times \frac{1}{2}\rho V^2$

32. 비행기의 실속속도를 구하는 식 중 옳은 것은?

가. $\frac{2W}{\rho \cdot S \cdot C_{Lmax}}$

나. $\frac{W}{\rho \cdot S \cdot C_{Lmax}}$

다. $\sqrt{\frac{2W}{\rho \cdot S \cdot C_{Lmax}}}$

라. $\sqrt{\frac{W}{\rho \cdot S \cdot C_{Lmax}}}$

33. 비행기가 연직방향으로 관성력을 받을 때 비행기의 하중배수를 옳게 표현한 식은?

가. $n = \frac{\text{비행기 무게}}{\text{비행기 무게 + 관성력}}$

나. $n = 1 + \frac{\text{관성력}}{\text{비행기 무게}}$

다. $n = 1 + \frac{\text{비행기 무게}}{\text{관성력}}$

라. $n = \frac{\text{비행기 무게}}{\text{비행기 무게 - 관성력}}$

34. 항공기가 R kg의 저항을 받고 비행중이다. 속도 V를 구하는 식은?

가. $V = \sqrt{\frac{R}{\rho S C_D}}$ 나. $V = \frac{R}{\rho S C_D}$

다. $V = \sqrt{\frac{2R}{\rho S C_D}}$ 라. $V = \frac{2R}{\rho S C_D}$

35. 다음 중 비행기의 성능에 가장 큰 영향을 미친다고 볼 수 있는 것은?

가. 날개 나. 조종면

다. 고양력장치 라. 고항력장치

36. 비행기 속도 200km/h, 상승각이 6° 일 때 상승률은 약 몇 km/h 인가?

가. 12 나. 18

다. 20 라. 60

37. 비행기의 세로 조종에 주로 사용되는 것은?

가. 플랩(flap)

나. 도움날개(aileron)

다. 승강키(elevator)

라. 방향키(rudder)

38. 비행기의 상승률(R.C.)은, R.C. = 75(Pa−Pr)/W이다. 비행기가 상승비행을 위한 조건은?

가. Pa 〉 Pr

나. Pa 〈 Pr

다. Pa = Pr

라. Pa, Pr은 관계없다.

39. 비행기의 이륙 활주거리를 단축하기 위한 조건이라고 볼 수 없는 것은?

가. 비행기의 무게가 가벼워야 한다.

나. 고양력장치를 사용하여야 한다.

다. 기관추력을 크게 해야 한다.

라. 바람을 등지고 이륙해야 한다.

40. 왕복기관의 프로펠러 항공기에서 추력을 T, 비행속도를 V라 했을 때 프로펠러가 한 일은?

가. T÷ V 나. V÷ T

다. T× V 라. T+V

41. 등속 수평비행을 할 때 비행기의 무게(W)와 밀도(ρ)가 일정하다면 필요 마력은 다음 중 무엇에 비례하는가?

가. C_D^3 / C_L^2 나. C_D^2 / C_L^3

다. C_L^2 / C_D^3 라. C_L^3 / C_D^2

42. 다음 ( )안에 알맞은 말은?
"방향키를 자유로 하였을 때 공기력에 의하여 방향키가 자유로이 변위되는 각을 ( )이라 한다."

가. 방향키 변위각
나. 방향키 진동각
다. 방향키 부유각
라. 방향키 플래핑 각

43. 왕복기관을 장비한 프로펠러 비행기에서 제동 마력에 프로펠러 효율을 곱한 마력은?

가. 필요 마력
나. 이용 마력
다. 여유 마력
라. 실속 마력

44. 다음 중 실속의 종류가 아닌 것은?

가. 부분 실속(partial stall)
나. 정상 실속(normal stall)
다. 불완전 실속(incomplete stall)
라. 완전 실속(complete stall)

45. 실속이 발생하게 되면 생기는 현상으로 틀린 것은?

가. 버핏(buffet)현상 발생
나. 강한 옆놀이(rolling)발생
다. 승강기 효율이 감소
라. 기수내림(nose-down)현상 발생

46. 활공기에서 활공거리를 길게 하기 위한 방법이 아닌 것은?

가. 양항비를 크게 하기 위해 항력계수를 최소화한다.
나. 기체표면을 매끈하게 한다.
다. 날개길이를 길게 한다.
라. 가로세로비를 적게 한다.

47. 비행기가 다음 그림과 같이 정상선회비행을 할 때 구심력의 크기를 옳게 표시한 것은?

가. W 나. L sin θ

다. L cos θ 라. $W - \dfrac{V^2}{gR}$

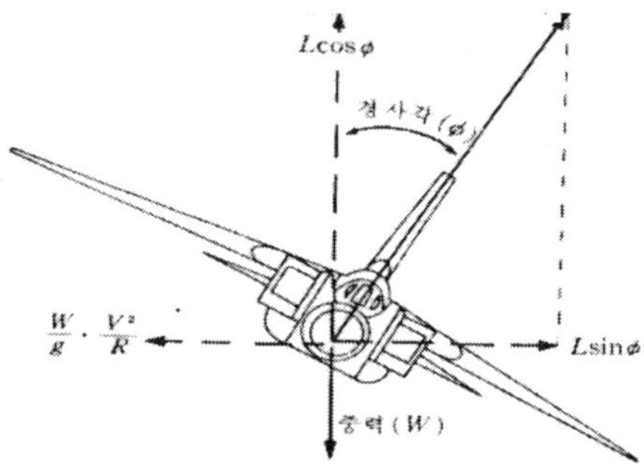

48. 선회각 θ로 정상선회시 필요한 양력의 크기는?

가. $L = \dfrac{W}{\cos\theta}$ 나. $L = \dfrac{W}{\sin\theta}$

다. $L = W\cos\theta$ 라. $L = W\sin\theta$

49. 다음 (　　)안에 알맞은 말은?
"왕복 비행기에서 최대 항속거리로 비행하려면 (　　)이 최대가 되는 받음각으로 비행해야 한다."
가. (양력계수) ÷ (항력계수)
나. $(양력계수)^{1/2}$ ÷ (항력계수)
다. (양력계수) × (항력계수)
라. $(양력계수)^{1/2}$ × (항력계수)

50. 순항에 대한 설명 중 틀린 것은?
가. 상승과 강하구간을 제외한 비행구간을 말한다.
나. 순항속도를 줄여 출력을 감소시켜 경제적으로 비행하는 것을 장거리 순항방식이라 한다.
다. 기관의 출력을 일정하게 하여 비행하는 것은 고속 순항방식이라 한다.
라. 연료소비가 가장 적은 상태에서 비행하는 속도를 순항속도라 한다.

51. 설계 이륙속도가 70m/s인 비행기가 20m/s의 맞바람을 받고 이륙한다면, 이륙이 가능한 실제 속도는?
가. 50m/s　　나. 60m/s
다. 70m/s　　라. 90m/s

52. 비행기의 가로 안정에 가장 중요한 영향을 끼치는 것은?
가. 쳐든각 효과　나. 동체
다. 수평꼬리날개　라. 도살 핀

53. 비행기의 착륙거리를 단축하기 위한 조건이 아닌 것은?
가. 브레이크와 마찰력을 크게 한다.
나. 역추력 장치를 사용한다.
다. 스포일러 등을 사용하여 양력을 없앤다.
라. 착륙 접지속도를 크게 한다.

54. 비행기가 항력을 이기고 계속해서 비행하기 위한 동력을 마력으로 환산한 것을 무엇이라고 하는가?
가. 이용 마력　　나. 제동 마력
다. 잉여 마력　　라. 필요 마력

55. 선회반지름을 작게 하려면?
가. 선회속도를 크게 하고, 경사각을 작게 한다.
나. 선회속도를 크게 하고, 경사각을 크게 한다.
다. 선회속도를 작게 하고, 경사각을 작게 한다.
라. 선회속도를 작게 하고, 경사각을 크게 한다.

56. 등속도 비행하는 비행기에 작용하는 힘이 그림과 같다. 항공기 진행방향에 대한 힘의 평형식은?

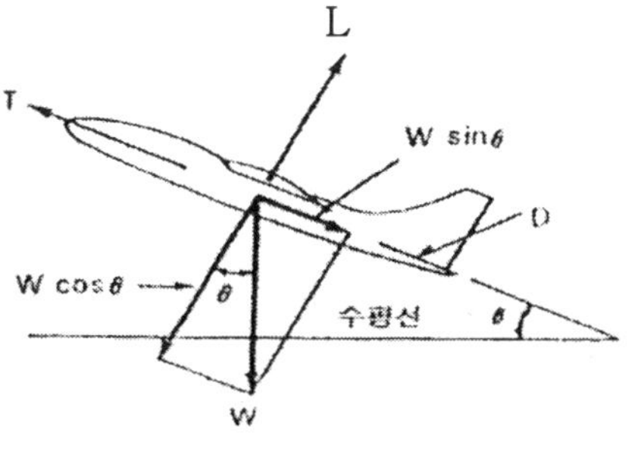

가. $T = W\cos\theta + L$
나. $T = W\sin\theta + D$
다. $L = W\cos\theta$
라. $L = W\sin\theta$

57. 다음 중 아음속 비행 상태에서는 발생하지 않는 항력은?
가. 유도항력 나. 마찰항력
다. 조파항력 라. 압력항력

58. 상승률이 5m/s인 항공기가 고도를 100m올리기 위해서 얼마의 시간이 필요한가?
가. 10초 나. 20초
다. 30초 라. 40초

59. 비행기의 속도가 80m/s이고, 상승각이 30° 일 때 상승률은 얼마인가?
가. 20m/s 나. 30m/s
다. 40m/s 라. 50m/s

60. 비행기에 도살 핀(dorsal fin)을 장착한 목적은?
가. 가로 안정성 증가
나. 방향 안정성 증가
다. 세로 안정성 증가
라. 조종력 증가

61. 선회 비행시 발생되는 원심력과 구심력이 옳게 연결된 것은?

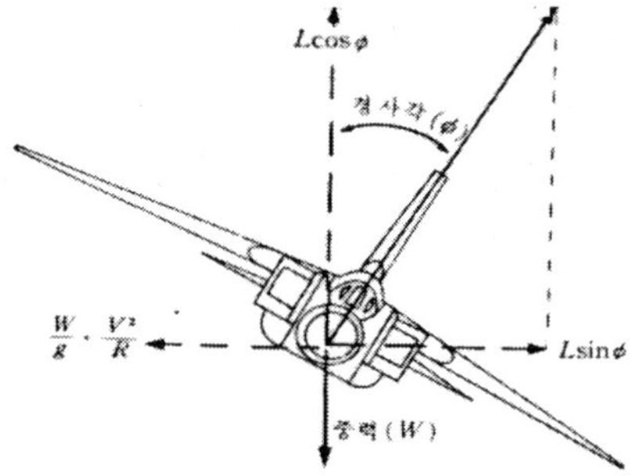

가. 원심력 : $\frac{W \cdot V^2}{g \cdot R}$, 구심력 : L
나. 원심력 : $\frac{g \cdot V^2}{R}$, 구심력 : $L\cos\theta$
다. 원심력 : $\frac{g \cdot V^2}{R}$, 구심력 : L
라. 원심력 : $\frac{W \cdot V^2}{g \cdot R}$, 구심력 : $L\sin\theta$

62. 비행기의 모든 구조부분은 종극하중에서 적어도 3초 이상 안전하게 견딜 수 있도록 하여야 한다. 종극하중이란?
가. 제한하중 + 안전계수
나. 제한하중 × 안전계수
다. 제한하중 ÷ 안전계수
라. 안전계수 ÷ 제한하중

63. 비행기의 기준축과 운동, 그리고 조종면이 옳게 연결된 것은?
가. 세로축－옆놀이(rolling)－방향키 (rudder)
나. 가로축－빗놀이(yawing)－승강키(elevator)

다. 세로축－빗놀이(yawing)－도움날개(aileron)
라. 가로축－키놀이(pitching)－승강키(elevator)

64. 다음 (　　)안에 알맞은 말은?

제트 비행기에서 최대 항속거리로 비행하려면 (　　)이 최대가 되는 받음각으로 비행해야 한다.

가. (양력계수)$^{1/2}$ ÷ (항력계수)
나. (양력계수) ÷ (항력계수)
다. (양력계수)$^{1/2}$ × (항력계수)
라. (양력계수) × (항력계수)

65. 비행기의 빗놀이 모멘트에 대한 관계식으로 옳은 것은?
가. $N = C_n \times q \times s \times b$
나. $N = C_n \times q \times s \times c$
다. $N = C_n \times q \times b \times c$
라. $N = C_n \times q \times b \times c^2$

66. 이륙조종 조건 중에서 일반적인 착륙장치를 가지는 비행기의 경우, 프로펠러기는 실속속도 (　　)%, 제트기는 (　　)%에서 이륙자세를 취할 수 있는 충분한 조종력을 갖는 것이 바람직하다. (　　)안에 맞는 것은?
가. 80, 90　　나. 90, 80
다. 90, 100　　라. 105, 90

67. 비행기의 조종계통에서 조종 장치와 조종면을 직접 연결하여 소형 저속기에서 주로 사용하는 계통은?
가. 유압식 조종계통
나. 전기식 조종계통
다. 기계적 조종계통
라. 배력 조종계통

68. 비행기가 확실한 실속의 징조가 있은 다음 기수가 강하게 내려간 다음 회복하는 실속은?
가. 부분실속　　나. 정상실속
다. 완전실속　　라. 연속실속

69. 40m/s의 속도로 비행하는 왕복 비행기의 추력이 700kg이라면 프로펠러가 하는 일은?
가. 28,000kg·m/s
나. 30,000kg·m/s
다. 35,000kg·m/s
라. 400,000kg·m/s

70. 실속속도 Vs에 대한 설명 중 틀린 것은?
가. 받음각이 증가되어 양력계수가 최대일 때의 속도이다.
나. 일반적으로 비행기의 실속속도는 약 80~130km/h 가 된다.
다. 실속속도가 작으면 착륙속도가 작아져 활주거리가 짧아진다.
라. 실제 항공기의 착륙속도가 실속속도이다.

71. 비행기의 방향안정에 일차적인 영향을 주는 것은 무엇인가?
가. 수직 꼬리날개
나. 뒤젖힘각(sweep back)
다. 추력
라. 수평 꼬리날개

72. 비행기가 조종사의 조작이나 외부의 교란으로 인해 옆놀이 모멘트가 생겼을 때, 다시 평행상태로 복귀하려는 초기의 경향을 무엇이라 하는가?
가. 정적 가로안정
나. 정적 세로안정
다. 동적 가로안정
라. 동적 세로안정

73. 비행기의 세로방향 진동형태라고 볼 수 없는 것은?
가. 장주기운동
나. 방향키 자유운동
다. 단주기운동
라. 승강키 자유운동

74. 글라이더가 고도 1,000m 상공에서 양항비 20인 상태로 활공한다면 도달할 수 있는 수평거리는?
가. 200m　　나. 20,000m
다. 2,000m　　라. 300,000m

75. 자전과 수직강하가 조합된 비행을 무엇이라 하는가?
가. 선회　　나. 스핀
다. 안전 밸런스　　라. 관성력

예상기초문제 4

1. 조종면을 작동할 때 조종면에 걸리는 힌지모멘트의 크기는?
   가. $H = Cn \times q \times b \times cc$
   나. $H = Cn \times q \times b^2 \times c$
   다. $H = Cn \times q \times b^2 \times c$
   라. $H = Cn \times q \times b \times c^2$

2. 다음 중 2차 조종면에 속하지 않는 것은?
   가. 플랩(flap)
   나. 탭(tap)
   다. 스포일러(spoiler)
   라. 도움날개(aileron)

3. 항공기가 과하중상태에 있을 때 나타나는 것으로 틀린 것은?
   가. 상승각이 적어진다.
   나. 실속속도가 감소한다.
   다. 활공각이 증가한다.
   라. 이륙거리가 길어진다.

4. 비행기의 세로 안정성을 좋게 하기 위한 조치와 거리가 먼 것은?
   가. 무게중심이 공기력 중심보다 앞에 있도록 한다.
   나. 무게중심이 공기력 중심보다 낮은 위치에 오도록 한다.
   다. 꼬리날개 효율을 크게 한다.
   라. 꼬리날개 부피를 작게 한다.

5. 비행기의 무게가 3,000kg인 항공기가 선회각 60° 로 정상선회하기 위하여 필요한 양력은 얼마인가?
   가. 6,000kg　　나. 5,000kg
   다. 4,500kg　　라. 4,000kg

6. 비행기 좌우측에 관한 모멘트는?
   가. 옆놀이 모멘트(rolling moment)
   나. 키놀이 모멘트(pitching moment)
   다. 빗놀이 모멘트(yawing moment)
   라. 선회 모멘트(spinning moment)

7. 비행기의 속도가 음속 가까이로 증가할 때 기수가 내려가는 경향과 조종력에 역작용을 일으키는 현상이 발생되는 것을 무엇이라고 하는가?
   가. 턱 언더(tuck under)
   나. 딮 실속(deep stall)
   다. 피치 업(pitch up)
   라. 드래그 슈트(drag chute)

8. 비행기가 비행 중 돌풍이나 조종에 의해 평형상태를 벗어난 뒤에 다시 평형상태로 되돌아 오려는 초기의

경향을 무엇이라고 하는가?
가. 정적 불안정
나. 정적 안정
다. 정적 중립
라. 동적 안정

9. 비행기의 조종성과 안정성은 어떠한 관계가 있는가?
가. 조종성이 좋아지면 안정성이 향상된다.
나. 안정성이 좋아지면 조종성이 향상된다.
다. 안정성이 좋아지면 조종성이 저하된다.
라. 안정성과 조종성은 무관하다.

10. 항공기가 고도 1,000m에서 20km의 수평 활공거리를 활공하고자 할 때 양항비는 얼마가 되어야 하는가?
가. 0.5 나. 2
다. 20 라. 50

11. 스핀(spin)이란 무엇인가?
가. 고도변화 없이 원운동하는 비행
나. 수직으로 낙하하는 비행
다. 자동회전과 옆미끄럼이 조합된 비행
라. 자동회전과 수직강하가 조합된 비행

12. 비행기의 필요 마력을 구하는 식으로 옳게 서술한 것은?(단, D : 항력, V : 속도, T : 이용추력)
가. $Pr = \frac{TV}{75}$ 나. $Pr = \frac{DV}{75}$
다. $Pr = \frac{75}{TV}$ 라. $Pr = \frac{75}{DV}$

13. 더치 롤(Dutch roll)이라 함은?
가. 정적 세로 불안정
나. 동적 세로 불안정
다. 가로방향 불안정
라. 가로방향 안정

14. 피치 업(pitch up)이 발생될 수 있는 원인이 아닌 것은?
가. 뒤젖힘 날개의 날개 끝 실속
나. 뒤젖힘 날개의 비틀림
다. 승강키 효율의 증가
라. 날개의 풍압중심이 앞으로 이동

15. 비행기의 활공각 과 양력계수 의 관계를 올바르게 나타낸 식은 어느 것인가?
가. $\sin\theta = C_D/C_L$
나. $\sin\theta = C_L/C_D$
다. $\tan\theta = C_L/C_D$
라. $\tan\theta = C_D/C_L$

16. 조종간을 밀어서 승강키가 내려가면 비행자세는 어떻게 되는가?
가. 비행기의 기수는 아래로 내려감
나. 비행기의 기수는 위로 올라감
다. 왼쪽으로 선회함
라. 오른쪽으로 선회함

17. 다음 중 정상비행 시 조종사의 조종력을 0으로 조정해주는 역할을 하는 장치는?
가. 트림 탭 나. 평형 탭
다. 서보 탭 라. 스프링 탭

18. 조종면과 반대방향으로 움직이도록 기계적으로 연결된 탭(tab)은?
가. 트림 탭 나. 밸런스 탭
다. 서보 탭 라. 스프링 탭

19. 비행기에 자전현상(auto rotation)이 생기면 어떤 비행형태가 이루어지는가?
가. 활공비행 나. 실속비행
다. 스핀비행 라. 루프비행

20. 비행기가 하강비행을 하는 동안 조종간을 당겨 기수를 올리려 할 때 받음각과 각속도가 규정값을 넘게 되면 예상한 정도 이상으로 기수가 올라가고, 이를 회복할 수 없는 현상이 발생되는 현상은?
가. 턱 언더(tuck under)
나. 딮 실속(deep stall)
다. 피치 업(pitch up)
라. 드래그 슈트(drag chute)

21. 임계 마하수 부근에서 한쪽 날개가 충격실속을 일으켜 강한 옆놀이 모멘트가 생기는 현상을 무엇이라 하는가?
가. 날개 드롭(wing drop)
나. 옆놀이 커플링(rolling coupling)
다. 슈퍼 실속(super stall)
라. 피치 업(pitch up)

22. 비행기가 비행 중 조종간을 작동시 조종면에 공기력이 작용하여 조종면을 움직이기 힘들 때 조종면을 움직이는 힘을 줄여 주기 위한 장치가 아닌 것은?
가. 앞전 밸런스
나. 혼 밸런스
다. 서보 탭
라. 앞전 플랩

23. 조종기와 승강키가 기계적으로 연결되어 있을때 조종력과 승강키의 힌지모멘트의 관계식은?
(Fe : 조종력, He : 승강키 힌지모멘트, K : 조종계통의 기계적 장치에 의한 이득)
가. $Fe = K \times He$
나. $Fe = K / He$
다. $Fe = He / K$
라. $Fe = K^2 \times He$

24. 다음에서 고항력장치에 속하지 않은 것은?
가. 에어 브레이크
나. 역추진 장치
다. 드래그슈트
라. 슬롯

25. 큰 날개와 꼬리 날개에 의한 무게중심 주위의 키놀이 모멘트 관계식은 어느 것인가?

가. $M_{cg} = M_{cg\ \ wing} - M_{cg\ \ tail}$

나. $M_{cg} = M_{cg\ \ wing} + M_{cg\ \ tail}$

다. $M_{cg} = M_{cg\ \ wing} \times M_{cg\ \ tail}$

라. $M_{cg} = M_{cg\ \ wing} + M_{cg\ \ tail}$

26. 평형상태에서 벗어난 뒤 다시 평형상태로 되돌아 가려는 경향을 무엇이라고 하는가?

가. 양(+)의 정적안정

나. 음(−)의 정적안정

다. 양(+)의 동적안정

라. 음(−)의 동적안정

27. 날개의 공기 역학적 중심이 비행기의 무게중심 앞 0.050에 있으며 공기 역학적 중심부위의 키놀이 모멘트 계수가 −0.016, 양력계수 CL가 0.045인 경우 무게중심 주위의 모멘트 계수는?

가. 0.045 나. 0.05

다. 0.0065 라. −0.016

28. 다음 ( ) 안에 알맞은 것은?

비행기의 동적 세로안정은 일반적으로 장주기운동, 단주기운동, ( )의 3가지 기본 진동형태로 구성된다.

가. 승강키 자유운동

나. 옆놀이 자유운동

다. 빗놀이 자유운동

라. 선회 자유운동

29. 항공기가 정상 선회 하기 위한 조건은?

가. 원심력과 구심력이 같고 방향이 반대이다.

나. 원심력과 구심력이 같고 방향이 같다.

다. 원심력과 구심력이 다르고 방향이 반대이다.

라. 원심력과 구심력이 다르고 방향이 같다.

30. 왕복비행기의 제동 마력이 500PS 이고, prop 효율이 80%일 때, 이용 마력은 얼마인가?

가. 400 PS 나. 4,000 PS

다. 580 PS 라. 58,000 PS

31. 고속 비행시 발생되는 옆놀이 커플링을 줄이는 방법이라고 볼 수 없는 것은?

가. 방향 안정성 증가

나. 쳐든각 효과증가

다. 수직 꼬리날개의 면적증가

라. 불필요한 공력 커플링 제거

32. 비행기가 3g 인 가속운동을 할 때 기체에 가해지는 하중배수는?

가. 2 나. 3

다. 4 라. 5

33. T형 꼬리날개 혹은 수평 꼬리날개가 높이 달려 있는 항공기에서 일어날 수 있는 불안정현상으로 맞는 것은?
   가. 턱 언더(tuck under)
   나. 피치 업(pitch up)
   다. 딮 실속(deep stall)
   라. 날개 드롭(wing drop)

34. 실속 시 또는 항력발산 마하수 부근에서 기체가 심하게 진동하는 현상을 무엇이라 하는가?
   가. buffeting
   나. pitch up
   다. roll coupling
   라. super stall

35. 비행기의 활공각과 양항비의 관계로써 타당한 것은?
   가. $\sin\theta = \frac{1}{\text{양항비}}$
   나. $\tan\theta = \frac{1}{\text{양항비}}$
   다. $\cos\theta = $ 양항비
   라. $\tan\theta = $ 양항비

36. 비행기에서 기수내림 모멘트(moment)가 커질수록 조종력의 역작용은 조종사에 의해 수정하기 어렵기 때문에 이러한 현상을 자동적으로 수정할 수 있도록 제트 수송기에 설치되는 것은?
   가. 팬 리버서(fan reverser)
   나. 마하 트리머(Mach trimmer)
   다. 보조 동력장치(APU)
   라. 플랩(flap)

37. 어떤 비행기의 항력이 1,125kg이고, 속도가 720km/h일 때 필요 마력은 얼마인가?
   가. 2,000 PS　　나. 3,000 PS
   다. 4,000 PS　　라. 5,000 PS

38. 비행기가 가속도 없는 정상비행인 경우 하중배수는?
   가. 0　　나. 1
   다. 2　　라. 무한대

39. 이용 마력이 200마력이고, 필요 마력이 150마력인 항공기의 무게가 1,875kg이라고 할 때 상승률은 얼마인가?
   가. 2m/s　　나. 5m/s
   다. 10m/s　　라. 12m/s

40. 연료 소비율 8kg/HP-h, 기관출력 100HP인 기관을 장착한 단발 비행기가 32,000kg의 연료를 싣고 비행하고 있다. 항속시간은 얼마인가?
   가. 10시간　　나. 20시간
   다. 30시간　　라. 40시간

41. 감항분류 "T류"에 대한 설명으로 맞는 것은?
   가. 곡예비행에 적합하다.

나. 실용기

다. 전투기로 곡예비행 가능

라. 수송기로 운용, 곡예비행 불가능

42. 가로 불안정과 방향 불안정이 조합된 비행형태를 무엇이라 하는가?

가. 피치 업(pitch up)

나. 더치 롤(dutch roll)

다. 날개 드롭(wing drop)

라. 딮 실속(deep stall)

43. 비행기가 돌풍 등 외부교란으로 인해 키놀이 진동을 시작한 후 진폭이 감소하고 있다면 안정성은?

가. 양(+)의 동적 가로안정

나. 음(-)의 동적 가로안정

다. 양(+)의 동적 세로안정

라. 음(-)의 동적 세로안정

44. 고속 비행기에서 발생하는 세로 불안정 현상이 아닌 것은?

가. 턱 언더(tuck under)

나. 피치 업(pitch up)

다. 딮 실속(deep stall)

라. 날개 드롭(wing drop)

45. 다음 중 비행기 운동의 기준축이라고 볼 수 없는 것은?

가. 가로축 나. 수직축

다. 세로축 라. 모멘트축

46. 조종간을 잡아 당기면 조종면과 항공기의 비행자세는 어떻게 되는가?

가. 승강키는 올라가고 기수는 내려간다.

나. 승강키는 내려가고 기수도 내려간다.

다. 승강키는 올라가고 기수도 올라간다.

라. 승강키는 내려가고 기수는 올라간다.

47. 항공기의 감항 분류와 제한 하중 배수가 틀린 것은?

가. A : 6

나. U : 4.4

다. N : 2.25 ~ 3.8

라. T : 4.0

48. 다음은 비행기의 안정성에 영향을 미치는 요소를 연결한 것이다. 틀린 것은?

가. 가로 안정 – 수직 꼬리날개

나. 세로 안정 – 수평 꼬리날개

다. 가로 안정 – 쳐든각

라. 답이 없다

49. 비행기에 작용하는 모든 힘의 합이 0일 때를 무엇이라고 하는가?

가. trim 나. stability

다. balance 라. normal

50. 다음 중 오토자이로의 비행특성이 아닌 것은
가. 공중 정지비행이 불가능하다.
나. 이, 착륙 거리가 짧다.
다. 실속속도가 크다.
라. 자동회전(auto rotation)에 양력을 얻는다.

51. 다음 중 단일회전날개 헬리콥터의 장점이라고 볼 수 없는 것은?
가. 조종계통이 단순하다.
나. 출력 전달계통이 단순하며 가격이 저렴하다.
다. 중량물의 운반에 적합하다.
다. 조종성과 성능이 비교적 용이하다.

52. 병렬식 회전날개 헬리콥터의 장점이 아닌 것은?
가. 세로 안정성이 좋다.
나. 기체의 길이를 짧게 할 수 있다.
다. 고속 비행시 추가의 양력을 얻을 수 있다.
라. 꼬리 회전날개가 필요 없다.

53. 헬리콥터의 조종계통이 바르게 연결된 것은?

ⓐ 주기적 피치 제어간	㉠ 수직비행
ⓑ 동시 피치 제어간	㉡ 수평비행
ⓒ 방향 페달	㉢ 빗놀이 운동

가. ⓐ-㉠, ⓑ-㉡, ⓒ-㉢
나. ⓐ-㉡, ⓑ-㉢, ⓒ-㉠
다. ⓐ-㉢, ⓑ-㉡, ⓒ-㉠
라. ⓐ-㉡, ⓑ-㉠, ⓒ-㉢

54. 다음 (   )안에 알맞은 말을 고르시오.
"헬리콥터는 수직 이,착륙과 (   ) 특성 때문에 다양한 용도로 사용된다."
가. 장거리 비행
나. 공중 정지비행
다. 고고도 정속비행
라. 중량을 수송비행

55. 헬리콥터의 플래핑 힌지에 작용하는 모멘트 원인에 속하지 않는 것은?
가. 양력
나. 원심력
다. 깃의 무게
라. 헬리콥터 무게

56. 다음 중 헬리콥터의 회전날개 깃이 플래핑 하여 위로 올라간 경우 일어나는 현상으로서 적당하지 않은 것은?
가. 유도속도가 증가하여 받음각이 커진다.
나. 양력계수가 적어진다.
다. 양력이 줄어든다.
라. 회전날개 깃이 내려온다.

57. 헬리콥터 주요 3조종계통에 포함되지 않는 것은?

가. 동시피치 조종계통
나. 자동 조종계통
다. 주기피치 조종계통
라. 방향 조종계통

58. 회전날개를 전·후·좌·우로 전진하는데 회전판을 경사지게 조종하는 조종레버는?
가. 사이클릭 피치 조종계통
나. 컬렉티브 피치 조종계통
다. 방향 조종계통
라. 회전날개 깃의 디스크 변화

59. 회전날개 항공기의 앞과 뒤 및 오른쪽과 왼쪽 방향으로 운동하기 위하여 회전날개의 회전 디스크를 진행하고자 하는 방향으로 경사지게 하여 필요한 운동력을 얻도록 되어 있는 조종계통은?
가. 사이클릭 피치 조종계통
나. 컬렉티브 피치 조종계통
다. 방향 조종계통
라. 회전날개 깃 조종계통

60. 헬리콥터의 회전날개 지름에 대한 설명으로 맞는 것은?
가. 정지비행 성능을 위해서는 클수록 좋다.
나. 무게를 고려하여 가능한 한 크게 한다.
다. 비용을 고려하여 가능한 한 크게 한다.
라. 필요한 성능을 낼 수 있는 최대의 크기로 한다.

61. 다음 헬리콥터 회전익의 깃의 수에 대한 설명 중 잘못된 것은?
가. 정비를 쉽게 하기 위해서는 깃의 수가 적어야 한다.
나. 진동을 작게 하기 위해서는 깃의 수가 적어야 한다.
다. 깃의 수가 적으면 시위가 커져 양력계수 증가를 가져온다.
라. 4개 깃이 가장 많이 사용된다.

62. 다음에서 병렬식 회전날개 헬리콥터의 장점으로 적당하지 않은 것은?
가. 가로 안정성이 매우 좋다.
나. 저속 수평비행시 추가양력을 발생시켜 준다.
다. 기체의 길이를 짧게 할 수 있다.
라. 수평비행시 유도손실이 적다.

63. 헬리콥터의 종류 중 2개의 주회전날개가 비행방향에 대하여 앞뒤로 배열되어 있는 형식은?
가. 직렬식 회전날개 헬리콥터
나. 단일 회전날개 헬리콥터
다. 동축 역회전식 회전날개 헬리콥터
라. 병렬식 회전날개 헬리콥터

64. 다음 중 단일 회전날개 헬리콥터의 장점으로 적당하지 않는 것은?

가. 조종계통이 단순하다.
나. 출력 전달계통의 고장이 적다.
다. 조종성과 성능이 양호하다.
라. 지상에서 작업하는 사람들에게 안전하다.

65. 직렬식 회전날개 헬리콥터의 장점이라고 할 수 없는 것은?
가. 대형화의 중량을 운반에 적합하다.
나. 세로 안정성이 좋다.
다. 동력 전달기구가 단순하다.
라. 구조가 간단하고 기체의 폭이 작으므로 유해항력이 작다.

66. 다음 중 헬리콥터의 허브에 장착되어 있지 않는 것은?
가. 프리 휠 유닛(free wheel unit)
나. 리드-래그 힌지(lead-lag(drag) hinge)
다. 플래핑 힌지(flapping hinge)
라. 항력 감쇠기(drag damper)

67. 전진하는 깃의 피치각은 작게, 후퇴하는 깃의 피치각은 크게 하여 양력의 불균형을 해소하는 운동을 무엇이라고 하는가?
가. 피칭운동
나. 페더링 운동
다. 플래핑 운동
라. 롤링운동

68. 리드 - 래그 힌지를 장착한 목적으로 맞지 않는 것은?
가. 기하학적인 불평형 제거
나. 회전날개의 뿌리부분에 발생되는 굽힘모멘트 제거
다. 헬리콥터의 양력 증가
라. 모든 위치에서 회전날개 깃에 발생되는 항력의 크기를 일정하게 한다.

69. 헬리콥터의 자동회전 현상에 대한 설명으로 옳지 않은 것은?
가. 비행 중 기관이 정지하면 기관으로부터의 동력이 단절되고 하강비행을 한다.
나. 회전날개의 회전수가 일정속도에 이르면 날개 깃에서 발생되는 양력과 항력의 합성력 수평성분에 의해 회전날개를 계속 회전시키려는 힘이 작용한다.
다. 회전을 계속 시키려는 힘은 날개 깃 전체에서 고르게 발생한다.
라. 자동회전에 의해 강하하는 속도는 6~7m/s이다.

70. 헬리콥터에서 리드 - 래그 힌지를 장착한 목적으로 맞는 것은?
가. 동적 불균형을 제거한다.
나. 정적 균형을 유지한다.
다. 기하학적인 불평형을 제거한다.
라. 회전날개 깃 끝에서 발생하는 굽힘 모멘트를 제거한다.

71. 헬리콥터의 지면효과가 있을 때 일어나는 현상 중에서 잘못된 것은?
가. 회전날개 깃의 받음각이 증가하게 된다.
나. 항력의 크기가 증가한다.
다. 양력의 크기가 증가한다.
라. 같은 기관의 출력으로 많은 무게를 지탱할 수 있다.

72. 깃의 면적을 정합에 있어 고려하지 않아도 좋은 사항은?
가. 깃의 무게
나. 정지비행 성능
다. 제작비용
라. 깃의 길이

73. 회전날개 깃의 수에 관한 설명으로 타당하지 않은 것은?
가. 비용과 정비용이성을 위해서는 깃의 수가 적어야 한다.
나. 진동을 작게 하기 위해서는 깃의 수가 적어야 한다.
다. 깃의 수가 너무 많으면 깃의 시위가 작아져 깃의 비틀림이 발생한다.
라. 깃의 수는 4개를 가장 많이 사용한다.

74. 오토자이로가 헬리콥터와 다른 점은?
가. 짧은 거리에서 이, 착륙이 불가능하다.
나. 전진비행을 할 수 없다.
다. 공중 정지비행을 할 수 없다.
라. 상승비행을 할 수 없다.

75. 헬리콥터의 종류 중 회전 날개를 비행방향에 대하여 좌우로 배치하여 가로 안정에 대단히 좋은 것은?
가. 단일 회전날개 헬리콥터
나. 동축 회전날개 헬리콥터
다. 병렬식 회전날개 헬리콥터
라. 직렬식 회전날개 헬리콥터

항공역학 기초연습문제 답안

제 1 회																			
1	2	3	4	5	6	7	8	9	10	11	12	13	14	15	16	17	18	19	20
라	다	다	가	가	다	다	라	나	나	다	나	나	다	다	나	라	가	다	다
21	22	23	24	25	26	27	28	29	30	31	32	33	34	35	36	37	38	39	40
다	라	나	가	다	나	라	라	다	나	라	가	다	가	나	가	다	다	나	다
41	42	43	44	45	46	47	48	49	50	51	52	53	54	55	56	57	58	59	60
나	나	가	나	가	가	다	나	나	가	나	다	나	다	나	라	나	라	다	나
61	62	63	64	65	66	67	68	69	70	71	72	73	74	75					
나	라	나	라	나	다	라	가	다	가	가	나	가	가	라					

제 2 회																			
1	2	3	4	5	6	7	8	9	10	11	12	13	14	15	16	17	18	19	20
라	다	나	가	나	다	가	가	가	다	라	다	나	다	라	다	가	나	가	라
21	22	23	24	25	26	27	28	29	30	31	32	33	34	35	36	37	38	39	40
다	가	다	나	라	나	라	가	라	나	라	라	나	가	다	라	나	나	가	가
41	42	43	44	45	46	47	48	49	50	51	52	53	54	55	56	57	58	59	60
다	라	라	다	나	가	나	라	가	다	다	나	다	가	가	가	다	가	가	다
61	62	63	64	65	66	67	68	69	70	71	72	73	74	75					
나	다	가	나	가	다	나	다	가	가	다	다	다	나	가					

제 3 회																			
1	2	3	4	5	6	7	8	9	10	11	12	13	14	15	16	17	18	19	20
다	가	라	가	가	다	다	가	다	나	나	가	가	다	나	가	라	나	다	나
21	22	23	24	25	26	27	28	29	30	31	32	33	34	35	36	37	38	39	40
나	라	가	나	가	나	나	라	가	라	나	다	나	다	가	다	다	가	라	다
41	42	43	44	45	46	47	48	49	50	51	52	53	54	55	56	57	58	59	60
나	다	나	다	나	라	나	가	가	라	가	가	라	라	라	나	다	나	다	나
61	62	63	64	65	66	67	68	69	70	71	72	73	74	75					
라	나	라	가	가	가	다	나	가	라	가	가	나	나	나					

제 4 회																			
1	2	3	4	5	6	7	8	9	10	11	12	13	14	15	16	17	18	19	20
라	라	나	라	가	나	가	나	다	다	라	나	다	다	라	가	가	나	다	다
21	22	23	24	25	26	27	28	29	30	31	32	33	34	35	36	37	38	39	40
가	라	가	라	나	가	다	가	가	가	나	나	다	가	나	나	나	나	가	라
41	42	43	44	45	46	47	48	49	50	51	52	53	54	55	56	57	58	59	60
라	나	다	라	라	다	라	라	다	다	다	가	라	나	라	가	나	가	가	가
61	62	63	64	65	66	67	68	69	70	71	72	73	74	75					
나	나	가	라	다	가	다	다	다	다	나	라	나	다	다					

제 5 편

항공역학 실전문제

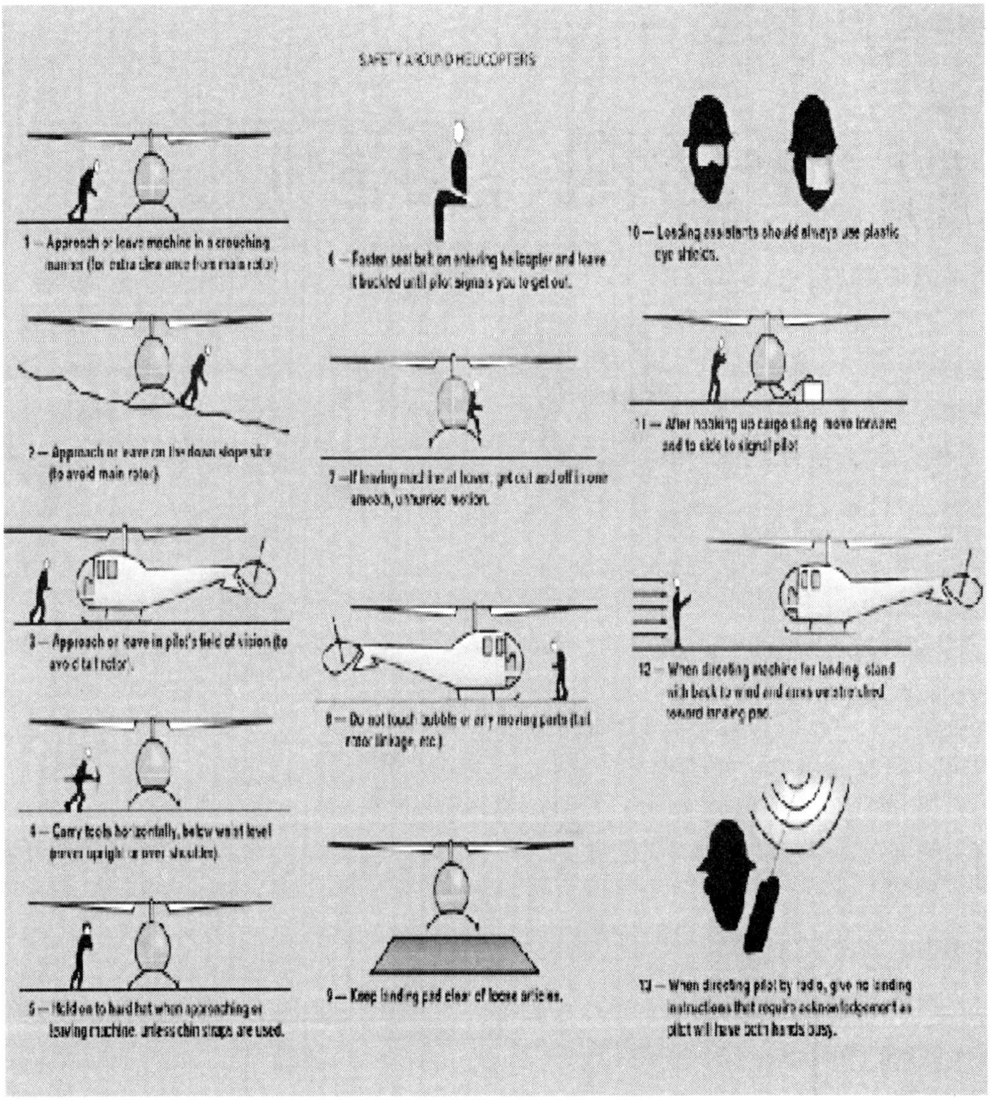
SAFETY AROUND HELICOPTERS
1 — Approach or leave machine in a crouching manner (for extra clearance from main rotor)
2 — Approach or leave on the down slope side (to avoid main rotor).
3 — Approach or leave in pilot's field of vision (to avoid tail rotor).
4 — Carry tools horizontally, below waist level (never upright or over shoulder).
5 — Hold on to hard hat when approaching or leaving machine, unless chin straps are used.
6 — Fasten seat belt on entering helicopter and leave it buckled until pilot signals you to get out.
7 — If leaving machine at hover, get out and off in one smooth, unhurried motion.
8 — Do not touch bubble or any moving parts (tail rotor linkage, etc.)
9 — Keep landing pad clear of loose articles.
10 — Landing assistants should always use plastic eye shields.
11 — After hooking up cargo sling, move forward and to side to signal pilot.
12 — When directing machine for landing, stand with back to wind and arms outstretched toward landing pad.
13 — When directing pilot by radio, give no landing instructions that require acknowledgement as pilot will have both hands busy.

항공역학 실전문제

제1회

1. 헬리콥터 정지비행(hovering)시 관계식은?
   ㉮ 헬리콥터 무게〉양력
   ㉯ 헬리콥터 무게=양력
   ㉰ 헬리콥터 무게〈양력
   ㉱ 헬리콥터 무게=양력+원심력

2. 이륙시 조정피치 프로펠러 깃각은?
   ㉮ low blade angle
   ㉯ medium blade angle
   ㉰ high blade angle
   ㉱ feather condition

3. 중량이 6,000kg인 항공기가 180kg/h의 속도로 30°의 경사각으로 정상선회를 할 때 이 항공기의 원심력은 얼마인가?
   ㉮ 2,931 kg　　㉯ 3,464 kg
   ㉰ 5,196 kg　　㉱ 6,231 kg

4. 이륙활주거리를 짧게 하기 위해서는 다음 어느 조건이 만족되어야 하는가?
   ㉮ 익면하중이 크고 양력계수도 클 것
   ㉯ 익면하중이 크고 지면마찰계수가 작을 것
   ㉰ 익면하중이 작고 지면마찰계수가 클 것
   ㉱ 익면하중이 작고 양력계수도 클 것

5. 무게 100kg인 비행기가 해발고도 위를 등속수평비행하고 있다. 날개 면적은 5㎡라면 최소 속도는? ($C_{Lmax}=1.2$, $\rho=1/8$, $kgf \cdot sec^2/m^4$)
   ㉮ 160.29 m/s　　㉯ 16.29 m/s
   ㉰ 1.629 m/s　　㉱ 26.29 m/s

6. C_L과 C_D에 관련이 없는 것은?
   ㉮ 날개골의 형태
   ㉯ 유체중 자세
   ㉰ 받음각에 관련되는 무차원계수
   ㉱ 날개골 추력

7. 형상항력에 대한 설명 중 틀린 것은?
   ㉮ 이상유체는 나타나지 않는 항력이다.
   ㉯ 공기가 점성을 가지기 때문에 생기는 항력이다.
   ㉰ 날개골의 형태에 따라 다른 값을 가지는 항력이다.
   ㉱ 날개표면에 유도항력에 의해 발생한다.

8. 후퇴익에서는 경계층이 끝 쪽으로 흐르기 때문에 익단 앞쪽에서는

박리현상이 발생하여 익단실속이 일어나기 쉽다. 이러한 익단실속을 방지하기 위한 방법은?

㉮ wash out

㉯ wash in

㉰ 취부각을 작게 함

㉱ 취부각을 크게 함

9. 밸런스 탭 중 래깅 탭에 대한 설명은?

㉮ 조종면과 반대로 움직여 조종력을 경감시켜준다.

㉯ 조종면과 같은 방향으로 움직여 조종력을 경감시켜준다.

㉰ 조종면과 반대로 움직여 조종력을 0으로 만들어준다.

㉱ 조종면과 같은 방향으로 움직여 0으로 만들어준다.

10. 헬리콥터가 전진비행할 때 속도와 유도마력의 관계를 옳게 설명한 것은?

㉮ 전진속도가 증가하면 유도마력도 증가한다.

㉯ 전진속도가 증가하면 유도마력은 감소한다.

㉰ 전진속도가 증가해도 유도마력은 변화가 없다.

㉱ 전진속도가 증가하면 유도마력은 느리게 증가한다.

11. 날개의 후퇴각을 크게 하면 임계마하수를 높일 수 있다. 이유가 올바른 것은?

㉮ 항력계수가 감소하기 때문

㉯ 조종성이 좋아지기 때문

㉰ 압력중심의 이동이 적기 때문

㉱ 날개시위의 방향으로 공기흐름 속도가 작아지기 때문

12. 다음 특성은 동안정성을 나타낸 것이다. 바른 것은?

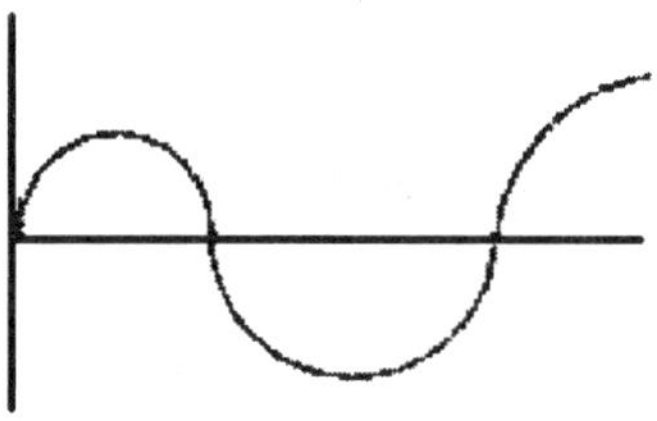

㉮ 동불안정 ㉯ 동안정

㉰ 정적불안정 ㉱ 정적안정

13. 항공기의 무게가 6ton, 양항비가 6, 날개면적 30㎡의 제트기가 해발고도를 960 km/h로 수평비행하고 있을 때의 추력은?

㉮ 7,800 kg ㉯ 7,500 kg

㉰ 6,000 kg ㉱ 1,000 kg

14. 항공기가 공기밀도 0.18$kgf \cdot sec^2/m^4$인 고도에서 680 km/h의 속도로 비행하고 있다. 항공기의 부딪히는 동압은 얼마인가?

㉮ 1,284.4 kg/m^2

㉯ 1,333.0 kg/m^2

㉰ 1,675.9 kg/m^2

㉱ 3,211.0 kg/m^2

15. 날개 끝의 붙임각을 날개 뿌리의 붙임각보다 크게 하거나 작게 한 것은?
㉮ 뒤젖힘각
㉯ 쳐든각
㉰ 붙임각
㉱ 기하학적 비틀림

16. 초음속이라 함은 보통 다음 범위의 마하수를 말한다. 맞는 것은?
㉮ 1.1〈M〈1.5　　㉯ 0.8〈M〈1.2
㉰ 1.2〈M〈5.0　　㉱ 5.0〈M〈7.0

17. 프로펠러의 진행율이란?
㉮ 프로펠러의 유효피치와 프로펠러 지름과의 비
㉯ 추력과 토크와의 비
㉰ 프로펠러의 기하피치와 유효피차와의 비
㉱ 프로펠러의 기하피치와 프로펠러 지름과의 비

18. 프로펠러의 회전 깃단 마하수는 어떻게 정의되는가? (n=프로펠러 회전수(rps), D=프로펠러 지름, a=음속)
㉮ $\frac{\pi n}{a}$　　㉯ $\frac{2\pi n}{a}$
㉰ $\frac{\pi nD}{a}$　　㉱ $\frac{2\pi nD}{a}$

19. 다음 중 에어포일의 호칭법으로 틀린 것은?
㉮ NACA 4자 계열
㉯ NACA 5자 계열
㉰ NACA 400자 계열
㉱ CLARK Y

20. 항공기에서 사용되는 실용상승온도란 상승률이 얼마가 되는 고도인가?
㉮ 0.1 m/s　　㉯ 0.5 m/s
㉰ 1.0 m/s　　㉱ 1.5 m/s

항공역학 실전문제 제2회

1. 사이드 슬립(side slip)에 의한 롤링 모멘트 변화에 가장 크게 작용하는 것은?
   ㉮ 에어론 ㉯ 안정판
   ㉰ 후퇴각 ㉱ 상반각

2. 항공기에 작용하는 항력은?
   ㉮ 항력계수의 제곱에 비례
   ㉯ 밀도에 반비례
   ㉰ 면적의 제곱에 비례
   ㉱ 공기유속의 제곱에 비례

3. 실용상승한계에서 항공기의 상승률은?
   ㉮ 0.5 m/s ㉯ 10 m/s
   ㉰ 15 m/s ㉱ 50 m/s

4. 프로펠러의 회전에 의한 원심력이 깃각에 주는 영향은?
   ㉮ 깃각을 작게
   ㉯ 깃각을 일정
   ㉰ 깃각을 크게
   ㉱ 영향을 주지 않음

5. 기체의 세로축과 날개의 시위선이 이루는 각은?
   ㉮ 쳐진각 ㉯ 뒤젖힘각
   ㉰ 쳐든각 ㉱ 붙임각

6. 항공기의 세로 안정성에 대한 설명으로 틀린 것은?
   ㉮ 무게중심 위치가 공기역학적 중심보다 전방에 위치할수록 안정성이 좋다.
   ㉯ 날개가 무게중심 위치보다 높은 위치에 있을 때 안정성이 좋다.
   ㉰ 꼬리날개의 면적이 크면 안정성이 좋다.
   ㉱ 꼬리날개 효율이 작으면 안정성이 좋다.

7. 프로펠러 구동계통에서 Free Wheelling Unit의 주목적은?
   ㉮ rotor brake를 풀어서 시동을 가능하게
   ㉯ 엔진을 정지하거나 특정 로터의 rpm보다 느릴 때 기관축을 로터로부터 분리한다.
   ㉰ 시동중에 로터 브레이크의 굽힘응력 제거
   ㉱ 착륙을 위해 엔진의 과회전 허용

8. 중량이 2,000 kg인 항공기가 20 m/s의 속도로 비행할 때 양항비는 8이다. 이 때의 출력은 얼마인가? ($kg \cdot m/s$)

㉮ 4,000 ㉯ 4,500
㉰ 5,000 ㉱ 6,000

9. 캠버가 증가하면 양력계수와 항력계수 사이에는 어떤 관계가 성립되는가?
㉮ 양력계수 증가, 항력계수 감소
㉯ 양력계수 감소, 항력계수 증가
㉰ 양력계수 감소, 항력계수 감소
㉱ 양력계수 증가, 항력계수 증가

10. 어떤 활공기가 1km 상공을 활공각 30°로 활공하고 있다. 이 활공기의 대기속도가 100 km/h일 때 침하속도는?
㉮ 5 ㉯ 20
㉰ 25 ㉱ 50

11. 층류형 날개골에서 층류에서 난류로 바뀌는 것을 방지하는 목적은 무엇을 감소시키기 위한 것인가?
㉮ 간섭항력 ㉯ 마찰항력
㉰ 웨이브항력 ㉱ 조파항력

12. 뒷전 플랩의 종류가 아닌 것은?
㉮ 단순 플랩 ㉯ 파울러 플랩
㉰ 스플릿 플랩 ㉱ 크루거 플랩

13. 속도가 100 m/s이고 비행속도와 유도속도의 합이 120 m/s이다. 밀도가 0.125 $kg \cdot s^2/m^4$, 면적이 2 m^2일 때 추력은?
㉮ 300 ㉯ 600
㉰ 1000 ㉱ 1200

14. 풍동시험에서 속도가 360 km/h, 동점성계수가 0.15 cm^2/s일 때, 앞전에서 0.3 m 떨어진 곳의 레이놀즈수는 얼마인가?
㉮ 1×10^5 ㉯ 2×10^5
㉰ 1×10^6 ㉱ 2×10^6

15. 착륙거리를 짧게 하기 위한 설명으로 가장 올바른 것은?
㉮ 항력을 작게 한다.
㉯ 착륙속도를 크게 한다.
㉰ 마찰이 큰 활주로에 착륙한다.
㉱ 활주시 비행기 양력을 크게 한다.

16. 대부분의 헬리콥터 회전날개는 받음각의 변화에 따른 풍압중심의 이동을 방지하기 위하여 어떠한 날개골을 사용하는가?
㉮ 앞전반지름이 큰 날개골
㉯ 대칭형 날개골
㉰ 두께가 두꺼운 날개골
㉱ 캠버가 작은 날개골

17. 프로펠러 항공기의 진행율이란?
㉮ 추력과 토크와의 비
㉯ 프로펠러의 실효피치와 기하피치와의 차
㉰ 프로펠러의 실효피치와 프로펠러 지름과의 비

㉣ 프로펠러의 기하피치와 프로펠러 지름과의 비

18. 항공기 중량이 5,000 kg, 날개 면적이 30 m^2, 실속속도가 100 m/s에서 양력계수를 구하라.
(단, $\rho = 1/8$)

㉮ 0.2 ㉯ 0.27
㉰ 0.3 ㉱ 0.42

19. NACA 4512의 "4"는 무엇을 표시하는가?

㉮ 두께비 4%
㉯ 최대 캠버가 시위의 4%
㉰ 최대 캠버의 위치가 4%
㉱ 항력이 적은 날개골

20. 정상수평비행에서 평형(trim) 상태인 때의 피칭모멘트계수 C_{Mcg}의 값은 얼마인가?

㉮ $C_{Mcg}=-1$ ㉯ $C_{Mcg}=0$
㉰ $C_{Mcg}=1$ ㉱ $C_{Mcg}=2$

항공역학 실전문제 제3회

1. 날개 윗표면에 천이(transition)현상이 일어나는데 이 현상은 다음 중 어느 것인가?
   ㉮ 흐름이 표면에서 떨어져 박리되는 현상
   ㉯ 흐름이 표면과 나란히 흘러가는 현상
   ㉰ 흐름이 시간의 변화에 따라 속도가 변하는 현상
   ㉱ 층류경계층에서 난류경계층으로 변하는 현상

2. NACA 0009 날개골에 대한 바른 설명은?
   ㉮ 대칭형 날개골이다.
   ㉯ 비대칭형 날개골이다.
   ㉰ 초음속 날개골이다.
   ㉱ 다이아몬드형 날개골이다.

3. 헬리콥터가 지면효과를 현저하게 느끼는 것은 언제인가?
   ㉮ 지면에서 브레이드 회전면까지의 높이가 회전날개의 직경이하일 때
   ㉯ 지면에서 기체 랜딩기어까지의 높이가 회전날개의 직경이하일 때
   ㉰ 지면에서 브레이드 회전면까지의 높이가 회전날개 직경의 1/4이하일 때
   ㉱ 지면에서 브레이드 회전면까지의 높이가 회전날개 직경의 1/2이하일 때

4. 날개 면적에 $50m^2$인 항공기가 $200km/h$의 속도로 양력계수가 0.6이 되는 자세로서 수평비행하는 경우에 이 비행기의 총중량은 몇 kg이 되는가?
   ㉮ 1,156 ㉯ 8,750
   ㉰ 5,787 ㉱ 1,040

5. 양항비가 12인 활공기가 고도 2,400m에서 활공할 때 최대수평도달거리는 얼마인가?
   ㉮ 4,400 ㉯ 24,000
   ㉰ 28,800 ㉱ 48,000

6. 면적이 일정한 상태에서 날개 SPAN의 길이가 증가할 때 어떠한가?
   ㉮ 유도항력이 증가한다.
   ㉯ 유도항력이 감소한다.
   ㉰ 유도항력은 변함이 없고 양력이 커진다.
   ㉱ 항공역학과 관련이 없다.

7. 직경이 2m인 프로펠러 중심에서 40cm 떨어진 곳에 무차원 깃 스테이션은?

㉮ 0.2　㉯ 0.4
㉰ 0.6　㉱ 0.8

8. 다음 중에서 앞전 플랩의 종류가 아닌 것은?

㉮ 슬랫　㉯ 드루프 앞전
㉰ 크루거 플랩　㉱ 파울러 플랩

9. 도살핀(dorsal fin)에 대한 맞는 설명은?

㉮ 수직꼬리날개의 유효면적을 감소시켜 방향안정을 준다.
㉯ 큰 옆미끄럼각에서도 방향안정을 유지하는 효과를 얻는다.
㉰ 옆미끄럼에 의한 수직꼬리날개의 실속발생시 빗놀이 모멘트를 발생시켜 정적안정을 준다.
㉱ 비대칭출력 때문에 발생되는 빗놀이각의 감소경향을 고려하여 정적 방향안정을 준다.

10. 그림과 같이 상대적으로 갑작스런 실속이 일어나는 특성을 갖는 날개골은?

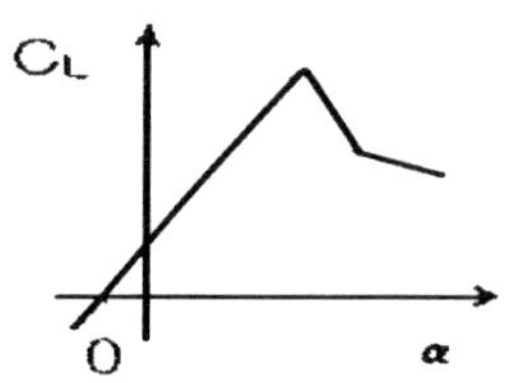

㉮ 두께가 두꺼운 날개골
㉯ 앞전반지름이 큰 날개골
㉰ 캠버가 큰 날개골
㉱ 레이놀즈수가 작은 날개골

11. 헬리콥터 수직 비행시 사용하는 것은?

㉮ 회전 경사판을 경사지게 한다.
㉯ 콜렉티브 피치조종레버에 의해
㉰ 사이클릭 피치조정레버에 의해
㉱ 주회전날개의 회전수를 증가시킨다.

12. 프로펠러 깃 단면에서 추력에 해당하는 값은?(L : 깃요소 양력, d : 깃요소 항력, α : 받음각, β : 깃각, φ : 유입각)

㉮ $L\cos\alpha$
㉯ $L\cos\alpha - d\sin\alpha$
㉰ $L\cos\beta - d\sin\beta$
㉱ $L\cos\phi - d\sin\phi$

13. 비행기 기체축에서 X축에 관한 모멘트는?

㉮ 옆놀이 모멘트
㉯ 키놀이 모멘트
㉰ 빗놀이 모멘트
㉱ 옆놀이 모멘트 및 키놀이 모멘트

14. 이상 유체란?

㉮ 점성의 영향을 무시
㉯ 온도변화가 없을 것
㉰ 흐름속도가 일정할 것
㉱ 압력변화가 없을 것

15. 최대이륙중량이란 무엇인가?
㉮ 총무게에서 연료 무게를 제외한 무게이다.
㉯ 항공기가 이륙할 때 최대 중량이다.
㉰ 항공기가 착륙할 때 최대 중량이다.
㉱ 항공기의 무게 계산시 기초가 되는 무게이다.

16. 양력 항력곡선에 대한 가장 올바른 설명은?
㉮ 장거리 활공비행은 A점에서 활공하는 것이 좋다.
㉯ 장거리 활공비행은 C점에서 활공하는 것이 좋다.

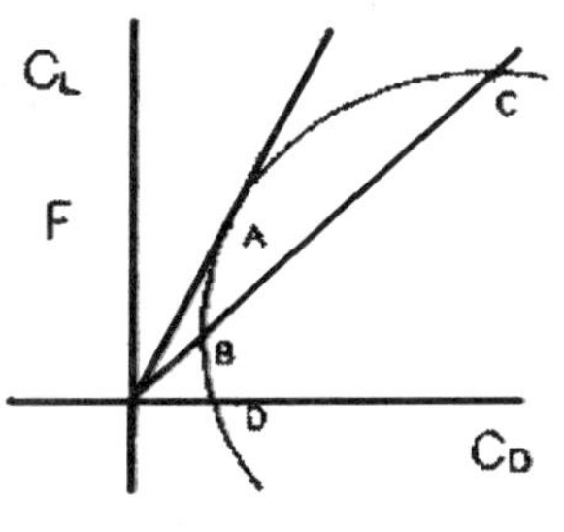

㉰ 수평활공비행은 D점에서 하는 것이다.
㉱ 수직활공비행은 F점에서 하는 것이다.

17. 비행기의 항속거리를 나타내는 것은?
(R : 항속거리, B : 연료탑재량, V : 순항속도, P : 순항중의 기관의 출력, t : 항속시간, C : 마력당 1시간에 소비하는 연료량)
㉮ $R = \frac{V}{t}$ ㉯ $R = \frac{C \cdot P}{V \cdot B}$
㉰ $R = V\frac{B}{C \cdot P}$ ㉱ $R = P\frac{B}{C \cdot V}$

18. 프로펠러 항공기의 비행속도가 V, 회전수가 Nrpm 일 때, 이 항공기 프로펠러의 유효 피치는?
㉮ $\frac{VN}{60}$ ㉯ $\frac{60N}{V}$
㉰ $\frac{60V}{N}$ ㉱ $\frac{N}{60V}$

19. 다음 대기권의 구조중 열권에 대한 바른 설명이 아닌 것은 무엇인가?
㉮ 중간권 위에 있다.
㉯ 각분자, 원자는 지상에서 발사된 탄환과 같이 궤적운동을 한다.
㉰ 극광이나 유성이 길게 밝은 빛의 꼬리를 남긴다.
㉱ 전리층이 있다.

20. 4,000kg인 항공기가 선회경사각 60°로 선회비행시 하중 배수는 2이다. 이 비행기의 양력은 얼마인가?
㉮ 2,000 ㉯ 4,000
㉰ 6,000 ㉱ 8,000

항공역학 실전문제 제 4 회

1. 공중정지비행시 헬리콥터의 방향을 변경시키기 위한 방법은?
   ㉮ 회전날개(rotor blades)의 회전수를 변경시킨다.
   ㉯ 회전날개(rotor blades)의 피치각을 변경시킨다.
   ㉰ 테일로터의 추력을 가감시킨다.
   ㉱ 회전날개의 코닝각을 변경시킨다.

2. 진대기속도(TAS)와 등가대기속도(EAS)의 상관 관계는?
   ㉮ $TAS = EAS\sqrt{\rho}$
   ㉯ $TAS = EAS\rho_0$
   ㉰ $TAS = EAS\sqrt{\frac{\rho_0}{\rho}}$
   ㉱ $TAS = EAS\rho^2$

3. 프로펠러 날개 제작시 고려하지 않아도 되는 것은?
   ㉮ 이륙성능　　㉯ 상승성능
   ㉰ 착륙성능　　㉱ 순항성능

4. 중량 5,000kg의 항공기가 해발고도에서 잉여마력 50HP일 때 상승률은 얼마(m/min)인가?
   ㉮ 35　　㉯ 45
   ㉰ 57　　㉱ 62

5. 뒤젖힘각을 올바르게 설명한 것은?
   ㉮ 25% 되는 점들을 날개뿌리에서 날개끝까지 연결한 직선과 기체의 가로축이 이루는 선
   ㉯ 날개가 수평을 기준으로 위로 올라간 각도
   ㉰ 기체의 세로축과 시위선이 이루는 각
   ㉱ 날개끝의 붙임각을 날개 뿌리의 붙임각보다 크게 한다.

6. 비압축성이란 공기의 (　　)변화를 무시할 수 있다는 것이다. (　　)에 알맞은 것은?
   ㉮ 밀도　　㉯ 온도
   ㉰ 압력　　㉱ 점성

7. 항공기가 선회속도 20 m/s로 선회각 30°상태에서 (g=9.8 m/s^2) 선회 비행하는 경우 선회반경은 몇 m 정도인가?
   ㉮ 50m　　㉯ 70m
   ㉰ 90m　　㉱ 110m

8. 항공기가 기관정지 상태에서 수직강하하고 있을 때 도달할 수 있는 최대속도를 종극속도라 한다. 종극속도는 어떠한 상태에 이를 때의

속도를 말하는가?

㉮ 총중량과 양력이 같아지는 경우

㉯ 총중량과 양력이 없는 상태에서 항력과 같은 경우

㉰ 양력의 수평분력과 항력의 수직분력이 같다.

㉱ 양력과 항력이 같아진다.

9. 필요마력이 최소가 되는 비행속도는 어느 것인가?

㉮ 이륙속도

㉯ 최대항속거리속도

㉰ 최대속도

㉱ 최대항속시간속도

10. 총중량 800 kgf, 엔진출력 160 HP, 회전날개 반경 2.8 m 회전날개깃 수가 2개 일 때 원판하중은 몇 kgf/m^2인가?

㉮ 28.5 ㉯ 30.5

㉰ 32.5 ㉱ 35.5

11. 다음 중에서 파울러 플랩(fowler flap)의 양력 발생원리는?

① 날개면적증가	② 캠버의 변화
③ 받음각 증가	④ 경계층 제어

㉮ 1, 3 ㉯ 1, 2

㉰ 1, 2, 3 ㉱ 2, 3, 4

12. 무게중심 C.G의 틀린 점은 무엇인가?

㉮ 운용한계 지정서에 중심위치의 허용최전방과 최후방의 위치가 명시되어 있다.

㉯ 비행기는 이륙 전에 중량배분이 한계내에 들어 있는지 확인하고 출항한다.

㉰ 항공기 대수리 후에는 평형작업을 해야 한다.

㉱ 중심은 이륙시 운용 한계 내에서 뒤에 오도록 하는 것이 조종이 용이하다.

13. 제트기의 실제적 이륙거리는?

㉮ 지상활주거리

㉯ 지상활주거리를 제외한 장애물고도(10.7m)까지의 상승거리

㉰ 지상활주거리+장애물고도(10.7m) 상승거리

㉱ 지상활주거리+장애물고도(15m) 상승거리

14. 동력이 800HP, 프로펠러 직경이 6.9ft, 회전속도가 2800rpm일 때 동력계수를 구하라.

㉮ 0.1348 ㉯ 0.01348

㉰ 0.00672 ㉱ 0.0672

15. 최대양력계수가 큰 날개단면을 갖는 항공기는 어떤 특성을 갖는가?

㉮ 착륙속도는 감소하는 반면에 이륙속도는 증가한다.

㉯ 착륙속도는 증가하는 반면에 이륙

속도는 감소한다.

㉰ 착륙속도와 이륙속도는 증가한다.

㉱ 착륙속도와 이륙속도는 감소한다.

16. 날개의 면적이 20 m^2이고 길이가 12m일 때 가로세로비는?

㉮ 8　　㉯ 7.2

㉰ 6　　㉱ 1.7

17. 프로펠러 깃 단면에 유입되는 합성속도의 크기는?

㉮ $V_t = \sqrt{v^2(\pi n r^2)}$

㉯ $V_t = \sqrt{v^2 + (\pi n r)^2}$

㉰ $V_t = \sqrt{v^2 - (2\pi n r^2)}$

㉱ $V_t = \sqrt{v^2 + (2\pi n r)^2}$

18. 다음에서 수식이 잘못된 것은?

㉮ 유도항력계수 $= C_{di} = \dfrac{C_L^2}{\pi e AR}$

㉯ 유도 받음각 $= \alpha_i = \dfrac{C_L}{\pi e AR}$

㉰ 날개의 항력계수 $= C_D = C_{D_0} + C_{D_i}$

㉱ 양항비 $= \dfrac{L}{D} = \dfrac{C_L}{\pi e AR}$

19. 4자 계열 날개골은 최대 두께가 시위길이의 몇 % 정도에 위치한 날개골인가?

㉮ 10%　　㉯ 20%

㉰ 30%　　㉱ 40%

20. 비행기 수직꼬리 날개 앞 동체에 붙어있는 도살핀의 역할은?

㉮ 가로 안정성을 좋게 해준다.

㉯ 세로 안정성을 좋게 해준다.

㉰ 방향 안정성을 좋게 해준다.

㉱ 구조 강도를 좋게 해준다.

항공역학 실전문제 제5회

1. 항공기의 무게가 5,000kg이고 받음각이 4°인 상태로 등속수평 비행을 하고 있을 때, 이 항공기의 항력은 얼마인가? (단, 받음각 4°에서의 양항비는 20)
   ㉮ 250kg ㉯ 500kg
   ㉰ 750kg ㉱ 1,000kg

2. 점성영향으로 해서 회전원통 주위의 공기를 irrotation 운동순환하고 있는 원통중심에서 2m 되는 지점에서 속도가 20m/s일 때, vor tex의 세기 Γ는 얼마인가?
   ㉮ 251 m^2/s ㉯ 126 m^2/s
   ㉰ 80 m^2/s ㉱ 40 m^2/s

3. 날개의 양력분포가 타원인 항공기의 $C_L=1.2$이고 가로세로비가 6일 때 유도항력계수는?
   ㉮ 1.076 ㉯ 1.012
   ㉰ 0.076 ㉱ 0.012

4. 항공기가 trim상태로 비행하고 있다는 것은?
   ㉮ $C_D=C_L$인 상태
   ㉯ $C_{Mc.g}>0$인 상태
   ㉰ $C_{Mc.g}=0$인 상태
   ㉱ $C_{Mc.g}<0$인 상태

5. 양력 발생의 원리를 직접적으로 설명할 수 있는 원리는?
   ㉮ 파스칼의 원리
   ㉯ 작용·반작용의 원리
   ㉰ 베르누이의 원리
   ㉱ 에너지 보존의 원리

6. 이륙시 활주거리를 단축하기 위한 고려사항 중 적당한 것은?
   ㉮ 실속속도를 크게 하기 위하여 플랩을 작동한다.
   ㉯ 가속력을 크게 하기 위하여 최대 추력을 낸다.
   ㉰ 항력을 감소시키기 위하여 양항비를 크게 한다.
   ㉱ 실속속도를 작게 하기 위하여 양항비를 높인다.

7. 헬리콥터의 무게가 7,500lb이고, blade를 3개 장착할 경우 하나의 blade에서 발생해야 할 최소한의 능력은?
   ㉮ 1,500lb ㉯ 2,000lb
   ㉰ 2,500lb ㉱ 3,000lb

8. Propeller slip이란?
㉮ 고피치와 저피치의 각의 비
㉯ 진행율과 프로펠러 효율의 비
㉰ 기하피치와 유효피치의 차를 기하 피치로 나눈 것
㉱ 기하피치와 유효피치의 차

9. 비행기가 등속도 수평비행중일 때 작용하는 하중 계수는 얼마인가?
㉮ 0 ㉯ 0.5
㉰ 1 ㉱ 1.8

10. 프로펠러 깃각이 β일 때 기하학적 피치는?
㉮ $\frac{\pi D}{2}\tan\beta$ ㉯ $\pi D\tan\beta$
㉰ $\frac{\pi D}{2}\sin\beta$ ㉱ $\pi D\sin\beta$

11. 층류에서 난류로의 현상을 천이(transition)라 할 때 이를 좌우하는 요소가 아닌 것은 무엇인가?
㉮ 처음 흘러 들어가는 흐름에 난류의 존재여부
㉯ 레이놀즈수의 크기
㉰ 흐름에 놓인 평판의 길이
㉱ 흐름의 진동

12. 항공기의 상승률(Rate of Climb)이란?
㉮ $\frac{\text{이용마력} - \text{필요마력}}{\text{항공기의 중량}}$
㉯ $\frac{\text{이용마력} - \text{필요마력}}{\text{항공기의중량}^2}$
㉰ $\frac{\text{이용마력} - \text{필요마력}}{\text{날개의 면적}^2}$
㉱ $\frac{\text{이용마력} - \text{필요마력}}{\text{날개의 면적}^2}$

13. 프로펠러 깃각을 감소시키는 경향을 갖는 요소는?
㉮ 원심력에 의한 비틀림 모멘트
㉯ 회전력에 의한 굽힘 모멘트
㉰ 공기력에 의한 비틀림 모멘트
㉱ 추력에 의한 굽힘 모멘트

14. 일반적인 정상선회비행시 비행기에 작용하는 힘의 설명 중 올바른 것은 무엇인가?
㉮ 원심력＝양력
㉯ 구심력＝항력
㉰ 원심력＝구심력
㉱ 원심력＝항력

15. 경계층 제어법 중 camber를 변화시키지 않는 경우는 무엇인가?
㉮ moveable slat
㉯ slot
㉰ leading edge flap
㉱ trailing edge flap

16. 와류발생장치(Vortex Generator)의 목적은 무엇인가?
㉮ 층류 유지
㉯ 익단실속 방지
㉰ 불규칙 흐름 제거
㉱ 항력 감소

17. NACA 23015에서 “3”의 뜻은?
㉮ 최대 캠버의 크기가 시위선의 3%
㉯ 최대 캠버의 위치가 시위선의 3%
㉰ 최대 캠버의 위치가 시위선의 15%
㉱ 최대 두께의 위치가 시위선의 15%

18. 세로안정성을 좋게 하기 위한 조건 중 가장 부적당한 것은?
㉮ 중심위치가 날개 공력중심 전방에 위치하면 안정성이 증가한다.
㉯ 날개가 중심보다 높은 위치(high wing)에 있으면 안정성이 증가한다.
㉰ 꼬리날개 면적이 증가하면 안정성이 증가한다.
㉱ 중심위치는 날개의 공력중심 후방에 위치하고, 날개 중심보다 낮은 위치에 있어야 좋다.

19. 비행기의 옆놀이(Rolling) 안정성에 가장 관계가 먼 것은?
㉮ 큰날개(main wing)의 쳐든각(Diheadral Effect)
㉯ 큰날개(main wing)의 후퇴각(Sweep Back Angle)
㉰ 수평꼬리날개
㉱ 수직꼬리날개

20. 프로펠러에서 기하학적 피치란?
㉮ 1초 동안 전진한 거리
㉯ 1회전 동안의 전진한 거리
㉰ 비행속도/깃 끝의 회전속도
㉱ 1초 동안의 전진거리/비행속도

항공역학 실전문제 제 6 회

1. 임계 Reynolds수를 가장 올바르게 표현한 것은?
   ㉮ 박리가 일어나는 Reynolds수
   ㉯ 천이가 일어나는 Reynolds수
   ㉰ 아음속에서 천음속으로 바뀌는 Reynolds수
   ㉱ 충격파가 일어나는 Reynolds수

2. 영각이 커지면 풍압중심은 일반적으로 어떻게 되는가?
   ㉮ 앞전쪽으로 이동한다.
   ㉯ 뒷전쪽으로 이동한다.
   ㉰ 기류의 상태에 따라 전연이나 뒷전쪽으로 이동한다.
   ㉱ 풍압중심은 영각에 무관하게 일정한 위치가 된다.

3. 유체내에 있는 물체의 항력요인과 관계없는 것은?
   ㉮ 유체의 밀도
   ㉯ 물체의 작용면적
   ㉰ 유체의 속도
   ㉱ 물체의 길이

4. 비행기가 표준 해발고도에서 170 m/s속도로 비행하여 날개 상면의 임의의 점의 압력이 0.735 kg/cm^2이었다. 이 지역의 압력계수는 얼마인가? (단, 이 때의 대기압은 1.0332 kg/cm^2이다.)
   ㉮ −1.651　　㉯ −1.602
   ㉰ 0.408　　㉱ 0.628

5. 비행기의 무게 5000 kg 날개면적이 20 m^2인 비행기가 해면상을 수평 등속도 비행한다. 양항비가 4일 때 추력은?
   ㉮ 1250 kg　　㉯ 1740 kg
   ㉰ 2050 kg　　㉱ 2170 kg

6. 비행기의 받음각이 커질 때 무게중심에 대한 키놀이 모멘트가 증가하면 비행기는 어떻게 되는가?
   ㉮ 안정
   ㉯ 불안정
   ㉰ 중립
   ㉱ 아무런 관련이 없다.

7. 비행기의 받음각이 외부 교란을 받아 진동을 시작하여 점차적으로 진동이 감소하여 처음의 상태로 돌아가는 것을 가장 올바르게 표현한 것은?
   ㉮ 정적안정　　㉯ 동적안정

㉰ 동적불안정 ㉱ 정적불안정

8. 실용 상승한도란 어느 것인가?
㉮ 항공기의 상승률이 0 m/s인 고도
㉯ 항공기의 상승률이 100 ft/min인 고도
㉰ 항공기의 상승률이 100 m/min인 고도
㉱ 항공기의 상승률이 0.5 ft/s인 고도

9. 비행기의 중량이 4,500 kg이고 주날개면적이 50 m^2이다. 비행기의 고도가 해면일 때 비행기의 최소속도 Vmin을 구하면?
(단, 이 때 비행기의 $C_{Lmax}=1.6$, $\rho=0.125\ kgf\cdot\sec^2/m^4$이다.)
㉮ 30 m/s ㉯ 40 km/h
㉰ 100 m/s ㉱ 120 km/h

10. 헬리콥터 회전날개(rotor blade)에 적용되는 기본 힌지(hinge)는?
㉮ 플래핑(flapping)힌지, 페더링(feathering)힌지, 전단(shear)힌지
㉯ 플래핑 힌지, 페더링 힌지, 항력(leadlag)힌지
㉰ 페더링 힌지, 항력 힌지, 전단 힌지
㉱ 플래핑 힌지, 항력 힌지, 경사(slope)힌지

11. 착륙거리를 짧게 하기 위한 고항력 장치가 아닌 것은?
㉮ 지상 스포일러(ground spoiler)
㉯ 역추진 장치(thrust reverser)
㉰ 드래그 슈트(drag chute)
㉱ 경계층 제어 장치

12. 항공기의 이륙 무게가 50000 kg이고, 날개면적이 250 m^2, 최대양력계수 $C_{Lmax}=1.5$, 이륙속도는 실속속도의 1.4배이다. 추력에서 항력과 마찰력을 뺀 평균가속력이 4500 kg이다. 이 때 이륙활주거리를 구하면?
㉮ 1100m ㉯ 1170m
㉰ 1210m ㉱ 2370m

13. 항공기의 Airfoil의 요구조건은?
㉮ 항력계수가 클 것
㉯ 무양력 모멘트가 클 것
㉰ 양력계수가 클 것
㉱ 양력계수가 작을 것

14. 항공기의 가로세로비(Aspect ratio)를 나타낸 식이 아닌 것은?(단, b : 날개의 길이, c : 시위의 길이, s : 날개의 면적)
㉮ $\frac{b}{c}$ ㉯ $\frac{b^2}{s}$
㉰ $\frac{s}{c^2}$ ㉱ $\frac{c^2}{s}$

15. 공기 흐름속에 물체가 놓여 있을 때 공기의 입자가 받는 변화로 가장 적당한 것은?

㉮ 속도 및 흐름의 방향에 대한 변화
㉯ 밀도 및 흐름의 방향에 대한 변화
㉰ 온도 및 흐름의 방향에 대한 변화
㉱ 무게 및 흐름의 방향에 대한 변화

16. 비행기 조종실의 조종간을 뒤로 당기고 왼쪽으로 돌리면 우측의 도움날개와 수평꼬리날개 승강키의 운동 설명으로 가장 올바른 것은?
㉮ 우측 도움날개는 아래로, 승강키는 위로
㉯ 우측 도움날개는 위로, 승강키는 아래로
㉰ 우측 도움날개는 아래로, 승강키는 아래로
㉱ 우측 도움날개는 위로, 승강키는 위로

17. 헬리콥터를 전진시키는 힘으로 가장 올바른 것은?
㉮ 회전판을 경사시켜 발생하는 추력의 수평성분
㉯ 로우터 블레이드에서 나오는 유도속도 성분
㉰ 테일 로우터의 회전력
㉱ 터보샤프트 엔진의 배기가스 추력

18. 프로펠러 회전력이 일정하다면, 깃 끝으로 갈수록 깃각의 변화는?
㉮ 작아진다.
㉯ 일정하다.
㉰ 커진다.
㉱ 중간 부분이 최대가 된다.

19. 프로펠러 회전면을 기준으로 한 좌표계를 설정하여 주변 유동을 분석할 때, 이상적인 프로펠러의 효율은? (단, V_1 : 비행속도, V_2 : 회전면에서의 상대유속, V_3 : 후류에서의 상대유속)
㉮ V_2/V_1 ㉯ V_3/V_1
㉰ V_1/V_2 ㉱ V_1/V_3

20. 프로펠러 추력계수 C_T을 나타내는 것은?
(단, T : 추력, n : 초당 회전수, D : 직경, ρ : 밀도, V : 비행속도)
㉮ T/n^2D^4 ㉯ T/n^2D^5
㉰ $T/\rho n^2D^4$ ㉱ $T/\rho n^2D^5$

항공역학 실전문제 제7회

1. 비행기가 300m/sec의 속도로 30° 상승각을 유지한 채 상승 중이다. 수직상승속도 즉 상승률은?
   ㉮ 100 m/s ㉯ 150 m/s
   ㉰ $150\sqrt{3}$ m/s ㉱ 200 m/s

2. 고정피치 프로펠러 비행기가 속도 증가할 때의 변화로 올바른 것은?
   ㉮ 깃각이 증가한다.
   ㉯ 깃각이 감소한다.
   ㉰ 깃의 받음각이 증가한다.
   ㉱ 깃의 받음각이 감소한다.

3. 비행기가 하강 비행하는 동안 조종간을 당겨 기수를 올리려할 때 예상한 정도 이상으로 기수가 올라가는 현상은?
   ㉮ 더치롤 ㉯ 턱언더
   ㉰ 피치업 ㉱ 윙드롭

4. 선회비행시 선회반지름을 작게 하는 방법으로 올바른 것은?
   ㉮ 비행속도를 증가시킨다.
   ㉯ 저고도로 선회 비행한다.
   ㉰ 선회각을 줄여준다.
   ㉱ 날개면적을 줄여준다.

5. 양력발생과 무관하게 비행시 생기는 항력이 아닌 것은?
   ㉮ 조파항력 ㉯ 유도항력
   ㉰ 마찰항력 ㉱ 압력항력

6. NACA 23015에서 최대캠버의 위치는?
   ㉮ 20% ㉯ 15%
   ㉰ 10% ㉱ 30%

7. 고도가 증가할수록 상승률은 감소하게 된다. 절대상승한계에서의 이용마력과 필요마력사이의 관계는?
   ㉮ 이용마력이 필요마력보다 크다.
   ㉯ 이용마력이 필요마력보다 작다.
   ㉰ 이용마력과 필요마력이 같다.
   ㉱ 이용마력과 필요마력은 상승률과 무관하다.

8. 항력버켓에 대한 설명으로 올바른 것은?
   ㉮ 양, 항곡선에서 특정한 양력계수 범위에서 항력계수가 작아지는 구간을 말한다.
   ㉯ 양, 항곡선에서 특정한 항력계수 범위에서 항력계수가 작아지는 구간을 말한다.

㉰ 양, 항곡선에서 특정한 항력계수 범위에서 양력계수가 작아지는 구간을 말한다.

㉱ 양, 항곡선에서 특정한 양력계수 범위에서 양력계수가 작아지는 구간을 말한다.

9. 고도 5000m 상공에서 날개면적이 100 m^2인 비행기가 150m/s로 등속비행하고 있다. 이 비행기의 필요마력은?
(단, $\rho = 0.070 kgf \cdot s^2/m^4$, $C_d = 0.02$ 이다.)

㉮ 1890 Ps ㉯ 2500 Ps
㉰ 3150 Ps ㉱ 3250 Ps

10. 헬리콥터 회전깃(rotor blade)을 비틀어 주는 효과로 알맞은 것은?

㉮ 정지비행시 회전면을 통과하는 유도속도를 균일하게 해줌.
㉯ 회전깃의 강도를 강하게 해준다.
㉰ 회전깃의 와류영향을 줄여준다.
㉱ 회전깃의 회전속도를 증가시켜 준다.

11. 동적세로안정으로서 비행속도에 무관하게 생기는 진동으로서 주기가 0.5~5초인 진동은 무엇인가?

㉮ 장주기 운동
㉯ 단주기 운동
㉰ 승강키 자유운동
㉱ 도움날개 자유운동

12. 방향키 부유각이란?

㉮ 조종간을 밀었을 때 공기력에 의해 방향키가 변위되는 각
㉯ 조종간을 당겼을 때 공기력에 의해 방향키가 변위되는 각
㉰ 조종간을 고정시 공기력에 의해 방향키가 변위되는 각
㉱ 조종간을 자유롭게 하였을 때 공기력에 의해 자유로이 변위되는 각

13. 헬리콥터에서 유도속도란 무엇인가?

㉮ 정지비행시 회전깃 회전면 하류의 풍압
㉯ 회전면 하류의 풍압
㉰ 회전면 하류의 속도
㉱ 회전면 상류의 공기흐름

14. 총중량 6ton, 날개면적 30 m^2의 제트항공기가 950 km/h의 속도로 등속 수평 비행하고 있다. 이때 양항비는 6이다. 추력 T는 얼마인가?

㉮ 7800 ㉯ 7500
㉰ 6000 ㉱ 1000

15. 아음속흐름이 도관을 흐를 때 흐름 면적이 증가한다면 이 때 전압 변화는?

㉮ 증가한다.
㉯ 증가하다 감소한다.
㉰ 감소한다.
㉱ 일정하다.

16. 음속에 대한 설명으로 올바른 것은?
㉮ 고도가 증가할수록 음속은 증가한다.
㉯ 온도가 증가할수록 음속은 증가한다.
㉰ 온도가 증가할수록 음속은 감소한다.
㉱ 밀도가 증가할수록 음속은 감소한다.

17. 프로펠러의 분당 회전속도가 1026 rpm이다. 이때 회전깃의 각속도는?
㉮ 17 deg/sec
㉯ 106 deg/sec
㉰ 750 deg/sec
㉱ 6156 deg/sec

18. 다음 중 옳은 것은?
㉮ 안정성이 커야 좋다.
㉯ 조종성이 좋아야 하기에 적당한 정적안정성이 요구된다.
㉰ 고속기일수록 조종성이 좋아 불안정성이 적다.
㉱ 조종간을 당겼을 때 받음각이 감소하는 경우 불안정한 비행기는 받음각이 감소한다.

19. 프로펠러에 전달되는 동력 P에 대한 회전속도 n과 프로펠러 지름 D의 관계를 올바르게 설명한 것은?
㉮ n의 제곱에 비례하고, D의 제곱에 비례한다.
㉯ n의 제곱에 비례하고, D의 세제곱에 비례한다.
㉰ n의 제곱에 비례하고, D의 네제곱에 비례한다.
㉱ n의 세제곱에 비례하고, D의 오제곱에 비례한다.

20. 항공기 무게중심에 대한 설명이다. 옳은 것은?
㉮ 중심위치는 날개앞면보다 뒷면에 있는 것이 좋다.
㉯ 운용한계에 의하여 전방무게중심한계와 후방무게중심한계 사이에 위치하는 것이 좋다.
㉰ 평균 공력시위의 25% 지점에 위치하는 것이 좋다.
㉱ 위 모두다 맞다.

항공역학 실전문제 제8회

1. 항공기 날개에 상반각을 주게 되면 다음과 같은 특성을 갖게 된다. 다음 중 가장 올바른 것은?
   ㉮ 유도저항을 적게 하고 방향 안정성을 좋게 한다.
   ㉯ 옆미끄럼을 방지하고 가로 안정성을 좋게 한다.
   ㉰ 익단실속을 방지하고 세로 안정성을 좋게 한다.
   ㉱ 선회성능을 향상시키고 가로 안정성을 나쁘게 한다.

2. 프로펠러 깃의 받음각에 영향을 주는 두 가지 요소는?
   ㉮ 깃각과 공기의 탄성력
   ㉯ 비행속도와 깃각
   ㉰ 비행속도와 회전수
   ㉱ 깃각과 회전수

3. 최대 이륙중량과 최대 착륙중량의 제한치에 차이를 둔 비행기가 있다면, 그 이유로 가장 올바른 것은?
   ㉮ 유상하중을 크게 잡기 위해서
   ㉯ 설계의 편의상
   ㉰ 체공 중에 연료를 소비하는 것을 감안하였으므로
   ㉱ 착륙장치의 강도상

4. 비행기의 속도가 2배가 되면 필요한 조종력은 몇 배인가?
   ㉮ 1/2배 ㉯ 변함없다.
   ㉰ 2배 ㉱ 4배

5. 다음과 같은 조건에서 Vmin을 구하면?
   (비행기 중량 6,000kgf, 날개 면적 40 m^2, 밀도 1/2 $kgf \cdot sec^2/m^4$, $C_{Lmax}=1.5$)
   ㉮ 30 ㉯ 20
   ㉰ 18 ㉱ 15

6. 세로 안정성과 가장 관련이 깊은 것은?
   ㉮ 날개
   ㉯ 수평 꼬리날개
   ㉰ 수직 꼬리날개
   ㉱ 도움날개

7. 2단 가변피치 프로펠러의 피치각이 가장 큰 비행상태는?
   ㉮ 이륙 ㉯ 상승
   ㉰ 순항 ㉱ 하강

8. 빗놀이 모멘트를 상쇄시키기 위해 같이 작동시키는 조종 계통은?
   ㉮ 도움날개와 승강키
   ㉯ 승강키와 방향타
   ㉰ 방향타와 도움날개
   ㉱ 도움날개와 플랩

9. 헬리콥터 정지 비행시 회전면에 의해 가속되는 유도속도가 V_1이라면 회전면 후방으로 가속된 공기의 압력이 대기압 (P_0)상태가 되었을 때 그 지점에서의 속도 V_2는 어떻게 되겠는가?
   ㉮ $V_2 = V_1$　　㉯ $V_2 = 2V_1$
   ㉰ $V_2 = 4V_1$　　㉱ $V_2 = 0$

10. 무게가 5,000kgf인 비행기가 경사각 30°로 200km/h의 속도로 정상 선회하는 경우 선회 반지름 R은?
   ㉮ 480m　　㉯ 546m
   ㉰ 672m　　㉱ 880m

11. 프로펠러의 고형비(Solidity)란?
   ㉮ 모든 깃의 부피/프로펠러의 원판 부피
   ㉯ 프로펠러의 원판부피/모든 깃의 부피
   ㉰ 모든 깃의 면적/프로펠러의 원판 면적
   ㉱ 프로펠러의 원판 면적/모든 깃의 면적

12. 경계층 제어와 관계 깊은 날개 요소는?
   ㉮ SLAT
   ㉯ SPLIT FLAP
   ㉰ TAB
   ㉱ SPOILER

13. 어떤 원통관 내 비압축성 흐름에서 입구(A)의 지름이 5cm이고 출구(B)의 지름이 10cm 일 때, A를 지나는 유체 속도가 5m/s이다. 이 때 B를 지나는 유체의 속도는?
   ㉮ 5m/s　　㉯ 2m/s
   ㉰ 1.25m/s　　㉱ 1.0m/s

14. 전진 비행중 헬리콥터의 메인 로우터 블레이드의 각 점에서 받음각의 관계로 가장 올바른 것은?

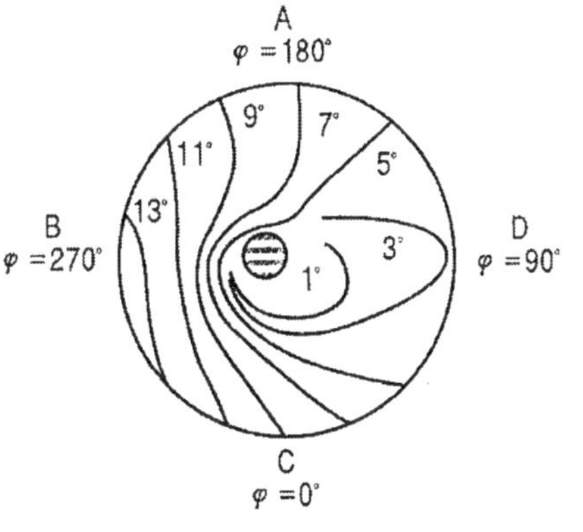

   ㉮ $A > C$, $B = D$
   ㉯ $A = C$, $B < D$
   ㉰ $A = C$, $B > D$
   ㉱ $A < C$, $B = D$

15. 후퇴각을 한 날개의 공력 특성에 대한 설명 내용으로 가장 올바른 것은?

㉮ 후퇴시킨 날개는 날개끝에서 실속이 낮게 일어난다.

㉯ 후퇴각은 날개 앞전과 동체 기준선과의 각을 말한다.

㉰ 후퇴 날개는 임계 마하수를 높이며, 실속 특성은 나빠진다.

㉱ 후퇴각을 갖는 날개는 보통날개보다 양력을 많이 얻는다.

16. 힌지 모멘트에 대한 내용으로 틀린 것은?

㉮ 힌지모멘트 계수에 비례

㉯ 동압에 비례

㉰ 조종면의 크기에 비례

㉱ 조종면의 폭에 반비례

17. 형상항력(profile drag)은 어떠한 항력을 의미하는가?

㉮ 압력항력과 표면마찰항력

㉯ 압력항력과 유도항력

㉰ 표면마찰항력과 유도항력

㉱ 유해항력과 유도항력

18. 일반적으로 레이놀즈 수는 어떻게 표시되는가?

㉮ $\frac{\text{면적} \times \text{시간}}{\text{동점성계수}}$ ㉯ $\frac{\text{속도} \times \text{시간}}{\text{동점성계수}}$

㉰ $\frac{\text{속도} \times \text{면적}}{\text{동점성계수}}$ ㉱ $\frac{\text{속도} \times \text{길이}}{\text{동점성계수}}$

19. 항속거리를 최대로 하기 위해서는?

㉮ 프로펠러 항공기의 경우 $\left(\frac{C_L}{C_D^{\frac{1}{2}}}\right)$ 가 최대인 상태로 비행한다.

㉯ 프로펠러 항공기의 경우 양항비가 최소인 상태로 비행한다.

㉰ 프로펠러 항공기의 경우 양항비가 최대인 상태로 비행한다.

㉱ 프로펠러 항공기의 경우 $\left(\frac{C_D^{\frac{1}{2}}}{C_D}\right)$ 가 최대인 상태로 비행한다.

20. 수직꼬리날개와 더불어 큰 옆미끄럼각에도 방향 안정성을 유지하는 것은?

㉮ 윙렛 ㉯ 도살핀

㉰ 서보탭 ㉱ 파울러 플랩

항공역학 실전문제 제9회

1. 항공기의 무게가 2,000kg이고, 날개의 면적이 30 m^2이며, 해발고도($\rho = 1/8\,kg \cdot sec^2/m^4$)에서 실속속도가 120km/h인 항공기의 C_{Lmax}는?
   ㉮ 0.96　　㉯ 1.24
   ㉰ 1.45　　㉱ 1.69

2. 날개의 후퇴각을 크게 하면 임계 마하수를 높일 수 있다. 그 이유는?
   ㉮ 항력계수를 감소시키기 때문
   ㉯ 조종성이 좋아지기 때문
   ㉰ 압력중심의 이동이 적기 때문
   ㉱ 날개시위 방향으로 공기흐름속도가 작아지기 때문

3. 프로펠러에 작용하는 공기력은 무엇에 비례하는가? (단, ρ : 밀도, μ : 공기의 절대 점성계수, S : 날개 면적, V : 비행속도)
   ㉮ $\mu S V^2$　　㉯ $\mu V^2/S$
   ㉰ $\rho S V^2$　　㉱ $\rho V^2/S$

4. 캠버란 다음 그림 중에서 어느 부위를 말하는가?

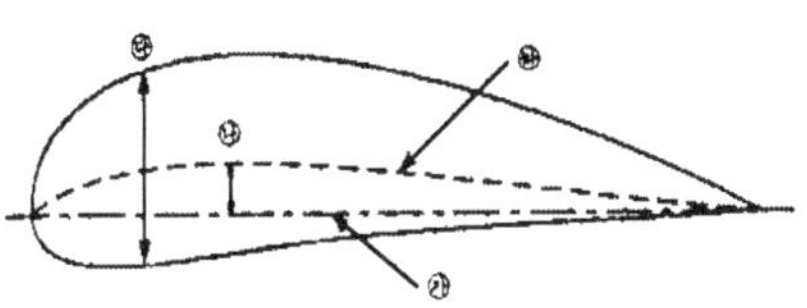

   ㉮ ①　　㉯ ②
   ㉰ ③　　㉱ ④

5. 프로펠러깃의 날개 단면에 대해 유입되는 합성속도 V_t크기를 올바르게 표현한 것은? (단, V:비행속도, r:프로펠러반지름, n:프로펠러 회전수(rpm))
   ㉮ $V_t = \sqrt{V^2 - (\pi n r)^2}$
   ㉯ $V_t = \sqrt{V^2 + (\pi n r)^2}$
   ㉰ $V_t = \sqrt{V^2 - (2\pi n r)^2}$
   ㉱ $V_t = \sqrt{V^2 + (2\pi n r)^2}$

6. 항공기의 항력을 표시하는 것 중에 등가유해면적이라 하는 것은?
   ㉮ 항력계수가 1.28이 되는 평판이다.
   ㉯ 항력계수가 1이 되는 가상평판의 면적이다.
   ㉰ 항력계수가 0이 되는 평판의 면적이다.
   ㉱ 항력계수가 1.5가 되는 가상 평판의 면적이다.

7. 정상수평비행하고 있는 항공기에서 오른쪽 방향 키페달을 발로 차면 항공기는 어떤 상태로 운동하는가?

㉮ 비행기 왼쪽날개가 아래로 기울고, 기수는 왼쪽으로 돌아간다.
㉯ 비행기 오른쪽날개가 아래로 기울고, 기수는 오른쪽으로 돌아간다.
㉰ 비행기 왼쪽날개가 아래로 기울고, 기수는 오른쪽으로 돌아간다.
㉱ 비행기 오른쪽날개가 아래로 기울고, 기수는 왼쪽으로 돌아간다.

8. 임계 마하수는?
㉮ 항력이 급격히 증가하는 마하수
㉯ 양력이 급격히 증가하는 마하수
㉰ 비행중 날개의 임의의 점이 M=1.0이 될 때의 마하수
㉱ 이론상 비행기가 비행할 수 없는 속도제한 마하수

9. 갑자기 실속하는 경우가 아닌 것은?
㉮ 두께가 얇은 날개골
㉯ 앞전 반지름이 작은 날개골
㉰ 캠버가 큰 날개골
㉱ 세장비가 큰 날개골

10. 헬리콥터 회전날개의 조종장치 중 주기피치레버와 동시피치레버를 작동할 필요성이 있다. 이를 위해 필요한 장치는?
㉮ 안정바　　㉯ 트랜스미션
㉰ 평행탭　　㉱ 회전경사판

11. 수평비행할 때 실속속도가 80km/h인 항공기가 60°경사 선회할 때 실속속도는?
㉮ 90km/h　　㉯ 109km/h
㉰ 113km/h　　㉱ 120km/h

12. 고속비행시 피치업(Pitch up)현상의 원인이 아닌 것은?
㉮ 뒷젖힘날개의 날개끝 실속
㉯ 뒷젖힘날개의 받음각 증가 방향 비틀림
㉰ 받음각 감소
㉱ 날개의 풍압 중심이 앞으로 이동

13. 날개 세로 안정을 좋게 하기 위한 방법이 아닌 것은?
㉮ 무게중심이 날개 공기역학적 중심(합력점)보다 앞에 놓여야 한다.
㉯ 무게 중심에서 피칭 모멘트 수가 받음
㉰ 날개골의 부피가 커야 한다.
㉱ 수직날개의 면적이 커야 한다.

14. 그림과 같은 날개의 가로 세로비는?

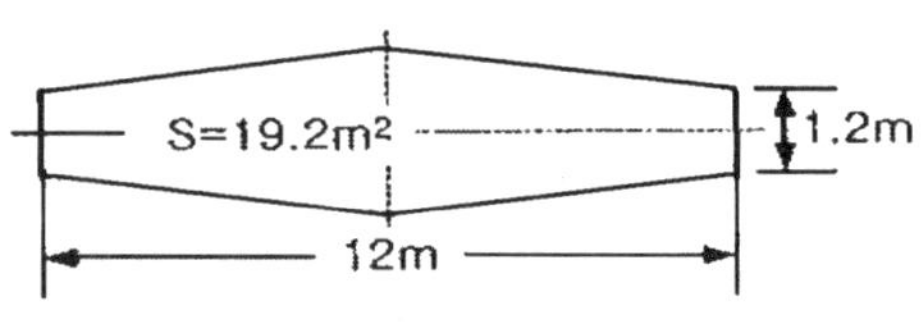

㉮ 9.5　　㉯ 8.5
㉰ 7.5　　㉱ 6.5

15. 항공기가 고도 5000m에서 양항비가 10인 상태로 활공시 수평활공거리는?

㉮ 5000m ㉯ 25000m
㉰ 50000m ㉱ 100000m

16. 항공기의 평형상태를 뜻하는 것이 아닌 것은?

㉮ 작용하는 모든 힘의 합이 무게중심에서 0
㉯ 속도 변화가 없는 상태
㉰ 항공기의 기관이 추력을 일정하게 내는 상태
㉱ 항공기의 회전모멘트 성분이 없는 상태

17. 지름이 20cm와 30cm로 된 관이 서로 연결되어 있다. 지름 20cm 관에서 속도가 2.4m/s일 때 지름 30cm 관에서의 속도는?

㉮ 0.19m/s ㉯ 1.07m/s
㉰ 1.74m/s ㉱ 1.98m/s

18. 프로펠러 항공기가 최대항속시간이 되는 비행 조건은?

㉮ $\left.\frac{C_L}{C_D}\right)_{최대}$ ㉯ $\left.\frac{C_L^{\frac{3}{2}}}{C_D}\right)_{최대}$

㉰ $\left.\frac{C_L^{\frac{1}{2}}}{C_D}\right)_{최대}$ ㉱ $\left.\frac{C_L}{C_D^{\frac{1}{2}}}\right)_{최대}$

19. 최대 상승률이 되는 지점은?

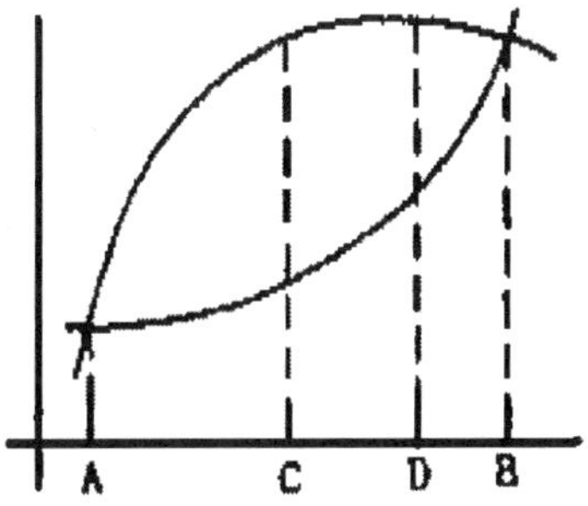

㉮ D ㉯ C
㉰ B ㉱ A

20. 헬리콥터 회전날개의 무게 중심과 회전축간의 거리가 회전날개의 플래핑 운동에 의해 길어지거나 짧아짐으로서 회전날개의 회전속도가 증가하거나 감소하는 현상은?

㉮ 자이로스코프 현상
㉯ 코리올리 효과
㉰ 추력편향 효과
㉱ 회전축 편심 효과

항공역학 실전문제 제 10 회

1. 연속의 법칙에 대한 설명으로 틀린 것은?
   ㉮ 단위시간당 유관내의 두 단면을 통과하는 유량은 똑같다.
   ㉯ 유속이 증가함에 따라 유량도 증가한다.
   ㉰ 유관의 단면적이 감소하면 유속은 증가한다.
   ㉱ 단면적이 동일한 경우 밀도가 증가하면 유속은 감소한다.

2. 그림과 같은 압력구배가 없는 점성흐름을 고찰할 때 작용힘(F)과 비례하지 않는 요소는?

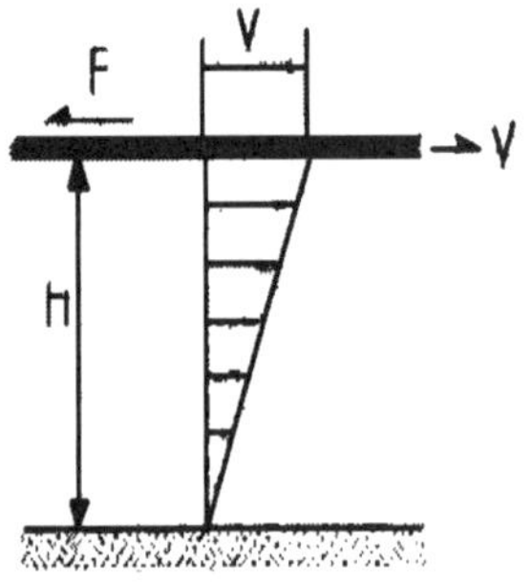

   ㉮ 점성계수 (μ)
   ㉯ 물체의 속도(V)
   ㉰ 작용면적(S)
   ㉱ 거리(높이)(h)

3. 헬리콥터에서 회전날개의 깃(blade)은 회전하면 회전면을 밑면으로 하는 원추의 모양을 만들게 된다. 이때 이 회전면과 원추 모서리가 이루는 각을 무슨 각이라 하는가?
   ㉮ 받음각(angle of attack)
   ㉯ 코닝각(coning angle)
   ㉰ 피치각(pitch angle)
   ㉱ 플래핑각(flapping angle)

4. 항공기에서 사용되는 실용상승 온도(Service ceiling)란 상승률이 얼마가 되는 고도인가?
   ㉮ 0.1 m/sec ㉯ 0.5 m/sec
   ㉰ 1 m/sec ㉱ 1.5 m/sec

5. 비행기가 무동력으로 하강하는 것에 대응하는 헬리콥터가 갖고 있는 가장 큰 특징은?
   ㉮ 수직상승
   ㉯ 자전하강(Autorotation)
   ㉰ 플래핑(Flapping)
   ㉱ 리드-그(lead-lag)

6. 등속도 수평비행이라 함은 어떠한 비행인가?
   ㉮ 일정한 가속도로 수평비행하는

것을 말한다.

㉯ 속도가 시간에 따라 일정하게 증가하면서 수평비행함을 말한다.

㉰ 일정한 속도로 수평비행함을 말한다.

㉱ 필요마력이 일정하게 되는 수평비행을 말한다.

7. 고정피치 프로펠러를 장착한 항공기의 비행속도가 증가하는 경우에 가장 올바른 내용은?

㉮ 깃각이 증가한다.
㉯ 깃의 받음각이 증가한다.
㉰ 깃각이 감소한다.
㉱ 깃의 받음각이 감소한다.

8. 비행기 무게 1,000kg이고 경사각이 30˚로 100 km/h의 속도로 정상선회를 하고 있을 때 양력은 얼마인가? (단, $\cos 30° = 0.866$이다.)

㉮ 11.55(kg) ㉯ 115.5(kg)
㉰ 1155(kg) ㉱ 2155(kg)

9. 활공 비행에서 활공각을 θ라고 할 때 활공각을 나타내는 식은? (단, L=양력, W=비행기 무게, D=항력)

㉮ $\sin\Theta = L/D$
㉯ $\cos\Theta = W/L$
㉰ $\tan\Theta = L/D$
㉱ $\tan\Theta = D/L$

10. 무게 1,000kg의 비행기가 7,000m 상공($\rho = 0.06\ kg \cdot S^2/M^4$)에서 급강하 하고 있다. 항력계수 $C_D = 0.1$이고, 날개하중은 30kg이다. 이 때의 급강하 속도는?

㉮ $100 m/\sec$
㉯ $100\sqrt{3}\ m/\sec$
㉰ $200\ m/\sec$
㉱ $100\sqrt{5}\ m/\sec$

11. 날개의 길이가 50feet, 시위가 6feet인 비행기가 비행시 양력계수가 0.6일 때, 유도항력계수를 구하면? (단, 날개의 효율계수 e=1이라고 가정한다.)

㉮ 0.0105 ㉯ 0.0138
㉰ 0.0210 ㉱ 0.0272

12. 그림에서 날개의 가로세로비를 계산시 이용되는 것은?

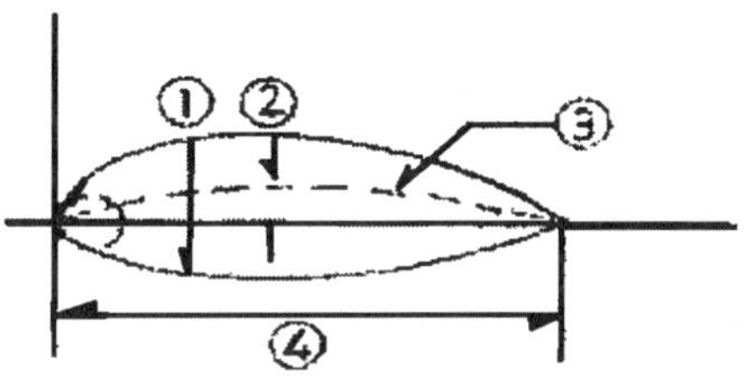

㉮ ① ㉯ ②
㉰ ③ ㉱ ④

13. 비행 중 비행기에 작용하는 항력은?

㉮ 공기밀도와 무관하다.
㉯ 속도의 비례에 비례한다.

㉰ 정상비행중 양력과 반비례한다.
㉱ 받음각 증가에 따라 감소한다.

14. 비행기에 옆놀이 모멘트(Rolling moment)를 주는 surface는?
㉮ 승강키 ㉯ 방향키
㉰ 고양력장치 ㉱ 도움날개

15. 비행기 조종면에 매스 밸런스(Mass balance)를 하는 가장 큰 목적은?
㉮ 조종면의 진동방지
㉯ 기수 올림 모멘트 방지
㉰ 조종면 효과증대
㉱ 힌지 모멘트 감소

16. 비행기에 사용되는 프로펠러를 설계할 때 만족시키지 않아도 되는 성능은?
㉮ 이륙성능 ㉯ 상승성능
㉰ 순항성능 ㉱ 착륙성능

17. 프로펠러 단면을 얇은 날개이론에 의해 분석하면, 받음각에 대한 양력계수의 변화율은?
(단, 양력계수는 자유유동의 동압과 시위와 단위 스팬에 의해 무차원화 되었고, π 는 원주율이다.)
㉮ $1/\pi$ ㉯ 1
㉰ π ㉱ 2π

18. 비행기 속도가 2배로 증가 했을 때 조종력은?
㉮ 변화없다.
㉯ 2배로 증가한다.
㉰ 더 감소한다.
㉱ 4배로 증가한다.

19. 비행기의 정적 방향 안정성에 있어서 불안정한 영향을 끼치는 요소는?
㉮ 수직 꼬리날개
㉯ 도살핀
㉰ 후퇴날개
㉱ 동체

20. 피치 업(pitch up) 원인이 아닌 것은?
㉮ 뒤젖힘 날개의 날개끝 실속
㉯ 뒤젖힘 날개의 비틀림
㉰ 쳐든각 효과의 감소
㉱ 날개의 풍압중심이 앞으로 이동

항공역학 실전문제 제 11 회

1. 프로펠러의 효율은 진행율에 비례하게 되는가?
   ㉮ 추력과 토크와의 비율
   ㉯ 실용피치와 지름과의 비율
   ㉰ 실용피치와 기하피치와의 차
   ㉱ 기하피치와 지름과의 비율

2. 밀도가 0.1 $kg \cdot \sec^2/m^4$인 대기속을 100 $m/\sec$의 속도로 비행할 때 피토관(PITOT TUBE) 입구에 작용하는 동압은?
   ㉮ 100 kg/m^2 ㉯ 500 kg/m^2
   ㉰ 1000 kg/m^2 ㉱ 1500 kg/m^2

3. 날개면적이 $100m^2$인 비행기가 $400km/h$의 속도로 수평 비행하는 경우에 이 항공기의 중량은 얼마정도 되는가? (단, 이때의 양력계수는 0.6이며, 공기밀도는 0.125 $kg \cdot \sec^2/m^4$이다)
   ㉮ 46300kg ㉯ 60000kg
   ㉰ 15600kg ㉱ 23300kg

4. 비행기의 무게가 3000kg이고, 경사각이 30°로 150 km/h의 속도로 정상선회하고 있을 때 선회반지름(m)은?
   ㉮ 306.8 ㉯ 324.3
   ㉰ 567.0 ㉱ 721.6

5. 비행기의 마하수(mach number)가 증가하면 충격파 때문에 항력이 급격히 커지는 현상은?
   ㉮ buffering 현상
   ㉯ drag divergence 현상
   ㉰ stall 현상
   ㉱ Fluttering 현상

6. 수평등속도 비행을 하는 중에 속도를 증가시키고 그 상태에서 수평비행을 하기 위해서는 받음각은 어떻게 변화시켜야 하는가?
   ㉮ 감소시킨다.
   ㉯ 증가시킨다.
   ㉰ 변화를 시키지 않는다.
   ㉱ 받음각과는 무관하다.

7. 이륙중량이 1500kg, 엔진출력 250HP인 비행기가 해면 고도를 80%의 출력으로 180km/h로 순항 비행할 때 양항비 (C_L/C_D)는?
   ㉮ 5.25 ㉯ 5.0
   ㉰ 6.0 ㉱ 6.25

8. 실용상승한도(service ceiling)는 상승속도가 얼마일 때인가?

㉮ 0.5m/s ㉯ 1m/s

㉰ 2m/s ㉱ 10m/s

9. 비행기의 최소 속도를 나타낸 식 중 옳은 것은? (단, W : 비행기 무게, ρ : 밀도, S : 기준면적, C_{Lmax} : 최대 양력계수)

㉮ $V_{\min} = \sqrt{\dfrac{2W}{\rho s C_{Lmax}}}$

㉯ $V_{\min} = \sqrt{\dfrac{W}{\rho s C_{Lmax}}}$

㉰ $V_{\min} = \sqrt{\dfrac{W}{2 s C_{Lmax}}}$

㉱ $V_{\min} = \sqrt{\dfrac{1.5W}{\rho s C_{Lmax}}}$

10. NACA23012 날개골에 대한 설명으로 가장 올바른 것은?

㉮ 최대캠버가 시위의 2%로 앞전에서 15%에 위치한다.

㉯ 최대캠버가 시위의 20%로 앞전에서 30%에 위치한다.

㉰ 최대두께가 15%이다.

㉱ 최대두께가 12%로 최대캠버는 앞전에서 50%에위치한다.

11. 날개의 면적이 $20m^2$이고 날개 길이가 $12m$일 때 가로세로비(종횡비)는 얼마인가?

㉮ 8 ㉯ 7.2

㉰ 6 ㉱ 1.7

12. 비행기의 양력에 관계하지 않고 비행을 방해하는 유해 항력으로 볼 수 없는 것은?

㉮ 조파항력 ㉯ 유도항력

㉰ 마찰항력 ㉱ 형상항력

13. 헬리콥터가 전진 비행할 때 속도와 유도마력과의 관계로 가장 올바른 것은?

㉮ 전진속도가 증가하면 유도마력은 증가한다.

㉯ 전진속도가 증가하면 유도마력은 감소한다.

㉰ 전진속도가 증가하면 유도마력은 변화하지 않는다.

㉱ 전진속도가 증가하면 유도마력도 느리게 증가한다.

14. 헬리콥터에서 콜렉티브 피치조종(collective pitch control)이란?

㉮ 메인 로우터 브레이드의 회전각에 따라 받음각을 조절하는 조작

㉯ 메인 로우터 브레이드가 전진 회전시 받음각을 감소시키는 조작

㉰ 메인 로우터 브레이드가 양력을 증가, 감소시키는 조작

㉱ 로우터 브레이드 회전축에 운동하고자 하는 방향으로 기울이는 조작

15. 프로펠러의 깃의 미소길이 dr에 발생하는 미소양력이 dL, 항력이

dD이고, 이때의 유입각(advance angle)이 α라면 이 미소길이에서 발생하는 미소추력 dT는?

㉮ $dT = dL\cos\alpha - dD\sin\alpha$

㉯ $dT = dL\cos\alpha + dD\sin\alpha$

㉰ $dT = dL\sin\alpha - dD\cos\alpha$

㉱ $dT = dL\sin\alpha + dD\cos\alpha$

16. 비행기의 가로안정에 날개가 가장 중요한 요소이다. 가로안정을 유지시키는 가장 좋은 방법은?

㉮ 날개의 캠버를 크게 한다.

㉯ 날개에 쳐든각(dihedral angle)을 준다.

㉰ 날개의 시위선을 최대로 한다.

㉱ 밸런스 탭(balance tap)을 장착한다.

17. 비행기에 작용하는 모든 힘의 합이 '0'이며, 키놀이, 옆놀이 및 빗놀이 모멘트의 합이 '0'인 경우를 무엇이라 하는가?

㉮ 정조준 ㉯ 평형

㉰ 안정 ㉱ 균형

18. 비행기의 세로 운동의 주요 변수 요인이 아닌 것은?

㉮ 비행기의 키놀이 자세

㉯ 공기밀도

㉰ 받음각

㉱ 비행속도

19. 방향키 부유각(float angle)이란?

㉮ 방향키를 밀었을 때 공기력에 의해 방향키가 변위 되는 각

㉯ 방향키를 당겼을 때 공기력에 의해 방향키가 변위 되는 각

㉰ 방향키를 고정했을 때 공기력에 의해 방향키가 변위 되는 각

㉱ 방향키를 자유로 했을 때 공기력에 의해 방향키가 자유로이 변위 되는 각

20. 가장 큰 쳐든각(dihedral angle)을 필요로 하는 경우는?

㉮ 날개가 동체의 상부에 위치하는 경우

㉯ 날개가 동체의 상부로부터 약 25% 위치에 있는 경우

㉰ 날개가 동체의 중심부에 위치하는 경우

㉱ 날개가 동체의 하부에 위치하는 경우

항공역학 실전문제 제 12 회

1. 다음 베르누이의 정리에 관련된 사항 중 옳지 못한 것은? (단, P_t : 전압, P : 정압, q : 동압, V: 속도, ρ : 밀도)
   ㉮ $q=\frac{1}{2}\rho V^2$
   ㉯ $P=P_t+q$
   ㉰ 이상유체, 정상흐름에서 P_t는 일정하다.
   ㉱ 정압은 항상 존재한다.

2. 항공기에 발생하는 항력(drag)에는 여러 가지 종류의 항력이 있다. 아음속 비행시에 발생하지 않는 항력은??
   ㉮ 유도항력　　㉯ 마찰항력
   ㉰ 압력항력　　㉱ 조파항력

3. 최대 양항비(楊抗比)가 12인 항공기가 고도 2,400m에서 활공을 시작했다. 최대 수평도달 거리는?
   ㉮ 14,400m　　㉯ 24,000m
   ㉰ 28,800m　　㉱ 48,000m

4. 날개의 시위길이가 3 m, 공기의 흐름속도가 360 km/h, 공기의 동점성계수가 0.3 $cm^2/\sec$ 일 때 Reynolds Number는? (단, 기준속도는 공기흐름속도이고, 기준길이는 시위길이다.)
   ㉮ 1×10^7　　㉯ 2×10^7
   ㉰ 1×10^8　　㉱ 2×10^8

5. 항공기의 필요마력과 속도와의 관계로 가장 올바른 것은?
   ㉮ 필요마력은 속도에 비례한다.
   ㉯ 필요마력은 속도의 제곱에 비례한다.
   ㉰ 필요마력은 속도의 세제곱에 비례한다.
   ㉱ 필요마력은 속도에 반비례한다.

6. 정적 안정성이 가장 좋은 c.g와 a.c의 위치에 관하여 다음 중 올바르게 설명한 것은?
   ㉮ c.g가 a.c의 앞에 있어야 한다.
   ㉯ c.g와 a.c는 일치해야 한다.
   ㉰ c.g는 a.c의 뒤에 있어야 한다.
   ㉱ 서로 관련이 없다.

7. 헬리콥터 회전날개의 회전면과 회전날개(원추모서리)사이의 각을 코닝각(Coning Angle)이라 부르는데 이러한 코닝각을 결정하는 요소는?
   ㉮ 항력과 원심력의 합력

㈏ 양력과 추력의 합력
㈐ 양력과 원심력의 합력
㈑ 양력과 항력의 합력

8. 비행기의 스핀(SPIN) 비행과 가장 관련이 깊은 현상은?
㈎ 자전 현상(AUTOROTATION)
㈏ 날개드롭 현상(WING DROP)
㈐ 가로방향 불안정 현상(DUTCH ROLL)
㈑ 디프실속 현상(DEEP STALL)

9. 조종면은 무엇을 변화시켜 효과를 발생시키는가?
㈎ 날개골의 면적
㈏ 날개골의 두께
㈐ 날개골의 캠버
㈑ 날개골의 길이

10. 선회(Turns) 비행시 외측으로 Slip 하는 이유는?
㈎ 경사각이 작고 구심력이 원심력보다 클 때
㈏ 경사각이 크고 구심력이 원심력보다 작을 때
㈐ 경사각이 크고 구심력보다 클 때
㈑ 경사각은 작고 원심력이 구심력보다 클 때

11. 절대상승 한도란?
㈎ 상승률이 0 m/sec 되는 고도
㈏ 상승률이 0.5 m/sec 되는 고도
㈐ 상승률이 5 cm/sec 되는 고도
㈑ 상승률이 0.5 cm/sec 되는 고도

12. 비행기가 이착륙시 마찰계수가 최소인 활주로 상태는?
㈎ 콘크리트
㈏ 넓은 운동장
㈐ 굳은 잔디밭
㈑ 풀이 짧은 들판

13. 프로펠러의 진행률이란?
㈎ 프로펠러의 유효피치와 프로펠러 지름과의 비
㈏ 추력과 토오크와의 비
㈐ 프로펠러 기하피치와 프로펠러 유효피치와의 비
㈑ 프로펠러 기하피치와 프로펠러 지름과의 비

14. NACA 4자 계열의 AIRFOIL을 표기한 내용으로 틀린 것은? “NACA 2412”
㈎ 최대 캠버가 시위의 2%이다.
㈏ 최대 두께가 시위의 12%이다.
㈐ 앞 두자리가 00인 경우 대칭인 AIRFOIL을 의미한다.
㈑ 최대 캠버의 위치가 앞전으로부터 시위의 4% 앞에 있다.

15. 날개 끝의 붙임각을 날개 뿌리의 붙임각보다 크게 하거나 작게 한 것은?

㉮ 뒤젖힘각
㉯ 쳐든각
㉰ 붙임각
㉱ 기하학적 뒤틀림각

16. 왼쪽과 오른쪽이 서로 반대로 움직이는 도움 날개에서 발생되는 힌지 모멘트가 서로 상쇄되도록 하여 조종력을 경감시키는 장치는?
㉮ horn balance
㉯ leading edge balance
㉰ frise balance
㉱ internal balance

17. 정적안정과 동적안정에 대한 설명으로 가장 올바른 것은?
㉮ 동적안정시 (+)이면 정적안정은 반드시 (+)이다.
㉯ 동적안정시 (−)이면 정적안정은 반드시 (−)이다.
㉰ 정적안정시 (+)이면 동적안정은 반드시 (−)이다.
㉱ 정적안정시 (−)이면 동적안정은 반드시 (+)이다.

18. 헬리콥터에서 세로축에 대한 움직임(Rolling : 횡요)은 무엇에 의해 움직이게 되는가?
㉮ 트림 피치 콘트롤 레버 (trim pitch control lever)
㉯ 콜렉티브 피치 콘트롤 레버 (collective pitch control lever)
㉰ 테일 로우터 피치 콘트롤 (tail rotor pitch control)
㉱ 사이클릭 피치 콘트롤 (cyclic pitch control lever)

19. 프로펠러의 동력계수 C_P는?
(단, P : 동력, n : 초당 회전수, D : 직경, ρ : 밀도, V : 비행속도)
㉮ $P/(n^3D^5)$
㉯ $P/(n^3D^6)$
㉰ $P/(\rho n^3D^5)$
㉱ $P/(\rho n^3D^5)$

20. 프로펠러의 역피치(reversing)를 사용하는 주 목적은?
㉮ 추력의 증가를 위해서
㉯ 추력을 감소시키기 위해서
㉰ 착륙시 활주거리를 줄이기 위해서
㉱ 후진비행을 위해서

항공역학 실전문제 제 13 회

1. 임계 레이놀즈 수에 대한 설명 내용으로 가장 관계가 먼 것은?
   ㉮ 층류에서 난류로 바뀔 때의 레이놀즈수
   ㉯ 층류에서 또 다른 형태의 층류로 바뀔 때의 레이놀즈수
   ㉰ 난류에서 층류로 바뀔 때의 레이놀즈수
   ㉱ 유동중 천이현상이 일어날 때의 레이놀즈수

2. 항공기의 중량이 일정한 경우에 항공기의 추력과 양항비(lift-drag ratio)와는 어떠한 관계가 있는가?
   ㉮ 추력은 양항비에 비례한다.
   ㉯ 추력은 양항비에 반비례한다.
   ㉰ 추력은 양항비의 제곱에 비례한다.
   ㉱ 추력은 양항비의 제곱에 반비례한다.

3. 비행기가 선회비행을 할 때 정상선회라 하는 것은 어떤 경우인가?
   ㉮ 원심력이 구심력보다 큰 경우이다.
   ㉯ 원심력이 구심력과 같은 경우이다.
   ㉰ 원심력이 구심력 보다 작은 경우이다.
   ㉱ 속도가 원심력보다 큰 경우이다.

4. 일반적으로 초음속 영역을 나타낸 것은?
   ㉮ $M < 0.75$
   ㉯ $0.75 < M < 1.20$
   ㉰ $1.20 < M < 5.0$
   ㉱ $M > 5.0$

5. 실용상승 한도에서 항공기의 상승률은 얼마인가?
   ㉮ 0.5 m/sec 되는 고도
   ㉯ 10 m/sec 되는 고도
   ㉰ 5 m/sec 되는 고도
   ㉱ 50 m/sec 되는 고도

6. 비행기의 중량 W=4500kg, 주날개 면적 S=50 m^2, 비행기 고도가 해면일 때 비행기의 최소속도 Vmin을 구하면? (단, 이 때 비행기의 $C_{Lmax}=1.6$, $\rho=0.125kg\cdot \sec^2/m^4$)이다.
   ㉮ 30 m/sec　　㉯ 40 km/h
   ㉰ 100 m/sec　　㉱ 120 km/h

7. 헬리콥터가 빠르게 날 수 없는 이유를 설명한 내용 중 틀린 것은?
   ㉮ 후퇴하는 깃(retteating blade)에서의 실속

㉯ 후퇴하는 깃(retteating blade)에서의 역풍지역(reverse flow region)

㉰ 전진하는 깃 끝의 항력감소

㉱ 전진하는 깃 끝의 속도증가

8. 헬리콥터 회전날개(Rotor Blade)에 적용되는 기본 힌지(Hinge)로 가장 올바른 것은?

㉮ 플래핑힌지(Flapping), 페더링힌지(Feathering), 전단힌지(Shear)

㉯ 플래핑힌지, 패더링힌지, 항력힌지(Lead-Lag)

㉰ 페더링힌지, 항력힌지, 전단힌지

㉱ 플래핑힌지, 항력힌지, 경사(Slope)힌지

9. 프로펠러의 효율이 80%인 항공기가 그 기관의 최대출력이 800마력인 경우 이 비행기가 수평최대속도에서 낼 수 있는 최대 이용마력은?

㉮ 640ps ㉯ 760ps

㉰ 800ps ㉱ 880ps

10. 글라이더(Glider)가 고도 2000m 상공에서 양항비 20인 상태로 활공한다면 도달할 수 있는 수평활공거리(m)는?

㉮ 40,000 ㉯ 3,000

㉰ 2,000 ㉱ 6,000

11. Airfoil의 머물음점(stagnation point)이란 어떠한 점을 의미 하는가?

㉮ 속도가 0이 되는 점을 말한다.

㉯ 압력이 0이 되는 점을 말한다.

㉰ 속도, 압력이 동시에 0이 되는 점을 말한다.

㉱ 마하수가 1이 되는 점을 말한다.

12. 그림과 같이 상대적으로 갑작스런 실속이 일어나는 특성을 갖는 날개골은?

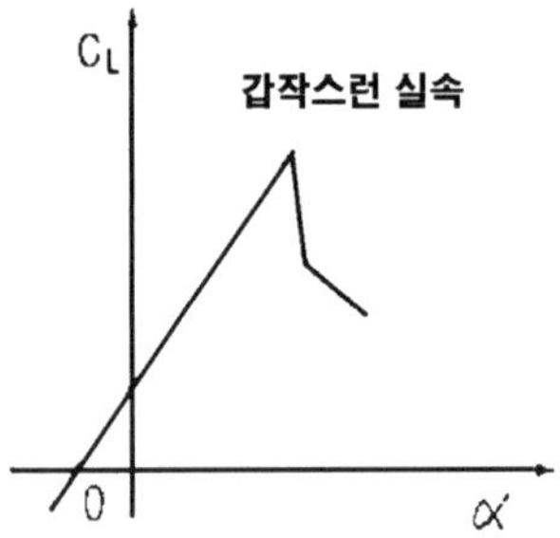

㉮ 두께가 두꺼운 날개골

㉯ 앞전 반지름이 큰 날개골

㉰ 캠버가 큰 날개골

㉱ 레이놀즈수가 작은 날개골

13. 압력중심에 가장 큰 영향을 끼치는 요소는 어느 것인가?

㉮ 양력 ㉯ 받음각

㉰ 항력 ㉱ 추력

14. 항공기 피칭 모멘트(Pitching Moment)가 서서히 증가하는 경향이 있다. 이

같은 현상은?

㉮ 세로안정성(Langitudinal stability)의 감소

㉯ 가로안정성(Lateral stability)의 증대

㉰ 가로안정성의 감소

㉱ 세로안정성의 증대

15. 항공기의 상승비행에 대한 설명으로 가장 올바른 것은?

㉮ 이용마력과 필요마력이 같다.

㉯ 이용마력이 필요마력보다 크다.

㉰ 이용마력이 필요마력보다 적다.

㉱ 이용마력과 관계없이 필요마력에 의해 결정된다.

16. 프로펠러 깃의 날개 단면에 대해 유입되는 합성속도 V_t의 크기를 올바르게 표현한 식은?
(단, V : 비행속도, r : 프로펠러 반지름, n : 프로펠러 회전수(rps))

㉮ $V_t = \sqrt{V^2 - (\pi nr)^2}$

㉯ $V_t = \sqrt{V^2 + (\pi nr)^2}$

㉰ $V_t = \sqrt{V^2 - (2\pi nr)^2}$

㉱ $V_t = \sqrt{V^2 + (2\pi nr)^2}$

17. 고정피치 프로펠러의 경우 어떤 속도에서 효율이 가장 좋도록 깃각이 결정되는가?

㉮ 이륙시 ㉯ 착륙시

㉰ 순항시 ㉱ 상승시

18. 프로펠러의 감속장치에서 주동기어의 잇수를 Na, 유성기어의 잇수를 Nb, 고정기어의 잇수를 Nc라 할 때 감속비 r은?

㉮ $r = \frac{Na}{Na + Nb + Nc}$

㉯ $r = \frac{Na}{Na + Nc}$

㉰ $r = \frac{Na + Nc}{Na + Nb + Nc}$

㉱ $r = \frac{Nc}{Na + Nc}$

19. 수직 꼬리날개와 방향안정의 관계에 대하여 설명한 내용 중 가장 올바른 것은?

㉮ 수직 꼬리날개 면적의 증가는 항력의 증가를 수 반하므로 매우 작은 값으로 제한하도록 하고, 그대신 주 날개의 면적을 증가시키도록 해야 한다.

㉯ 마하수가 큰 초음속 비행기에서는 수직 꼬리날개에 의한 안정성이 증가한다.

㉰ 큰 마하수에서 충분한 방향 안정성을 가지기 위해서, 초음속기의 경우 상대적으로 작은 수직 꼬리날개를 가진다.

㉱ 정적 방향안정에 미치는 수직 꼬리날개의 영향은 수직 꼬리날개 양력 변화와 모멘트 팔 길이에 의존한다.

20. 음속에 가까운 속도로 비행시 속도를 증가시킬수록 기수가 오히려 내려가는 경향이 생겨 조종간을 당겨야 하는 현상은?

㉮ 더치롤(Duch roll)

㉯ 내리흐름(down wash)현상

㉰ 턱 언더(tuck under) 현상

㉱ 나선 불안정(spiral divergence)

항공역학 실전문제

제 14 회

1. "비압축성이란? 공기의 (　　) 변화를 무시할 수 있다는 것이다."
   (　　)안에 알맞은 것은?
   ㉮ 밀도　　㉯ 온도
   ㉰ 압력　　㉱ 점성력

2. 받음각이 커지게 되면 풍압중심(C.P)은 일반적으로 어떻게 되는가?
   ㉮ 앞전쪽으로 이동한다.
   ㉯ 뒷전쪽으로 이동한다.
   ㉰ 기류의 상태에 따라 앞전이나 뒷전쪽으로 이동한다.
   ㉱ 풍압중심은 받음각에 무관하게 일정한 위치가 된다.

3. 비행기가 상승하면서 선회비행을 하는 경우는?
   ㉮ 양력의 수직분력이 중량보다 커야 한다.
   ㉯ 양력의 수직분력이 중량보다 작아야 한다.
   ㉰ 양력의 수직분력과 중량이 같아야 한다.
   ㉱ 양력과 수직분력에 관계없다.

4. 점성에 의한 마찰력을 기술한 것 중에서 틀린 것은?
   ㉮ 마찰력은 속도 구배에 비례한다.
   ㉯ 마찰력은 면적의 제곱에 비례한다.
   ㉰ 마찰력은 절대 점성계수에 비례한다.
   ㉱ 마찰력은 유체의 속도에 관계된다.

5. 다음의 고양력 장치 중에서 성능이 가장 좋은 것은?
   ㉮ fowler flap　　㉯ split flap
   ㉰ Zap flap　　㉱ Plain flap

6. 비행기가 스핀비행을 할 경우 이를 회복시키려면 (정상수평 비행 상태) 비행기를 우선 어떻게 하는가?
   ㉮ 강하시킨다.　　㉯ 상승시킨다.
   ㉰ 선회시킨다.　　㉱ 실속시킨다.

7. 프로펠러 비행기의 이륙거리(take-off distance)란?
   ㉮ 이륙을 위한 지상활주거리 +5m 상승까지의 공중 수평거리
   ㉯ 이륙을 위한 지상활주거리 +15m 상승까지의 공중 수평거리
   ㉰ 이륙을 위한 지상활주거리 +50m 상승까지의 공중 수평거리
   ㉱ 이륙을 위한 지상활주거리 +75m 상승까지의 공중 수평거리

8. 제트항공기가 최대항속시간을 비행하기 위한 조건은 어느 것인가?

㉮ $\left(\frac{C_L}{C_D}\right)_{최대}$

㉯ $\left(\frac{C_L^{\frac{3}{2}}}{C_D}\right)_{최대}$

㉰ $\left(\frac{C_L^{\frac{1}{3}}}{C_D}\right)_{최대}$

㉱ $\left(\left(\frac{C_L}{C_D}\right)^{\frac{1}{2}}\right)_{최대}$

9. 비행기가 200mile/h로 비행시 100lbs의 항력이 작용하였다. 만일 이 비행기가 같은 자세로 300mile/h로 비행시 작용하는 항력을 구하면?

㉮ 225 lbs ㉯ 230 lbs
㉰ 234 lbs ㉱ 240 lbs

10. 프로펠러의 진행비(advance ratio)를 올바르게 나타낸 것은?
(단, V : 속도, n : 프로펠러 회전속도, D : 프로펠러지름)

㉮ $J=\frac{V}{nD}$ ㉯ $J=\frac{nD}{V}$

㉰ $J=\frac{n}{VD}$ ㉱ $J=\frac{D}{Vn}$

11. 헬리콥터 회전날개의 무게중심(Center of gravity)과 회전축과의 거리가 회전날개의 플래핑운동(flapping)에 의하여 길어지거나 짧아지므로 회전날개의 회전속도가 증가하거나 감소하는 현상은?

㉮ 자이로스코픽 힘(Gyroscopic Force)
㉯ 코리오리스 효과(Corioils Effect)
㉰ 추력편향 효과
㉱ 회전축 편심효과

12. 프로펠러의 동력(P)은 프로펠러의 회전수(n)와 지름(D)과 어떠한 관계를 갖겠는가?

㉮ n의 제곱에 비례하고 D의 제곱에 비례한다.
㉯ n의 제곱에 비례하고 D의 3제곱에 비례한다.
㉰ n의 3제곱에 비례하고 D의 4제곱에 비례한다.
㉱ n의 3제곱에 비례하고 D의 5제곱에 비례한다.

13. 항공기가 무동력으로 하강 비행할 때 강하율을 최소로 하는 조건은?

㉮ 이용마력이 최소가 되는 속도
㉯ 이용마력이 최대가 되는 속도
㉰ 필요마력이 최대가 되는 속도
㉱ 필요마력이 최소가 되는 속도

14. 어느 비행기의 날개면적이 100 m^2이고 스팬(span)이 25m이다. 이 비행기의 가로세로비(Aspect Ratio)는 얼마인가?

㉮ 4.0 ㉯ 5.1
㉰ 6.25 ㉱ 7.63

15. 날개의 쳐든각은 비행기의 어느축 주위의 안정성에 가장 효과적인가?
(단, 쳐든각은 Dihedral Angle임)

㉮ 수직축
㉯ 세로축
㉰ 가로축
㉱ 쳐든각은 안정성과 관계없고 비행기 양력에 관계있다.

16. 항공기 기수를 우측으로 선회할 경우 관련 Moment 설명으로 가장 올바른 것은?
㉮ 음 (−)롤링 모멘트
㉯ 양 (+)피칭 모멘트
㉰ 양 (+)요잉 모멘트
㉱ 제로 롤링모멘트

17. 주회전 날개의 코닝각(원추각)을 결정하는 요소로 가장 올바른 것은?

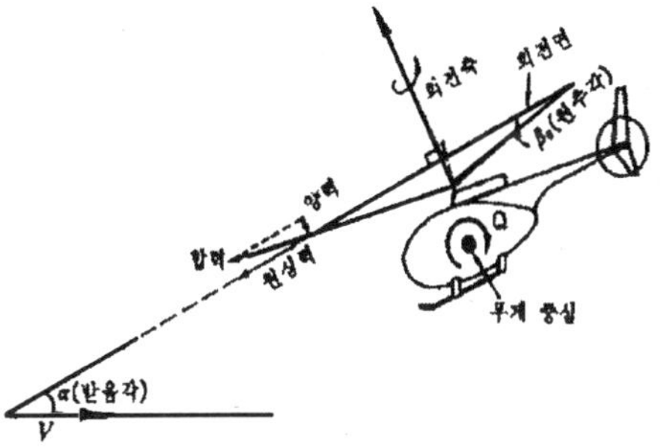

㉮ 원심력의 크기
㉯ 원심력과 양력의 합력의 방위
㉰ 양력의 크기
㉱ 항력의 크기

18. 프로펠러 깃의 뿌리에서 깃 끝까지 일정하지 않고 깃 끝으로 갈수록 깃 각이 작아지도록 비틀려 있다. 그 이유로 가장 올바른 것은?
㉮ 깃의 전 길이에 걸쳐 기하학적인 피치를 같게 하기 위하여
㉯ 깃의 전 길이에 걸쳐 유효 피치를 같게 하기 위하여
㉰ 깃의 전 길이에 걸쳐 프로펠러 슬립을 같게 하기 위하여
㉱ 깃 끝 실속을 줄이기 위하여

19. 항공기에 장착된 도살핀(dorsal fin)이 손상되었다. 이러한 경우에 다음 중 가장 큰 영향을 받는 것은?
㉮ 세로 안정
㉯ 가로 안정
㉰ 방향 안정
㉱ 정적 세로 안정

20. 수평 꼬리날개에 의한 모멘트의 크기를 가장 올바르게 설명한 것은? (단, 양(+), 음(−)의 부호는 고려하지 않는 것으로 함)
㉮ 수평 꼬리날개의 면적이 클수록, 그리고 수평 꼬리 날개 주위의 동압이 작을수록 커진다.
㉯ 수평 꼬리날개의 면적이 클수록, 그리고 수평 꼬리 날개 주위의 동압이 클수록 커진다.
㉰ 수평 꼬리날개의 면적이 작을수록, 그리고 수평 꼬리 날개 주위의 동압이 클수록 커진다.
㉱ 수평 꼬리날개의 면적이 작을수록, 그리고 수평 꼬리 날개 주위의 동압이 작을수록 커진다.

항공역학 실전문제 제 15 회

1. 음속에 가장 영향을 크게 주는 요소는 어느 것인가?
   ㉮ 습도 ㉯ 기압
   ㉰ 점성 ㉱ 온도

2. 수평 비행할 때 실속속도가 80km/h인 비행기가 60°경사 선회할 때 실속 속도 [km/h]는 약 얼마인가?
   ㉮ 90 ㉯ 109
   ㉰ 113 ㉱ 120

3. 레이놀즈수(Reynolds number)는 유동현상에 있어서 관성력과 마찰력이 어떤 비로 작용하는 가를 나타내는 무차원량이다. 다음 식에서 옳은 것은? (단, C : 날개의 시위길이, ν : 동점성계수, V : 공기속도, p : 공기밀도, μ : 절대점성계수)
   ㉮ $\frac{VC\nu}{\rho}$ ㉯ $\frac{VC}{\rho}$
   ㉰ $\frac{VC}{\mu}$ ㉱ $\frac{VC}{\nu}$

4. 비행기의 항력을 표시하는 것 중에 등가유해면적(f)이라 하는 것은?
   ㉮ 항력계수가 1.28이 되는 평판이다.
   ㉯ 항력계수가 1이 되는 가상 평판의 면적이다.
   ㉰ 항력계수가 0이 되는 평판의 면적이다.
   ㉱ 항력계수가 1.5가 되는 가상 평판의 면적이다.

5. 힌지모멘트에 대한 내용으로 틀린 것은?
   ㉮ 힌지모멘트 계수에 비례한다.
   ㉯ 동압에 비례한다.
   ㉰ 조종면의 크기에 비례한다.
   ㉱ 조종면의 폭에 반비례한다.

6. 헬리콥터에서 회전날개의 깃(blade)은 회전하면 회전면을 밑면으로 하는 원추의 모양을 만들게 된다. 이 때 이 회전면과 원추 모서리가 이루는 각을 무슨 각이라 하는가?
   ㉮ 받음각(angle of attack)
   ㉯ 코닝각(coning angle)
   ㉰ 피치각(pitch angle)
   ㉱ 플래핑각(flapping angle)

7. 고도 1500m에서 M=0.7로 비행하는 항공기가 있다. 고도 12000m에서 같은 속도로 비행할 때 Mach 수는? (단, 이 때 a=335 m/sec : 고도 1500m에서 a=295 m/sec : 고도 12000m에서)

㉮ 약 0.6　　㉯ 약 0.7
㉰ 약 0.8　　㉱ 약 0.9

8. 그림과 같은 활공기의 양항력 곡선에 대한 설명 중 가장 올바른 것은?

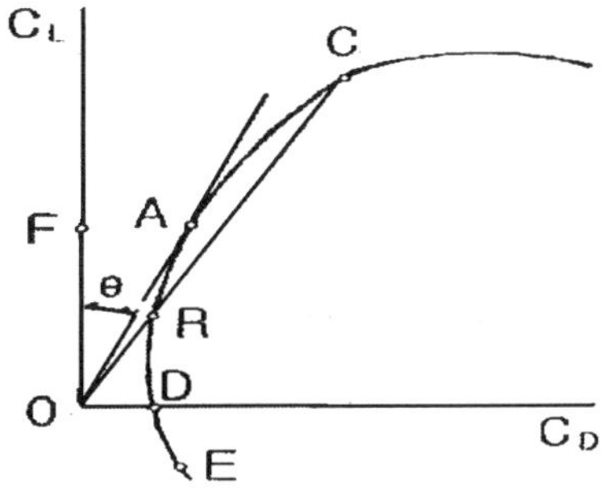

㉮ 최장거리 활공비행은 A점 받음각으로 활공하면 좋다.
㉯ 최장거리 활공비행은 C점 받음각으로 활공하면 좋다.
㉰ 수평 활공비행은 D점 받음각으로 이루어진다.
㉱ 수직 활공비행은 F점 받음각으로 이루어진다.

9. 어떤 활공기가 1km 상공을 활공각 30°로 활공하고 있다. 이 활공기의 대기속도가 100km/h 일 때 침하속도는?

㉮ 5km　　㉯ 20km
㉰ 25km　　㉱ 50km

10. 헬리콥터 회전날개의 조종 장치 중 주기피치 조종과 동시피치조종을 해야 할 필요성이 있다. 이를 위해서 사용되는 장치는?

㉮ 안정 바(Stabilizer Bar)
㉯ 트랜스미션(Transmission)
㉰ 평형 탭(Balance Tab)
㉱ 회전경사판(Swash Plate)

11. 프로펠러의 수(B)와 반지름(R) 및 평균공력시위(c)가 주어질 때, 프로펠러의 디스크 면적에 대한 전체 깃 면적의 비인 고형비(solidity ratio) σ는 다음 중에 어떻게 정의되는가?

㉮ $\sigma = c/2\pi RB$　　㉯ $\sigma = Bc/2\pi R$
㉰ $\sigma = c/\pi RB$　　㉱ $\sigma = Bc/\pi R$

12. 비행속도가 300m/sec인 항공기가 상승각 30°로 상승 비행시 상승률 즉, 수직방향의 속도는?

㉮ 100 m/sec　　㉯ 150 m/sec
㉰ 150 m/sec　　㉱ 200 m/sec

13. 정지 충격파 전후의 유동 특성이 아닌 것은?

㉮ 충격파를 통과하게 되면 흐름은 압축을 받게 된다.
㉯ 충격파 전의 압력과 밀도는 충격파 후보다 항상 크다.
㉰ 충격파를 통과할 때 속도에너지의 일부가 열로 변환된다.
㉱ 충격파는 실제적으로 압력의 불연속면이라 볼 수 있다.

14. 뒷젖힘각을 가장 올바르게 설명한 것은?
㉮ 25%C (코드길이) 되는 점들을 날개 뿌리에서 날개 끝까지 연결한 직선과 기체의 가로축이 이루는 각
㉯ 날개가 수평을 기준으로 위로 올라간 각도
㉰ 기체의 세로축과 날개의 시위선이 이루는 각
㉱ 날개 끝의 붙임각을 날개 뿌리의 붙임각보다 크거나 작게 한 것

15. 비행기에 단주기 운동이 발생되었을 때 가장 좋은 방법은?
㉮ 조종간을 자유롭게 놓는다.
㉯ 조종간을 고정시킨다.
㉰ 조종간을 당긴다. (상승비행)
㉱ 조종간을 놓는다. (하강비행)

16. 정속 프로펠러에서 출력에 알맞은 깃각을 자동적으로 변경시키는 장치는?
㉮ 카운터 웨이터(counter weight)
㉯ 3길 밸브(3-way valve)
㉰ 조속기(governor)
㉱ 원심력(centrifugal force)

17. 프로펠러의 장착방식 중에서 가장 많이 사용되는 방식으로 프로펠러가 기관의 앞쪽에 부착되는 방식은?
㉮ 견인식 ㉯ 추진식
㉰ 이중 반전식 ㉱ 탠덤식

18. 비행기의 안정과 조종, 그리고 운동의 문제를 다루는 데 있어서, 기준이 되는 좌표축(기준축; body axis)은 비행기의 어느 것을 원점으로 하는가?
㉮ 공기력 중심
㉯ 공기 역학적 중심
㉰ 무게중심
㉱ 기하학적 중심

19. 공력 평형 장치 중에서 특히 도움날개(aileron)에 자주 사용되는 밸런스는?
㉮ 앞전 밸런스(leading edge balance)
㉯ 혼 밸런스(horn balance)
㉰ 내부 밸런스(internal balance)
㉱ 프리즈 밸런스(frise balance)

20. 날개의 쳐든각(dihedral angle)을 가지고 있는 비행기가 왼쪽으로 미끄럼을 하게 되면?
㉮ 왼쪽 날개 및 오른쪽 날개의 받음각이 동시에 증가한다.
㉯ 왼쪽 날개 및 오른쪽 날개의 받음각이 동시에 감소한다.
㉰ 왼쪽 날개의 받음각은 증가하고 오른쪽 날개의 받음각은 감소한다.
㉱ 왼쪽 날개의 받음각은 감소하고 오른쪽 날개의 받음각은 증가한다.

항공역학 실전문제 제 16 회

1. 항공기가 트림(trim)상태로 비행한다는 것은?
㉮ $C_L = C_D$인 상태
㉯ $C_{Mcg} > 0$인 상태
㉰ $C_{Mcg} = 0$인 상태
㉱ $C_{Mcg} < 0$인 상태

2. 지구의 대기는 4개의 기류층으로 되어 있다. 지구에서 가장 가까운 층부터의 기류층 순서는?
㉮ 성층권, 대류권, 중간권, 외기권
㉯ 대류권, 성층권, 중간권, 외기권
㉰ 대류권, 중간권, 성층권, 외기권
㉱ 성층권, 중간권, 대류권, 외기권

3. 조종피치 프로펠러에 대한 설명으로 가장 올바른 것은?
㉮ 지상에서 피치를 조정한다.
㉯ 비행중 조종사가 피치를 조정한다.
㉰ 기관의 회전속도가 유지되도록 자동으로 피치가 조정된다.
㉱ 피치가 일정하도록 기관의 회전속도가 조정된다.

4. 날개면적이 100 (m^2)이며 고도 5,000 (m)에서 150(m/sec)로 비행하고 있는 항공기가 있다. 이때의 항력계수가 0.020이다. 필요마력 [ps]는? (단, 공기의 밀도 (ρ)는 0.070[$kg \cdot s^2/m^4$]이다.
㉮ 1,890 ㉯ 2,500
㉰ 3,150 ㉱ 3,250

5. 어떤 비행기가 230km/h로 비행하고 있다. 이 비행기의 상승률이 8 m/s라고 하면, 이 비행기 상승각은 얼마로 볼 수 있는가?
㉮ 4.8° ㉯ 5.2°
㉰ 7.2° ㉱ 9.4°

6. 헬리콥터의 정지비행 상승한도 (hovering ceiling)를 가장 올바르게 표현한 것은?
㉮ 이용마력>필요마력
㉯ 이용마력=필요마력
㉰ 이용마력<필요마력
㉱ 유도항력마력=이용마력+필요마력

7. 다음의 진술 내용 중 가장 올바른 것은?
㉮ 조종면을 조작하기 위한 조종력은 힌지 모멘트의 크기에 관계가 있다.
㉯ 조종면에 변위를 주게 되어도 그 윗면과 아랫면 또는 좌측면과 우측

면의 압력분포에는 영향을 미치지 않는다.

㉰ 힌지 모멘트는 항상 비행기의 조종을 용이하게 하는데 도움을 준다.

㉱ 힌지 모멘트는 힌지모멘트 계수, 동압 그리고 조종면의 크기에 반비례한다.

8. 비행중 항공기가 항력과 추력이 같으면 어떻게 되는가?

㉮ 감속전진 비행한다.

㉯ 가속전진 비행한다.

㉰ 정지한다.

㉱ 등속도 비행을 한다.

9. 프로펠러 진행율(advance ratio)의 정의 J=V/nD에서 진행율 J의 단위는?

㉮ rps(revolutions per second)

㉯ m/s

㉰ m

㉱ 무차원

10. 항공기의 활공각을 θ라고 할 때 tanθ의 특성으로 가장 올바른 것은?

㉮ 양항비와 비례한다.

㉯ 양항비와 반비례한다.

㉰ 고도와 반비례한다.

㉱ 활공속도와 반비례한다.

11. 항공기에 쳐든각(dihedral angle)을 주는 가장 큰 이유는 무엇인가?

㉮ 임계 마하수를 높힐 수 있다.

㉯ 익단실속을 방지할 수 있다.

㉰ Pitching moment에 대한 안정성을 준다.

㉱ Rolling과 Yawing moment에 대한 안정성을 준다.

12. 유동하는 아음속 유체의 속도를 구하기 위해서는 다음 어느 것을 측정해야 하는가?

㉮ 정압과 전온도

㉯ 정압과 온도

㉰ 전압과 전온도

㉱ 정압과 전압

13. 날개 밑에 장착되는 보틸론(Vortilon)의 역할은?

㉮ 가로안정 유지

㉯ 딥 실속(deep stall) 방지

㉰ 유도항력 감소

㉱ 옆 미끄럼(side slip) 방지

14. 항공기의 세로 안정성(static longitudinal stability)에 대한 설명으로 틀린 것은?

㉮ 무게 중심위치가 공기역학적 중심보다 전방에 위치할수록 안정성이 좋아진다.

㉯ 날개가 무게 중심위치 보다 높은

위치에 있을 때 안정성이 좋다.

㉰ 꼬리날개 면적을 크게 하면 안정성이 좋다.

㉱ 꼬리날개 효율을 작게 할수록 안정성이 좋다.

15. 헬리콥터의 총중량이 800kgf, 엔진 출력 160HP, 회전날개의 반경이 2.8m, 회전날개 깃의 수가 2개일 때의 원판 하중은?

㉮ 28.5 kgf/m^2 ㉯ 30.5 kgf/m^2

㉰ 32.5 kgf/m^2 ㉱ 35.5 kgf/m^2

16. 비행기의 날개에 사용되는 Airfoil (에어포일)의 요구조건으로 적합한 것은?

㉮ 강도를 위해 두꺼울수록 좋다.

㉯ C_L 특히 C_{Lmax}가 클 것

㉰ C_D 특히 C_{Dmax}가 클 것

㉱ 앞전 반경은 클수록 좋다.

17. 프로펠러의 추력에 대한 설명 내용으로 가장 올바른 것은?

㉮ 프로펠러의 추력은 공기밀도에 비례하고 회전면의 넓이에 반비례한다.

㉯ 프로펠러의 추력은 회전면의 넓이에 비례하고 깃의 선속도의 자승에 반비례한다.

㉰ 프로펠러의 추력은 공기밀도에 반비례하고 회전면의 넓이에 비례한다.

㉱ 프로펠러의 추력은 회전면의 넓이에 비례하고 깃의 선속도의 자승에 비례한다.

18. 비행기의 무게가 2,500 (kg)이고, 큰 날개의 면적이 20 (m^2)이며, 해발고도(밀도가 0.125 $(kgf \cdot s^2/m^4)$임)에서의 실속 속도가 120 (km/h)인 비행기의 최대양력계수 (C_{Lmax})는 얼마인가?

㉮ 0.5 ㉯ 1.8

㉰ 2.8 ㉱ 3.4

19. 와류 발생장치(VORTEX GENERATOR)의 주 목적은?

㉮ 층류의 유지

㉯ 익단실속의 방지

㉰ 불규칙 흐름의 제거

㉱ 항력감소

20. 형상항력에 대한 설명으로 가장 거리가 먼 것은?

㉮ 이상유체에는 나타나지 않는 항력이다.

㉯ 공기가 점성을 가지기 때문에 생기는 항력이다.

㉰ 날개골의 형태에 따라 다른 값을 가지는 항력이다.

㉱ 날개표면에 유도항력에 의해 발생한다.

항공역학 실전문제 제 17 회

1. 항공기가 등속수평비행을 하기 위한 조건은 어느 것인가?
(단, 양력:L, 항력:D, 추력:T, 무게:W)
㉮ L=D, T=W ㉯ L=W, D=T
㉰ L=T, D=W ㉱ L=D, L=T

2. 어떤 원통관 내 비 압축성 흐름에서 입구(A)의 지름이 5cm이고, 출구(B)의 지름이 10cm일, A를 지나는 유체 속도가 5m/sec이다. B를 지나는 유체의 속도는 얼마인가?
(단, ρ는 일정)
㉮ 5m/sec ㉯ 2.5m/sec
㉰ 1.25m/sec ㉱ 0.25m/sec

3. 고도 약 2,300m에서 비행기가 825m/sec로 비행할 때 마하수는?
(단, 음속 $C=C_0\sqrt{\frac{273+t℃}{273}}$, C_0 =330[m/sec])
㉮ 2.0 ㉯ 2.5
㉰ 3.0 ㉱ 3.5

4. 헬리콥터의 코닝앵글(coning angle)을 설명한 내용으로 틀린 것은?
㉮ 원심력과 블레이드(blade)의 시위선과 이루는 각이다
㉯ 헬리콥터에 무거운 하중을 매달았을 때는 코닝 앵글이 크게 된다.
㉰ 원심력과 양력 때문에 생기는 각이다.
㉱ 원심력이 일정하다면 코닝앵글도 일정하다.

5. 사이드 슬립(side slip)에 의한 롤링 모멘트 변화에 가장 크게 작용하는 것은?
㉮ 에이러론(aileron)
㉯ 안정판(stabilizer)
㉰ 후퇴각
㉱ 상반각(dihedral angle)

6. 항공기가 세로안정성이 있다는 것은 다음 중 어느 경우에 해당하는가?
㉮ 받음각이 증가함에 따라 키놀이 모멘트 값이 부(−)의 값을 갖는다.
㉯ 받음각이 증가함에 따라 키놀이 모멘트 값이 (+)의 값을 갖는다.
㉰ 받음각이 증가함에 따라 옆놀이 모멘트 값이 부(−)의 값을 갖는다.
㉱ 받음각이 증가함에 따라 옆놀이 모멘트 값이 정(+)의 값을 갖는다.

7. 다음의 내용 중 가장 올바른 것은?
㉮ 조종면은 힌지축을 중심으로 위와 아래로, 또는 좌우로 변위한다.
㉯ 조종면이 변해도 캠버는 항상 일정하다.
㉰ 조종면에 발생하는 힌지모멘트는 동압과 힌지모멘트 계수에 반비례한다.
㉱ 조종면의 폭과 시위의 크기를 2배로 하면 조종력은 4배가 된다.

8. 헬리콥터 회전날개의 회전면과 회전날개(원추모서리)사이의 각을 코닝각(Coning Angle)이라 부르는데 이러한 코닝각을 결정하는 가장 중요한 요소는?
㉮ 항력과 원심력의 합력
㉯ 양력과 추력의 합력
㉰ 양력과 원심력의 합력
㉱ 양력과 항력의 합력

9. 비행기의 평형상태를 뜻하는 것이 아닌 것은?
㉮ 작용하는 모든 힘의 합이 무게중심에서 "0"인 상태
㉯ 속도변화가 없는 상태
㉰ 비행기의 기관이 추력을 일정하게 내는 상태
㉱ 비행기의 회전 모멘트 성분들이 없는 상태

10. 고정피치 프로펠러를 장착한 항공기의 비행 속도가 증가하는 경우에 가장 올바른 내용은?
㉮ 깃각이 증가한다.
㉯ 깃의 받음각이 증가한다.
㉰ 깃각이 감소한다.
㉱ 깃의 받음각이 감소한다.

11. 항력계수가 0.02이며, 날개면적이 20[m^2]인 항공기가 150[m./sec]로 등속도 비행을 하기 위해 필요한 추력은 약 몇[kgf]인가?
(단, 공기의 밀도는 0.125kgf·sec^2/m^4)
㉮ 430 ㉯ 560
㉰ 640 ㉱ 720

12. 항공기 날개에 상반각을 주게 되면 다음과 같은 특성을 갖게 한다. 가장 올바른 내용은?
㉮ 유도저항을 적게 하고 방향 안정성을 좋게 한다.
㉯ 옆미끄럼을 방지하고 가로 안정성을 좋게 한다.
㉰ 익단 실속을 방지하고 세로 안정성을 좋게 한다.
㉱ 선회성능을 향상시키나 가로 안정성을 해친다.

13. 비행기 중량 W=5000kg, 날개면적 S=50m^2, 비행고도가 해면상일 때 최소고도 V_{min}=(m/sec)을 구

하면?
(단, 비행기의 C_{Lmax}(양력계수)=1.56
밀도 ρ =1/8kgf·sec²/m⁴)

㉮ 0.32　　㉯ 1.32
㉰ 13.2　　㉱ 32

14. 제트기의 항속거리를 최대로 하기 위한 조건 중 가장 올바른 것은?
㉮ 비연료 소비율을 크게 한다.
㉯ $\left(\frac{C_L^{1/2}}{C_D}\right)_{MAX}$ 인 상태로 비행한다.
㉰ 추력을 최대로 비행한다.
㉱ 하중계수를 최대로 비행한다.

15. 날개 표면에는 천이(TRANSITION) 현상이 일어난다. 그 현상을 가장 올바르게 설명한 것은?
㉮ 흐름이 날개 표면으로부터 박리되는 현상
㉯ 유체가 진동하면서 흐르는 현상
㉰ 유체의 속도가 시간에 대해서 변화하는 비정상류로 변화하는 현상
㉱ 층류 경계층에서 난류 경계층으로 변화하는 현상

16. 날개 순환이론에 대한 설명을 가장 올바른 내용은?
㉮ 날개의 앞쪽에는 출발와류로 인한 빗올림 흐름이 있다.
㉯ 속박와류로 인하여 날개에 양력이 발생한다.
㉰ 날개를 지나는 흐름은 윗면에서는 정(+)압이고, 아랫면에서는 부(−)압이다.
㉱ 날개끝 와류의 중심축은 흐름방향에 직각이다.

17. 압력중심(CENTER OF PRESSURE)에 관한 설명으로 가장 거리가 먼 것은?
㉮ 날개에 압력이 작용하는 합력점이다.
㉯ 압력중심의 위치는 앞전으로부터 압력 중심까지의 거리와 시위 길이와의 비(%)로 나타낸다.
㉰ 보통의 날개에서 받음각이 커지면 압력중심은 뒤로 이동한다.
㉱ 압력중심 이동이 크면 비행기의 안정성에 좋지 않다.

18. 프로펠러의 각 단면에서 추력에 해당하는 값은? (단, L : 깃요소 양력, α : 받음각, D=깃요소 항력, β : 깃각, ψ : 유입각)
㉮ L cos(α)
㉯ DL cos(α)−D sin(α)
㉰ L cos(β)−D sin(β)
㉱ L cos(ψ)−D sin(ψ)

19. 프로펠러의 깃각에 비틀림을 주는 가장 큰 이유는?
㉮ 깃의 뿌리에서 끝까지 받음각을 일정하게 유지시킨다.

㉯ 깃의 뿌리에서 끝까지 유입각을 일정하게 유지시킨다.
㉰ 깃의 뿌리에서 끝까지 피치를 일정하게 유지시킨다.
㉱ 깃의 뿌리에서 끝으로 감에 따라 피치를 감소시킨다.

20. 비행기가 하강비행을 하는 동안 조종간을 당겨 기수를 올리려 할 때, 받음각과 각속도가 특정값을 넘게 되면 예상한 정도 이상으로 기수가 올라가게 되는 현상은?
㉮ 스핀(spin)
㉯ 더치롤(Duch roll)
㉰ 버페팅(buffeting)
㉱ 피치 업(pitch up)

항공역학 실전문제 제18회

1. 초음속 흐름 속에 쐐기형 에어포일이 그림과 같이 놓여져 있다. 에어포일 주위에 충격파, 팽창파가 생기고 초음속흐름이 지나고 있다. 다음 설명에서 틀린 것은?

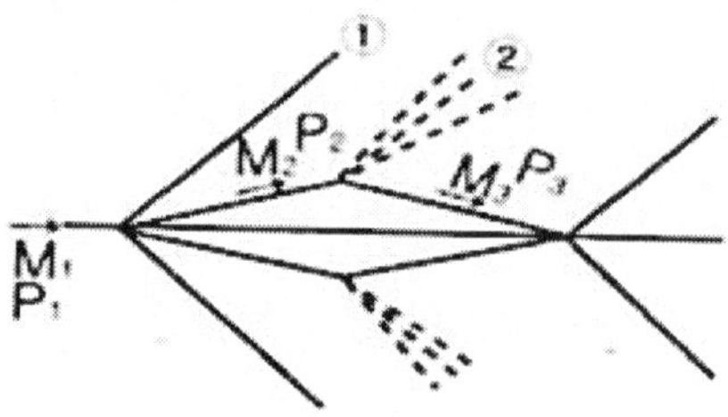

㉮ ①충격파 $M_1 > M_2$, $P_1 < P_2$

㉯ ②팽창파 $M_1 > M_3$, $P_1 < P_2$

㉰ ①충격파 $M_1 > M_2$, $P_1 < P_2$

㉱ ②팽창파 $M_1 > M_2$, $P_1 < P_2$

2. 프로펠러 항공기가 최대항속시간으로 비행할 수 있기 위한 조건은?

㉮ $\left(\frac{C_D}{C_L}\right)$최대　　㉯ $\left(\frac{C_D^{\frac{3}{2}}}{C_L}\right)$최대

㉰ $\left(\frac{C_L^{\frac{1}{2}}}{C_D}\right)$최대　　㉱ $\left(\frac{C_L}{C_D^{\frac{1}{2}}}\right)$최대

3. 고양력 장치의 원리를 가장 올바르게 설명한 것은?

㉮ 최대양력 계수 C_{Lmax}의 값을 증가시켜 실속 속도를 감소시키는 것이다.

㉯ 레이놀즈수를 증가시켜서 항력을 감소시키는 것이다.

㉰ 날개 면적을 줄여서 날개의 항력을 감소시키는 것이다.

㉱ 최대 양력계수 C_{Lmax}의 값을 증가시켜 이륙 속도를 증가시키는 것이다.

4. 레이놀즈(Reynolds Number : Re)에 대한 설명 중에서 가장 관계가 먼 내용은?

㉮ $Re=\rho VL/\mu = VL/\nu$ 로 나타낼 수 있다.(ν : 동점성계수)

㉯ 관성력과 점성력의 비를 표시한다.

㉰ Re의 단위는 cm^2/sec이다.

㉱ 천이현상이 일어날 때의 레이놀즈수를 임계 레이놀즈수라 한다.

5. 비행기가 상승함에 따라 점점 상승률이 떨어진다. 절대 상승 한계에서 이용마력과 필요마력과의 관계를 가장 올바르게 표현한 것은?

㉮ 이용마력이 필요마력보다 크다

㉯ 이용마력이 필요마력고하 같다.

㉰ 이용마력이 필요마력보다 작다.

㉱ 고도에 따라 마력이 변하므로 비교할 수 없다.

6. 비행기의 수직꼬리날개 앞 동체에 붙어 있는 도살핀(Dorsal fin)의 가장 중요한 역할은 무엇인가?
㉮ 세로 안정성을 좋게 한다.
㉯ 가로 안정성을 좋게 한다.
㉰ 방행 안정성을 좋게 한다.
㉱ 구조 강도를 좋게 한다.

7. 비행기의 조종간에 걸리는 힘을 적게 하기 위해 여러 가지 장치를 사용하여 힌지 모멘트를 조절한다. 힌지 모멘트를 조절하기 위한 장치가 아닌 것은?
㉮ 혼밸런스(Horn Balance)
㉯ 오버행 밸런스(Overhang Balance)
㉰ 서보 탭(servo tabs)
㉱ 스포일러(Spoilers)

8. 프로펠러의 피치 분호(pitch distribution)를 가장 올바르게 설명한 것은?
㉮ 프로펠러 허브로부터 깃 끝까지의 피치각의 점진적인 변화
㉯ 프로펠러 허브로부터 깃 끝까지의 슬립각의 점진적인 변화
㉰ 프로펠러 허브로부터 깃 끝까지의 받음각의 점진적인 변화
㉱ 프로펠러 허브로부터 깃 끝까지의 깃각의 점진적인 변화

9. 실속속도가 160km/h이고 양항비가 5인 비행기가 마찰계수 0.06인 활주로에 착륙하는 경우, 이 비행기의 착륙 활주 거리는 약 얼마가 되는가?
㉮ 1,025m ㉯ 886m
㉰ 775m ㉱ 630m

10. 받음각이 클 때 기체전체가 실속되고 그 결과 롤링과 요잉을 수반함으로써 나선을 그리면서 고도가 감소되는 비행 상태는?
㉮ 스핀(spin) 비행 상태
㉯ 더치 롤(Dutch Roll) 비행 상태
㉰ 크랩 방식(Crab Method)에 의한 비행상태
㉱ 윙다운 방식(Wing Down Method)에 의한 비행 상태

11. 비행기의 실속속도가 150[m/sec]인 비행기가 해면상 가까이에서 60도의 경사각으로 선회 비행하는 경우 실속속도는?
㉮ 150[m/sec] ㉯ 173[m/sec]
㉰ 212[m/sec] ㉱ 300[m/sec]

12. 유도항력 계수에 대한 설명으로 가장 거리가 먼 것은?
㉮ 양력 계수의 제곱에 비례한다.
㉯ 항공기 속도에 비례한다.
㉰ 스팬 효율 계수에 반비례한다.
㉱ 날개의 유효 가로세로비에 반비례한다.

13. NACA 23015에서 “3”의 뜻을 가장 올바르게 표현한 것은?
㉮ 최대 캠버의 크기가 시위의 5%
㉯ 최대 캠버의 위치가 시위의 3%
㉰ 최대 캠버의 위치가 시위의 15%
㉱ 최대 두께의 위치가 시위의 15%

14. 상반각(Dihedral angle)에 대한 설명으로 가장 올바른 것은?
㉮ 선회 성능을 좋게 한다.
㉯ 옆미끄럼에 의한 옆놀이에 정적인 안정을 준다.
㉰ 항력을 감소시킨다.
㉱ 익단 실속을 방지한다.

15. 헬리콥터에서 직교하는 세 개의 X, Y, Z 축에 대한 모든 힘과 모멘트 합이 각각 0이 되는 상태를 무엇이라 하는가?
㉮ 전진상태 ㉯ 균형상태
㉰ 자전상태 ㉱ 정지상태

16. 헬리콥터의 꼬리회전날개(tail rotor)가 외부 물체 등에 부딪치거나 다른 원인에 의하여 갑자기 정지하게 되면 발생할 수 있는 현상으로서 가장 거리가 먼 것은?
㉮ 테일 붐 마운트의 손상
㉯ 테일 붐의 비틀림(Twist)
㉰ 행거베어링 마운트의 손상
㉱ 테일 드라이브 샤프트의 비틀림

17. 프로펠러의 추력계수 Ct를 가장 올바르게 나타낸 것은?
(단, T : 추력, n : 회전속도, D : 직경, ρ : 밀도)
㉮ $T/(n^2D^4)$ ㉯ $T/(n^2D^5)$
㉰ $T/(\rho n^2D^4)$ ㉱ $T/(\rho n^2D^5)$

18. 옆놀이 커플링(roll coupling)을 줄이는 방법으로 가장 거리가 먼 것은?
㉮ 쳐든각 효과를 감소시킨다.
㉯ 방향 안정성을 증가 시킨다.
㉰ 정상 비행상태에서 불필요한 공력 커플링을 감소시킨다.
㉱ 정상 비행상태에서 하중 배수를 제한한다.

19. 프로펠러의 허브 중심으로부터 길이방향 6인치 간격으로 깃 끝까지 나누어 표시한 것은?
㉮ 스테이션(station)
㉯ 커프스(cuffs)
㉰ 피치(pitch)
㉱ 슬립(slip)

20. 비행기의 안정성과 조종성에 관하여 가장 올바르게 설명한 것은?
㉮ 안정성과 조종성은 정비례한다.
㉯ 안정성과 조종성은 서로 상반되는 성질을 나타낸다.
㉰ 비행기의 안정성은 크면 클수록 바람직하다.
㉱ 정적 안정성이 증가하면 조종성은 증가된다.

항공역학 실전문제 제 19 회

1. 비행기의 무게가 6,000kgf이고, 경사각 60° 의 정상선회를 하고 있을 때, 이 비행기의 원심력은 얼마인가?
   ㉮ 10,392kgf ㉯ 10,676kgf
   ㉰ 12,176kgf ㉱ 13,126kgf

2. 필요마력에 대한 설명으로 가장 올바른 것은?
   ㉮ 고도가 높을수록 밀도가 증가하여 필요마력은 커진다.
   ㉯ 날개 하중이 작을수록 필요마력은 커진다.
   ㉰ 항력계수가 작을수록 필요마력은 작다.
   ㉱ 속도가 작을수록 필요마력은 크다.

3. 프로펠러가 항공기에 준 동력으로 가장 올바른 것은?
   ㉮ 추력/비행속도
   ㉯ 추력×비행속도
   ㉰ 추력×비행속도$^{2/3}$
   ㉱ 추력×비행속도^{2}

4. 조종면의 폭이 2배가 되면 조종력은 몇 배가 되어야 하는가?
   ㉮ 1/2배 ㉯ 변함없음
   ㉰ 2배 ㉱ 4배

5. 헬리콥터가 Hovering 할 때의 관계식으로 맞는 것은?
   ㉮ 헬리콥터 무게〈양력
   ㉯ 헬리콥터 무게=양력
   ㉰ 헬리콥터 무게〉양력
   ㉱ 헬리콥터 무게=양력+원심력

6. 헬리콥터의 양력분포 불균형을 해결하는 방법으로 가장 올바른 것은?
   ㉮ 전진하는 깃과 후퇴하는 깃의 받음각을 같게 한다.
   ㉯ 전진하는 깃과 뒤로 후퇴하는 깃의 피치각을 동시에 증가시킨다.
   ㉰ 전진하는 깃의 피치각은 감소시키고 뒤로 후퇴하는 깃의 피치각은 증가시킨다.
   ㉱ 전진하는 깃의 피치각은 증가시키고 뒤로 후퇴하는 깃의 피치각은 감소시킨다.

7. 무게 1,000kgf의 비행기가 7,000m 상공(b =0.06kgf × S^2/m^4)에서 급강하하고 있다. 항력계수 C_0=0.1이고, 날개하중은 30kgf/m^2이다. 이때의 급강하 속도는 얼마인가?

㉮ 100m/sec

㉯ $100\sqrt{3}$ m/sec

㉰ 200m/sec

㉱ $100\sqrt{5}$ m/sec

8. 방향키 부유각(float angle)이란?

㉮ 방향키를 밀었을 때 공기력에 의해 방향키가 변위 되는 각

㉯ 방향키를 당겼을 때 공기력에 의해 방향키가 변위되는 각

㉰ 방향키를 고정했을 때 공기력에 의해 방향키가 변위되는 각

㉱ 방향키를 자유로 했을 때 공기력에 의해 방향키가 자유로이 변위되는 각

9. 비행기가 평형 상태에서 이탈된 후, 그 변화의 진폭이 시간의 경과에 따라 증가하는 경우에 이를 가장 올바르게 설명한 것은?

㉮ 정적으로 불안정하다.

㉯ 동적으로 불안정하다.

㉰ 정적으로는 불안정하지만, 동적으로는 안정하다.

㉱ 정적으로도 안정하고, 동적으로도 안정하다.

10. 항공기 이륙거리를 짧게 하기 위한 설명 내용으로 가장 올바른 것은?

㉮ 항공기 무게와는 관계없다.

㉯ 배풍(TAIL WIND)을 받으면서 이륙한다.

㉰ 이륙시 플랩이 항력증가의 요인이 되므로 플랩을 사용하지 않는다.

㉱ 기관의 추력을 가능한 최대가 되도록 한다.

11. 항공기의 날개에서 발생하는 양력으로 인하여 압력항력이 발생하는데, 이것을 모슨 항력이라 하는가?

㉮ 유도항력

㉯ 조파항력

㉰ 표면 마찰항력

㉱ 형상압력

12. 프로펠러의 기하학적 피치비(geometric pitch ratio)를 가장 올바르게 정의한 것은?

㉮ 기하학적 피치 / 프로펠러 반지름

㉯ 프로펠러 반지름 / 기하학적 피치

㉰ 기하학적 피치 / 프로펠러 지름

㉱ 프로펠러 지름 / 기하학적 피치

13. 선회(Turns)비행시 외측으로 Slip 하는 가장 큰 이유는 무엇인가?

㉮ 경사각이 작고 구심력이 원심력보다 클 때

㉯ 경사각이 크고 구심력이 원심력보다 작을 때

㉰ 경사각이 크고 원심력이 구심력보다 작을 때

㉱ 경사각은 작고 원심력이 구심력보다 클 때

14. NACA 23015의 에어포일에서 최대캠버의 위치는?
㉮ 15% ㉯ 20%
㉰ 23% ㉱ 30%

15. 피치 업(pitch up)현상의 원인이 아닌 것은?
㉮ 뒤젖힘 날개의 날개 끝 실속
㉯ 뒤젖힘 날개의 비틀림
㉰ 받음각의 감소
㉱ 날개의 풍압 중심이 앞으로 이동

16. 다음 중 가로세로비로서 가장 올바른 것은?
㉮ s/b^2 ㉯ b^2/c
㉰ b^2/s ㉱ c/b

17. 차등 도움날개를 가장 올바르게 설명한 것은?
㉮ 좌·우측 도움날개의 위치를 비대칭으로 한다.
㉯ 좌·우측 도움날개의 작동속도를 다르게 한다.
㉰ 도움날개의 올림각과 내림각을 다르게 한다.
㉱ 좌·우측 도움날개의 면적을 다르게 한다.

18. 공기의 점성효과에 대한 설명내용으로 가장 올바른 것은?
㉮ 점성력은 속도(V), 면적(s), 점성계수(μ)에 반비례하고 경계층 두계에 비례한다.
㉯ 비행하는 물체에 작용하는 점성력의 특성을 가장 잘 나타내는 식은 베르누이 정리이다.
㉰ 동점성 계수$_v$는 밀도ρ 를 점성계수μ 로 나눈 값이다.
㉱ 점성은 일반적으로 온도에 따라 그 값이 변한다.

19. 지름이 20cm와 30cm로 된 관이 서로 연결 되어 있다. 지름20cm 관에서의 속도가 2.4m/sec일 때 30cm 관에서의 속도(m/sec)는 얼마인가?
㉮ 0.19 ㉯ 1.07
㉰ 1.74 ㉱ 1.98

20. 프로펠러 효율에 대한 설명 중 가장 거리가 먼 것은?
㉮ 추력에 비례한다.
㉯ 비행속도에 비례한다.
㉰ 진행율에 반비례한다.
㉱ 축동력에 반비례한다.

항공역학 실전문제 제 20 회

1. 절대상승 한도를 올바르게 설명한 것은?
   ㉮ 상승률이 0m/sec되는 고도
   ㉯ 상승률이 0.5m/sec되는 고도
   ㉰ 상승률이 5cm/sec되는 고도
   ㉱ 상승률이 0.5cm/sec되는 고도

2. 프로펠러 후류(ship stream)의 공기속도와 비행속도의 차이를 무슨 속도라 하는가?
   ㉮ 가속속도(accelerated velocity)
   ㉯ 후류속도(slip stream velocity)
   ㉰ 유도속도(induced velocity)
   ㉱ 하류속도(down stream velocity)

3. 프로펠러의 진행률을 가장 올바르게 설명한 것은?
   ㉮ 프로펠러의 유효피치와 프로펠러의 지름과의 비
   ㉯ 추력과 토오크와의 비
   ㉰ 프로펠러 기하피치와 프로펠러 유효피치와의 비
   ㉱ 프로펠러 기하피치와 프로펠러 지름과의 비

4. 정적으로 안정된 항공기에 해당하는 것으로 가장 올바른 것은? (단, C_M: 피칭 모멘트계수, α : 받음각)
   ㉮ C_M이 α 에 대한 기울기가 +값
   ㉯ C_M이 α 에 대한 기울기가 −값
   ㉰ C_M,에 α 에 대한 기울기가 0값
   ㉱ $(\frac{dC_M}{d})C \cdot g$가 0값

5. 연속의 방정식을 설명한 내용으로 가장 올바른 것은? (단, 아음속임)
   ㉮ 유체의 점성을 고려한 방정식이다.
   ㉯ 유체의 밀도와는 관계가 없다.
   ㉰ 비압축성 유체에만 적용된다.
   ㉱ 유체의 속도는 단면적과 관계된다.

6. 활공기에서 활공거리를 크게 하기 위한 설명 중 가장 올바른 것은?
   ㉮ 형상항력을 최대로 한다.
   ㉯ 가로세로비를 작게 한다.
   ㉰ 날개의 가로세로비를 크게 한다.
   ㉱ 표면 박리현상 방지를 위하여 표면을 적절히 거칠게 한다.

7. 헬리콥터 회전날개(Rotor Blade)에 적용되는 기본 힌지(Hinge)로 가장

올바른 것은?

㉮ 플래핑힌지(Plapping), 페더링힌지(Feathering), 전단 힌지(Shear)

㉯ 플래핑힌지, 페더링힌지, 항력힌지(Lead-Lag)

㉰ 페더링 힌지, 항력힌지, 전단힌지

㉱ 플래핑힌지, 항력힌지, 경사(Slope) 힌지

8. 도움날개(aileron) 및 승강키(elevator)의 힌지 모멘트과 이들 조종면을 원하는 위치에 유지하기 위한 조종력과의 관계로서 가장 올바른 것은?

㉮ 힌지 모멘트가 커져도 필요한 조종력에는 변화가 없다.

㉯ 힌지 모멘트가 크면 조종력은 작아도 된다.

㉰ 힌지 모멘트가 크면 조종력도 커야 한다.

㉱ 아음속 항공기에서는 힌지모멘트가 커질수록 필요한 조종력은 작아진다.

9. 수직 꼬리날개가 실속하는 큰 옆미끄럼각에서도 방향안정성을 유지하기 위하여 사용되는 장치는?

㉮ 플랩(flap)

㉯ 도살핀(dosal Fin)

㉰ 스포일러(spoiler)

㉱ 러더(rudder)

10. 항공기 중량 900kgf, 날개면적 10 m^2인 제트 비행기가 수평등속도로 비행하고 있다. 이때 추력은? (단, $C_L/C_0=3$)

㉮ 300kgf ㉯ 250kgf

㉰ 200kgf ㉱ 150kgf

11. 항공기가 기관이 정지한 상태에서 수직강하하고 있을 때 도달할 수 있는 최대속도를 종극 속도라 한다. 종극속도는 어떠한 상태에 이를 때의 속도를 말하는가?

㉮ 항공기 총중량과 항공기에 발생되는 양력이 같은 경우

㉯ 항공기 총중량과 항공기에 발생되는 항력이 같아지는 경우

㉰ 항공기 양력의 수평분력과 항력의 수직분력이 같은 경우

㉱ 항공기 양력과 항력이 같은 경우

12. NACA 2415에서 “2”는 무엇을 의미 하는가?

㉮ 최대캠버가 시위의 2%

㉯ 최대 두께가 시위의 2%

㉰ 최대캠버 위치가 CHORD의 20%

㉱ 최대두께가 시위의 20%

13. 프로펠러의 효율이 80%인 항공기가 그 기관의 최대출력이 800마력인 경우 이 비행기가 수평 최대속도에서 낼 수 있는 최대 이용마력은?

㉮ 640ps ㉯ 760ps

㉰ 800ps ㉱ 880ps

14. 그림과 같이 상대적으로 갑작스런 실속이 일어나는 특성을 갖는 날개골은?

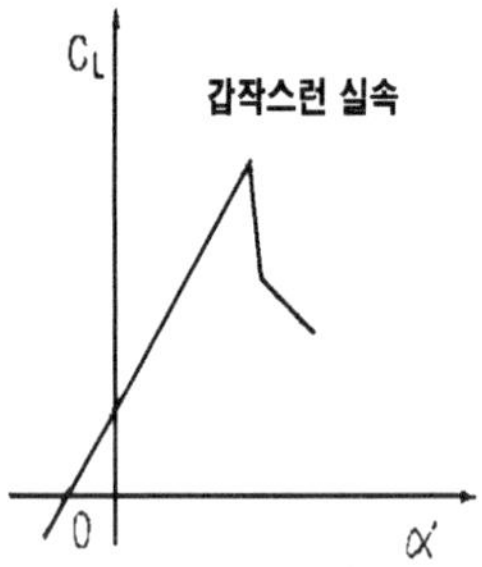

㉮ 두께가 두꺼운 날개골
㉯ 앞전 반지름이 큰 날개골
㉰ 캠버가 큰 날개골
㉱ 층류 날개골

15. 프로펠러의 페더링(fethering)상태란 깃각이 어느 상태인가?
㉮ 깃 각이 0°에 근접한 상태
㉯ 깃 각이 90°에 근접한 상태
㉰ 깃 각이 −90°에 근접한 상태
㉱ 깃 각이 180°에 근접한 상태

16. 피치 업(pitch up) 원인과 가장 거리가 먼 것은?
㉮ 뒤젖힘 날개의 날개끝 실속
㉯ 뒤젖힘 날개의 비틀림
㉰ 쳐든각 효과의 감소
㉱ 날개의 풍압중심이 앞으로 이동

17. 동적가로안정이 불안정할 때 나타나는 현상과 가장 거리가 먼 것은?
㉮ 방향 불안정
㉯ 세로방향 불안정
㉰ 나선 불안정
㉱ 가로방향 불안정

18. 날개면적이 $100m^2$이고 평균시위가 $5m$일 때의 가로 세로비는 얼마인가?
㉮ 1 ㉯ 2
㉰ 3 ㉱ 4

19. 대류권에서 고도가 증가함에 따라 공기의 밀도, 온도, 압력은 어떻게 되는가?
㉮ 밀도, 온도는 감소하고 압력은 증가한다.
㉯ 밀도는 증가하고 압력, 온도는 감소한다.
㉰ 밀도, 압력, 온도 모두 증가한다.
㉱ 밀도, 압력, 온도 모두 감소한다.

20. 비행기가 무동력으로 하강하는 것에 대응하는 헬리콥터가 갖고 있는 가장 큰 특징은?
㉮ 수직상승
㉯ 자전하강(Autorotation)
㉰ 플래핑(Flapping)
㉱ 리드-래그(lead-lag)

항공역학 실전문제 제 21 회

1. 4자 계열 날개골의 특징이 아닌 것은?
   가. 두께가 5~18%정도 까지는 두꺼울수록 앞전 반지름도 커지므로 실속각과 최대 양력계수가 커진다.
   나. 두께가 5~18%이상에서는 큰 받음각일 때 최대 양력계수 값이 떨어진다.
   다. 캠버의 실용범위는 4% 정도이다.
   라. 항력은 두께가 얇고 캠버가 적을수록 작은 받음각에서 작다.

2. 항공기 날개에 상반각을 주게 되면 다음과 같은 특성을 갖게 된다. 가장 올바른 것은?
   가. 유도저항을 적게 하고 방향 안정성을 좋게 한다.
   나. 옆 미끄럼을 방지하고 가로 안정성을 좋게 한다.
   다. 익단 실속을 방지하고 세로 안정성을 좋게 한다.
   라. 선회 성능을 향상시키나 가로 안정성을 해친다.

3. 항공기의 세로 안정성(static longitudinal stability)에 대한 설명으로 가장 거리가 먼 것은?
   가. 무게 중심의 위치가 공기 역학적 중심보다 전방에 위치할 수록 안정성이 좋아진다.
   나. 날개가 무게 중심 위치보다 높은 위치에 있을 때 안정성이 좋다.
   다. 꼬리날개의 면적을 크게 하면 안정성이 좋다.
   라. 꼬리날개의 효율을 작게 할수록 안정성이 좋다.

4. 활공비행의 한 종류인 급강하 비행시(공각900) 비행기에 작용하는 힘을 나타낸 식으로 가장 올바른 것은? (단, L=양력 D=항력 W=항공기 무게)
   가. L=D　　나. D=W
   다. D+W=0　　라. D=0

5. 프로펠러의 SLIP 이란?
   가. 유효피치에서 기하학적피치를 뺀 값을 평균 기하학적피치의 백분율로 표시
   나. 기하학적피치에서 유효피치를 뺀 값을 평균 기하학적피치의 백분율로 표시
   다. 유효피치에서 기하학적피치를

나눈 값을 백분율로 표시
라. 유효피치와 기하학적 피치를 합한 값을 백분율로 표시

6. 하강비행 중 기수를 올리려 할 때 받음각과 각속도가 특정 값을 넘게 되면 예상한 정도 이상의 기수가 올라가는 현상을 무엇이라 하는가?
가. 턱 업(tuck up)
나. 피치 업(pitch up)
다. 디프 실속(deep stall)
라. 기수 업(nose up)

7. 비행속도 360km/h, 공기밀도 1/8 $kg \cdot sec^2/m^4$인 경우 동압은?
가. 45 kg/m^2
나. 450 kg/cm^2
다. 625 kg/m^2
라. 62.5 kg/cm^2

8. 항공기 중량 5000kg, 날개면적 30 m^2, 실속속도 100 ㎧에서 항력계수를 구하면?
가. 0.2 나. 0.27
다. 0.3 라. 0.42

9. 다음 중 항력 버켓을 가장 올바르게 설명한 것은?
가. 양항력 곡선에서 어떤 양력계수 부근에서 항력계수가 갑자기 작아지는 부분
나. 양항력 곡선에서 어떤 항력계수 부근에서 항력계수가 갑자기 작아지는 부분
다. 양항력 곡선에서 어떤 항력계수 부근에서 양력계수가 갑자기 작아지는 부분
라. 양항력 곡선에서 어떤 양력계수 부근에서 양계수가 갑자기 커지는 부분

10. 이륙활주거리를 짧게 하기 위해서는 다음 어느 조건이 만족되어야 하는가?
가. 익면하중이 크고 양력계수도 클 것.
나. 익면하중이 크고, 지면 마찰계수가 작을 것
다. 익면하중이 작고 지면 마찰계수가 클 것
라. 익면하중이 작고 양력계수가 클 것

11. 프로펠러의 진행비(advance ratio)를 올바르게 나타낸 것은?(단, V 속도, n프롭회전수, D프롭지름)
가. J=V / nD 나. J=nD / V
다. J=n / VD 라. J=D / Vn

12. 헬리콥터에서 기하학적 불균형을 제거 할 수 있도록 하기 위해 부착 된 것은?
가. 피치 암 나. 페더링 힌지
다. 플레핑 힌지 라. lead-lag 힌지

13. 프로펠러에서 깃 뿌리에서 깃 끝으로 위치 변화에 따른 기하학적 피치 변화는?
가. 감소하도록 설계한다.
나. 일정하도올 설계한다.
다. 증가하도록 설계한다.
라. 중간 지점이 최대가 되도록 설계한다.

14. 헬리콥터에서 유도속도를 가장 올바르게 표현 한 것은?
가. 하버링 중의 로우터 회전면 하류의 풍압이다.
나. 로우터 회전면의 하류의 공기의 풍압이다.
다. 로우터 회전면 하류의 공기의 속도이다.
라. 로우터 회전면 상류의 공기의 흐름이다.

15. 비행기의 안정과 조종, 그리고 운도의 문제를 다루는 데 있어서 기준이 되는 좌표축(기준축: body axis)은 비행기의 어느 것을 원점으로 하는가?
가. 공기력 중심
나. 공기역학적중심
다. 무게중심
라. 기하학적중심

16. 뒤젖힘 각을 가장 올바르게 설명한 것은?
가. 25%C(코드길이)되는 점들을 날개뿌리에서 날개 끝까지 연결한 직선과 기체의 가로축이 이루는 각
나. 날개가 수평을 기준으로 위로 올라간 각도
다. 기체의 세로축과 날개의 시위선이 이루는 각
라. 날개 끝의 붙임각을 날개뿌리의 붙임각보다 크거나 작게 한 것

17. 다음은 열권에 관한 설명이다. 가장 관계가 먼 것은?
가. 열권은 중간권 위에 있다.
나. 열권에서는 분자, 원자가 충돌할 수 있는 기회가 아주 적어 각원자, 분자는 지상에서 발사된 탄환과 같은 궤적을 그리며 운동하고 있다.
다. 위도가 높은 지방의 하늘에서 그 광이나 유성이 길게 밝은 빛의 꼬리를 남기는 것은 주로 열권에서 일어난다.
라. 열권에는 전리층이 있다.

18. 비행기 옆 미끄럼 상태에 들어갔을 때의 설명으로 가장 올바른 것은?
가. 수직 꼬리날개의 받음각에는 변화가 없다.
나. 비행기의 기수를 상대풍과 반대방향으로 이동시키려는 힘이 발생한다.

다. 수평꼬리날개에 옆 미끄럼(SIDE FORCE)이 발생된다.

라. 무게중심에 대한 빗놀이 모멘트가 발생된다.

19. 비행기의 세로축(LONGITUDINAL AXIS)을 중심으로 한 옆놀이(ROLLING)에 가장 관계가 깊은 조종면은?

가. 도움날개(AILERON)

나. 승강키(ELEVATOR)

다. 방향키(RUDDER)

라. 플랩(FLAP)

20. 이륙중량이 1500kg 엔진출력이 200HP인 비행기가 5000M고도를 출력 50%로 360km-h로 순항비행하고 있다. 양항비 (cl/cd)를 구하면?

가. 5 나. 10

다. 15 라. 20

항공역학 실전문제 제 22 회

1. 정적방향 안정성에 대한 추력효과에 대하여 가장 올바르게 설명한 내용은?
   가. 프로펠러 회전면이나 제트 입구가 무게중심의 앞에 위치했을 때 불안정을 유발한다.
   나. 수직 꼬리날개에서 추력에 의한 유도속도의 변경에 기인하는 간섭효과는 일반적으로 제트 비행기인 경우에 더 심각하다.
   다. 수직 꼬리날개에서 추력에 의한 흐름방향의 변경에 기인하는 간섭효과는 일반적으로 제트 비행기인 경우에 더 심각하다.
   라. 추력효과가 정적안정에 불리한 영향을 가장 크게 미치는 경우는 추력이 작고 동압이 클 때이다.

2. 다음 중 비행기의 방향안정에 일차적으로 영향을 주는 것은?
   가. 수평꼬리날개
   나. 수직꼬리날개
   다. 플랩
   라. 슬랫

3. 헬리콥터의 종류 중 꼬리회전날개가 필요한 헬리콥터는?
   가. 단일 회전날개 헬리콥터
   나. 동축 역회전 헬리콥터
   다. 병렬식 회전날개 헬리콥터
   라. 직렬식 회전날개 헬리콥터

4. 날개의 길이가 10m이고 넓이가 25^2m인 날개의 가로세로비는?
   가. 2　　나. 4
   다. 6　　라 .8

5. 프로펠러 항공기의 비행속도가 V이고 프로펠러의 회전수가 N rpm이면, 이 항공기 프로펠러의 유효피치는?
   가. VN/60　　나. 60N/V
   다. 60V/N　　라. N/60

6. 비행기의 조종면 이론에서 힌지 모멘트에 대한 설명 내용으로 가장 관계가 먼 것은?
   가. 힌지모멘트 계수에 비례한다.
   나. 동압에 비례한다.
   다. 조종면의 크기에 비례한다.
   라. 조종면 폭에 반비례한다.

7. 날개면적이 $100[m^2]$이며, 고도 $5,000[m]$에서 150[m/sec]로 비행

하고 있는 항공기가 있다. 이때의 항력계수는 0.020이다. 필요한 마력 [ps]은? 밀도 0.07kg. sec^2/m^4

가. 1.890 나. 2.500

다. 3.150 라. 3.250

8. 프로펠러의 회전에 의한 원심력이 깃 각에 주는 영향은?

가. 깃 각을 작게 한다.

나. 깃 각을 일정하게 유지한다.

다. 깃 각을 크게 한다.

라. 영향을 주지 않는다.

9. 비행기의 조종력을 경감시키는 공력평형장치가 아닌 것은?

가. 앞전 밸런스

나. 혼 밸런스

다. 내부 밸런스

라. 조종 밸런스

10. 항공기의 정적안정성이 작아지면 조종성 및 평형을 유지 시키려는 힘의 변화로 가장 올바른 것은?

가. 조종성은 감소되며 평형유지는 쉬워진다.

나. 조종성은 감소되며 평형유지는 어려워진다.

다. 조종성은 증가하며 평형유지는 쉬워진다.

라. 조종성은 증가하며 평형유지는 어려워진다.

11. 비행기의 중량W=450kg, 주 날개 면적 S $=50m^2$, 행기 고도가 해면일 때 비행기의 최소속도 V_{mim}을 구하면?

(단, 이때의 비행기의 $C_{LMAX}=1.6\rho=0.125kg.\sec^2/m^4$ 이다.)

가. 30 m/sec

나. 40 km/h

다. 100 m/sec

라. 120 km/h

12. 프로펠러 깃 각이 일정하다면, 깃 끝으로 갈수록 받음각의 변화는?

가. 작아진다.

나. 일정하다.

다. 커진다.

라. 중간부분이 최대가 된다.

13. 다음과 같은 활공기의 양, 항력 곡선에 대한 설명 중 가장 올바른 것은?

가. 최장거리 활공비행은 A점 받음각으로 활공하면 좋다.

나. 최장거리활공비행은 C점 받음각으로 활공하면 좋다.

다. 수평활공비행은 D점 받음각으로 이루어진다.

라. 수직 활공비행은 F점 받음각으로 이루어진다.

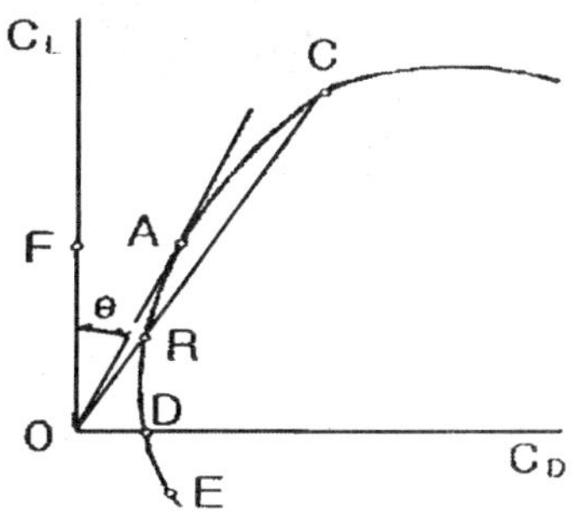

14. 유도항력계수에 대한 설명 중 가장 올바른 것은?
   가. 양력이 발생하지 않을 때는 유도항력은 존재하지 않는다.
   나. 저속비행에서 유도항력은 무시될 수 있다.
   다. 날개의 가로세로비가 클수록 유도항력은 증가 한다.
   라. 동일한 속도에서 항공기 무게가 증가하면 유도 항력은 감소한다.

15. 헬리콥터에서 회전날개의 깃은 회전하면 회전면을 밑면으로 하는 원추의 모양을 만들게 된다. 이 때 이 회전하는 면과 원추 모서리가 이루는 각을 무슨 각이라 하는가?
   가. 받음 각　　나. 코닝 각
   다. 피치 각　　라. 플래핑 각

16. 비행기가 등속도로 수평비행을 하고 있다면 이 비행기에 작용하는 하중계수는 g는?
   가. 0g　　나. 0.5g
   다. 1g　　라. 1.8g

17. 600kg/hr의 수평속도의 비행기가 같은 받음각 상태에서 30도 로 경사하여 선회하는 경우에 있어서 선회속도는?
   가. 645 km/hr　　나. 693 km/hr
   다. 850km/hr　　라. 1200 km/hr

18. 임계마하수란?
   가. 항력이 급격히 증가하는 마하수이다.
   나. 양력이 급격히 증가하는 마하수이다.
   다. 날개위의 임의 점에서 최고속도가 M=1.0이 되는 마하수이다.
   라. 이론상 항공기가 비행할 수 없는 속도제한 마하수이다.

19. 가로세로비가 큰 날개에서 갑자기 실속하는 경우와 가장 거리가 먼 것은?
   가. 두께가 얇은 날개골
   나. 앞전 반지름이 작은 날개골
   다. 캠버가 큰 날개골
   라. 레이놀즈수가 작은 날개골

20. 날개의 시위 3m 대기속도가 360km/h 공기의 동 점성계수가 $0.15cm^2/sec$ 일 때 레이놀즈 수는 얼마인가?
   가. 1×10^9　　나. 1×10^7
   다. 2×10^7　　라. 2×10^9

항공역학 실전문제 제 23 회

1. 프로펠러 슬립을 가장 올바르게 표현한 것은?
   가. [고피치 / 저피치 각]×100
   나. 진행률/프로펠러 효율
   다. [(기하학적 피치- 유효피치)/ 기하학적 피치]×100
   라. [유효피치-기하학적 피치)/ 유효피치]×100

2. 제트항공기가 최대 항속거리로 비행하기 위한 조건은? (단, 연료소비율은 일정)
   가. $(C_L^{\frac{1}{2}}/C_D)$ 최대 및 고고도
   나. $(C_L^{\frac{1}{2}}/C_D)$ 최대 및 저고도
   다. $((C_L/C_D)$ 최대 및 고고도
   라. (C_L/C_D) 최대 및 저고도

3. 항공기의 동적 안정성이 (+) 인 상태를 설명한 것으로 가장 올바른 것은?
   가. 운동의 진폭이 시간에 따라 점차 감소한다.
   나. 운동의 진폭이 점차 감소하며 비행기 기수가 점점 내림 현상을 갖는다.
   다. 운동의 진폭이 시간에 따라 점차 증가한다.
   라. 운동의 진폭이 점차 증가하며 비행기 기수가 점점 올림 현상을 갖는다.

4. 활공비행에서 활공각을 나타내는 식으로 가장 올바른 것은?(단, θ=활공각, C_L=양력계수, C_D=항력계수, T=추력, W=항공기 무게)
   가. $\sin\theta = C_L/C_D$
   나. $\cos\theta = W/C_L$
   다. $\tan\theta = C_D/C_L$
   라. $\tan\theta = C_L/C_D$

5. (　　) 안에 가장 알맞은 것은?
“비압축성 이란? 공기의 (　　) 변화를 무시할 수 있다는 것이다.”
   가. 밀도　　나. 온도
   다. 압력　　라. 점성력

6. 비행기 날개의 가로세로비(종횡비)가 커졌을 때 다음 중 가장 올바른 내용은?
   가. 유도항력이 감소한다.
   나. 유도항력이 증가한다.
   다. 양력이 감소한다.

라. 스팬효율과 양력이 증가한다.

7. 날개의 뒤젖힘 각 효과에 대한 설명으로 가장 올바른 것은?
   가. 방향안정(directional stability)에는 영향이 있지만 가로안정(lateral stability)에는 영향이 없다.
   나. 가로안정(lateral stability)에는 영향이 있지만, 방향안정(directional stability)에는 영향이 없다.
   다. 방향안정(directional stability)과 가로안정(lateraL stability) 모두에 영향이 있다.
   라. 방향안정(directional stability)과 가로안정(lateral stability) 모두에 영향이 없다.

8. 비행기의 날개에 사용되는 에어포일(Airfoil)의 구조건으로 가장 올바른 것은?
   가. 얇은 날개골은 받음각이 작을 때 항력이 크다.
   나. C_L특히 C_{LMAX}가 클 것
   다. C_D특히 C_{DMAX}가 클 것
   라. 앞전 반경은 클수록 좋다.

9. 항공기 왕복기관의 상승비행에 대한 설명으로 가장 올바른 것은?
   가. 이용마력과 필요마력이 같다.
   나. 이용마력이 필요마력보다 크다.
   다. 이용마력이 필요마력보다 적다.
   라. 필요마력의 1.5배에 이르렀을 때에 상승비행이 가능하다.

10. 공력평균시위(MAC)에 대한 설명으로 가장 거리가 먼 내용은?
   가. 이것은 날개를 가상적으로 직사각형 날개라고 가정 했을 때의 시위이다.
   나. 꼬리날개와 착륙장치의 배치 및 중심위치의 이동범위 등을 고려할 때 이용된다.
   다. 실용적으로는 날개 모양에 면적 중심을 통과하는 기하학적 평균시위를 말한다.
   라. 중심위치가 MAC의 25%라는 것은 중심이 MAC의 뒷전으로부터 25%가 되는 점이다.

11. 항공기 날개의 시위 길이가 5m, 대기속도가 360km/h, 동 점성 계수가 0.2cm^2/sec 일 때 레이놀즈수(R.N)는 얼마인가?
   가. 2.5×10^6　　나. 2.5×10^7
   다. 5×10^6　　라. 5×10^7

12. 무게 100kgf인 비행기가 해발고도위를 수평등속비행 하고 있다. 날개면적이 5m^2이면 최소속도는 얼마인가? (단, C_{Lmax}=1.2, 밀도 ρ =1/8 $kgf\cdot sec^2/m^4$)
   가. 160.33 (m/sec)

나. 16.33 (m/sec)
다. 1.629 (m/sec)
라. 26.29 (m/sec)

13. 조종면에서 앞전 밸런스 (leading edge balance)를 설치하는 가장 큰 목적은?
가. 양력증가
나. 조종력 경감
다. 항력감소
라. 항공기 속도 증가

14. 항공기의 비행방향에 대해서 양력과 중력이 같고 추력과 항력이 동일하다면 항공기의 운동은?
가. 공중에 정지한다.
나. 수평 가속비행을 한다.
다. 수평 등속비행을 한다.
라. 등속상승비행을 한다.

15. 비행기 날개에 작용하는 공기력은 무엇에 비례하는가? (단, ρ : 공기밀도, μ : 공기의 절대 점성계수, S : 프로펠러 깃의 면적, V : 프로펠러의 속도)
가. μSV^2 나. $\mu V^2/S$
다. ρSV^2 라. $\rho V^2/S$

16. "비행기의 가로안정에 날개가 가장 중요한 요소이다."로 안정을 유지시키는 가장 좋은 방법은?
가. 날개의 캠버를 크게 한다.
나. 날개에 쳐든각(dihedral angle)을 준다
다. 날개의 시위선을 최대로 한다.
라. 밸런스 탭(balance tab)을 장착한다.

17. 전진하는 헬리콥터의 주 회전날개에 있어서 전진 및 후진 깃의 양력차를 보정하기 위한 방법으로 가장 올바른 것은?
가. 페더링 힌지에 의해 조정
나. 플래핑 힌지에 의해 조정
다. 주회전날개의 전단 힌지에 의한 조정
라. 항력 힌지에 의한 조정

18. 프로펠러의 효율에 대한 설명 내용으로 가장 옳은 것은?
가. 프로펠러의 효율을 좋게 하기 위해서 진행율이 작을 때 는 깃 각을 크게 해야 한다.
나. 비행기가 이륙하거나 상승 시에는 깃 각을 크게 해야 한다.
다 비행속도가 증가하면 깃 각이 작아져야 한다.
라. 비행중 프로펠러 깃 각이 변하는 가변피치 프로펠러를 사용하면 프

로펠러 효율이 좋다.

19. 헬리콥터에서 필요마력을 구성하는 마력과 가장 관계가 먼 것은?
가. 유도항력 마력
나. 형상항력 마력
다. 조파항력 마력
라. 유해항력 마력

20. 총 중량이 5200kgf 인 비행기가 선회각 30° 로 정상선회 를 하고 있을 때, 이 비 행기에 작용하는 원심력은 약 얼마인가?
(단, sin 30°=0.5, cos 30°=0.866, tan30° =0.577)
가. 2600kg_f
나.3000kg_f
다.4503kg_f
라.5200kg_f

항공역학 실전문제 제24회

1. 다음 중에서 비행기의 세로 안정을 좋게 하기 위한 방법으로 가장 올바른 것은?
   가. 중심위치가 날개의 공력중심 전방에 위치 할 수록 좋다.
   나. 중심위치가 날개의 공력중심 후방에 위치 할수록 좋다.
   다. 꼬리날개 부피계수 값이 작을수록 좋다.
   라. 꼬리날개 효율이 작을수록 좋다.

2. 프로펠러 비행기의 항속거리(range)를 나타내는 식은?(단, R = 항속거리, B = 연료탑재량, V = 순항속도, P = 순항중의 기관의 출력, t = 항속시간, C = 마력당 1시간에 소비하는 연료량)
   가. $R=\frac{V}{t}$
   나. $R=\frac{C \cdot P}{V \cdot B}$
   다. $R=V \cdot \frac{B}{C \cdot P}$
   라. $R=P \cdot \frac{B}{C \cdot V}$

3. 착륙거리를 짧게 하기 위한 고항력 장치가 아닌 것은?
   가. 지상 스포일러(Ground Spoiler)
   나. 역추진장치(Thrust Reverser)
   다. 드래그 슈트(Drag Chute)
   라. 경계층 제어장치

4. 유효피치(effective pitch)를 설명한 것 중 틀린 것은?
   가. 공기 중에서 프로펠러가 1회전 할 때 실제 전진한 거리이다.
   나. V×(60/n) (V는 비행속도, n은 프로펠러 회전속도)로 표시할 수 있다.
   다. 일반적으로 기하학적 피치보다 작다.
   라. r은 프로펠러 중심부터의 거리, β는 깃각 일 때 날개골은 $2\pi r \cdot \tan\beta$의 유효피치를 가진다.

5. 동점성 계수(Kinematic Viscosity)를 나타내는 것은?
   가. $\frac{\text{점성계수}}{\text{밀도}}$
   나. $\frac{\text{밀도}}{\text{점성계수}}$
   다. $\frac{\text{관성력}}{\text{점성력}}$
   라. $\frac{\text{점성력}}{\text{중력}}$

6. 비행기에 도살 핀(Dorsal fin)을 사용하는 이유를 가장 올바르게 설명한 것은?
   가. 도살 핀은 롤링 모멘트를 적게 하여 비행기를 불안정 하게 한다.
   나. 수직 꼬리날개가 실속하는 큰 옆미끄럼각에 서도 방향안정을 유지한다.
   다. 도살 핀은 세로안정성을 크게 한다.
   라. 도살 핀은 플랩의 보조 역할이다.

7. 날개 밑에 장착되는 보틸론(Vortilon)의 가장 큰 역할은?
   가. 가로안정 유지
   나. 딥 실속(deep stall)방지
   다. 유도항력 감소
   라. 옆 미끄럼(side slip)방지

8. 글라이더(Glider)가 고도 2,000m 상공에서 양항비 20인 상태로 활공한다면 도달할 수 있는 수평활공거리(m)는?
   가. 40,000　　나. 6,000
   다. 3,000　　라. 2,000

9. NACA 23015에서 "3"의 뜻을 가장 올바르게 표현한 것 은?
   가. 최대 캠버의 크기가 시위의 3%
   나. 최대 캠버의 위치가 시위의 3%
   다. 최대 캠버의 위치가 시위의 15%
   라. 최대 두께의 위치가 시위의 15%

10. 프로펠러의 회정에 의해 깃이 허브 중심에서 밖으로 빠져 나가려는 힘은?
   가. 추력　　나. 원심력
   다. 비틀림응력　　라. 구심력

11. 이륙중량이 1,500kg, 엔진출력이 250HP인 비행기가 해면 고도를 80%의 출력으로 180km/h로 순항비행할 때 양항비(C_L/C_D)는?
   가. 5.25　　나. 5.0
   다. 6.0　　라. 6.25

12. 헬리콥터 회전날개에서 추력을 구하는 이론은?
   가. 회전면 상하 유동의 운동량 차이를 이용한 운동량 이론
   나. 로우터 브레이드의 코닝각 변화 이론
   다. 엔진의 연료 소비율에 따른 연소 이론
   라. 로우터 브레이드 회전관성을 이용한 관성이론

13. 압력중심(center of pressure)에 가장 큰 영향을 끼치는 요소는 어느 것인가?
   가. 양력　　나. 받음각
   다. 항력　　라. 추력

14. 비행기의 받음각이 외부적인 교란에 의해 진동을 시작해서 점차적으로 진동이 감소하여 처음의 상

태로 돌아갈 경우를 가장 올바르게 표현한 것은?

가. 정적안정　　나. 동적안정
다. 동적불안정　　라. 정적불안정

15. 관의 단면이 10cm^2인 곳에서 10m/s로 비압축성 유체가 흐르고 있다. 관의 단면이 25cm^2인 곳에서의 유체흐름 속도는?

가. 3m/s　　나. 4m/s
다. 5m/s　　라. 8m/s

16. 키놀이 운동(Pitching)을 위한 조종면은?

가. 에일러론　　나. 엘리베이터
다. 러더　　라. 스포일러

17. 고도 1,500m에서 M=0.7로 비행하는 항공기가 있다. 고도 12,000m에서 같은 속도로 비행할 때 Mach 수는?
(단, 고도 1,500m에서 음속(a)은 335m/s이며, 고도 12,000m에서 음속(a)은 295m/s이다.)

가. 약 0.3　　나. 약 0.5
다. 약 0.8　　라. 약 1.0

18. 헬리콥터는 자동회전(Auto-Rotation)을 행하기 위하여 프리휠 장치(Free Wheel unit)를 필요로 한다. 이 장치의 가장 중요한 역할은?

가. 회전날개(Rotor)는 기관에 의해서 구동되나 회전날개가 기관을 구동시킬 수 없도록 하는 장치
나. 회전날개는 기관에 의해 구동되며, 기관정지시 회전날개가 기관을 구동시킬 수 있도록 하는 장치
다. 회전날개는 기관에 의해서 구동되나, 자전강하시 회전날개가 기관을 구동시킬 수 있는 장치
라. 기관정지시 회전날개의 회전력으로 비상장비를 작동 시킬 수 있게 만든 장치

19. 프론펠러의 한 단면 그림에서 도면에 표시된 표시 내용이 맞는 것은?

가. ① 피치각
나. ② 받음각
다. ③ 깃각
라. ④ 회전속도

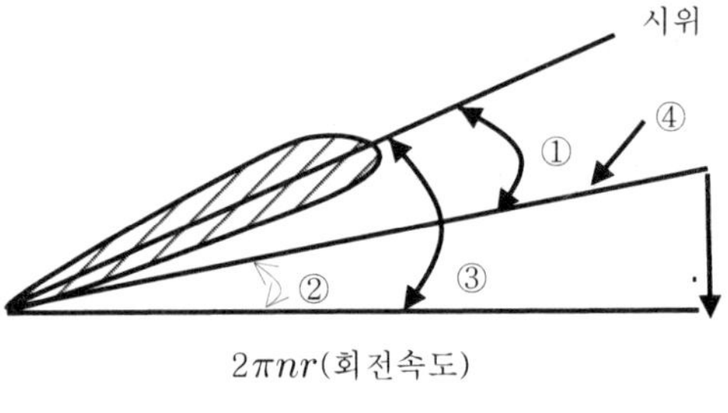

20. 형상항력의 표현으로 가장 올바른 것은?

가. 유도항력 + 조파항력
나. 표면마찰항력 + 유도항력
다. 간섭항력 + 조파항력
라. 압력항력 + 표면마찰항력

항공역학 실전문제 제 25 회

1. 비행 중에 비행기에 단주기 운동이 발생되었을 때 가장 좋은 대처방법은?
   가. 조종간을 자유롭게 놓는다.
   나. 조종간을 고정시킨다.
   다. 조종간을 당긴다.(상승비행)
   라. 조종간을 밀어 놓는다.(하강비행)

비행기의 동적 세로 안정은 일반적으로 장주기 운동, 단주기 운동, 승강키 자유 운동과 같은 세 가지의 기본 진동 형태로 구성, 그 중 단주기 운동은 키놀이 진동으로 전형적인 진동 주기는 0.5초에서 5초 사이

2. 날개를 wash out시키는 이유로 가장 올바른 내용은?
   가. 실속이 날개 뿌리(Root)에서 생기는 것을 방지하기 위해서
   나. 공력중심을 날개시위에 일정하게 갖도록 하기 위해서
   다. 날개의 양력을 증가시키기 위해서
   라. 실속이 날개 뿌리(Root)에서부터 시작하게 하기 위해서

wash out(앞내림) : 날개 끝 실속 방지법 중의 하나로서 날개 끝으로 감에 따라 받음각이 작아지도록 한 것으로 기하학적 비틀림이라고도 함

3. 프로펠러에 전달되는 기관의 동력 P를 가장 올바르게 표현한 것은? (단, C_p : 동력계수, D : 프로펠러의 직경, ρ : 공기밀도, n : 프로펠러 회전속도)
   가. $P = C_{p\rho}$ n2D3
   나. $P = C_{p\rho}$ n2D4
   다. $P = C_{p\rho}$ n3D4
   라. $P = C_{p\rho}$ n3D5

4. 그림에서 최대 상승률을 얻을 수 있는 지점은?

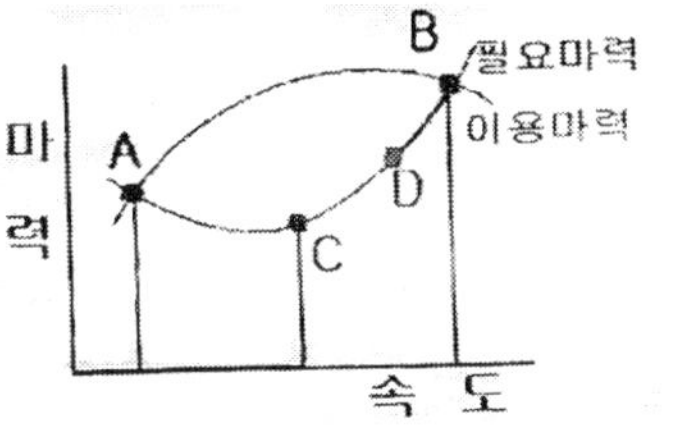

   가. A　　나. B
   다. C　　라. D

5. 비행기가 천음속 영역에서 비행할 때 한쪽 날개의 충격 실속에 의한 가로 불안정의 특별한 현상은 무엇인가?
   가. 나선 불안정(spiral divergence)
   나. 날개 드롭(wing drop)
   다. 턱 언더(tuck under)
   라. 디프 실속(deep stall)

6. 2000m의 고도에서 활공기가 최대 양항비 8.5인 상태로 활공한다면 이 비행기가 도달할 수 있는 최대 수평거리는 얼마인가?

가. 25500m　　나. 21300m

다. 17000m　　라. 12300m

$$\tan\theta = \frac{\text{고도}}{\text{수평활공거리}} = \frac{1}{\text{양항비}}$$

7. 헬리콥터는 수평 최대속도로 비행기와 같이 고속도로 비행할 수 없다. 그 이유에 대한 설명 중 가장 관계가 먼 내용은?

가. 회전날개(Rotor Blades)의 강도상 문제 때문에

나. 후퇴하는 깃의 날개 끝, 실속 때문에

다. 후퇴하는 깃 뿌리의 역풍범위가 커지기 때문에

라. 전진하는 깃 끝의 충격실속 때문에

8. NACA 23012에서 날개골의 최대 두께는 얼마인가?

가. 시위의 12%

나. 시위의 15%

다. 시위의 20%

라. 시위의 30%

2 : 최대 캠버가 시위선의 2%
3 : 최대 캠버의 위치가 앞전에서부터 시위선의 15%
0 : 평균캠버선의 뒤쪽 반이 직선
12 : 최대 두께가 시위선의 12%

9. 형상항력에 대한 설명 중 가장 관계가 먼 내용은?

가. 이상유체에는 나타나지 않는 항력이다.

나. 공기가 점성을 가지기 때문에 생기는 항력이다.

다. 날개골의 형태에 따라 다른 값을 가지는 항력이다

라. 날개표면의 유도항력에 의해 발생한다.

10. 비행중 항공기가 항력과 추력이 같으면 어떻게 되는가?

가. 감속전진 비행한다.

나. 가속전진 비행한다.

다. 정지한다.

라. 수평 등속도 비행을 한다.

11. 비행기의 무게가 7000kgf이고, 큰 날개 면적이 60m^2, CL max가 1.56 일 때의 최소속도는 약 얼마인가?(단, 공기의 밀도 ρ 는 1/8kgf.s^2/ m^{4}이다.)

가. 28.7m/s　　나. 34.6m/s

다. 38.7m/s　　라. 41.6m/s

12. 다음 중 마하수(mach number) Ma를 옳게 표현한 것은?

가. M_a=비행체속도/음속

나. M_a=비행체속도/(음속)^2

다. M_a=(비행체속도)^2/음속

라. M_a=음속/비행체속도

13. 최근의 초음속기에서 옆놀이 커플링 현상을 막기 위해 가장 많이 사용하는 방법은?
 가. 벤트럴 핀(Ventral pin) 부착
 나. 볼택스 플랩(Vortex flap) 사용
 다. 실속 스트립(Stall strip) 사용
 라. 윙넷(Wingnet) 부착

최근 초음속기에서는 수직 꼬리 날개의 면적을 크게 하거나, 배지느러미(ventral fin)를 붙여서 고속비행시에 도움날개나 방향키의 변위각을 자동적으로 제한

14. 레이놀즈 수(Reynold's Number)에 대한 설명으로 가장 올바른 것은?
 가. 유체의 동압과 정압의 비이다.
 나. 관성력과 중력의 비이다.
 다. 관성력과 유체 탄성의 비이다.
 라. 관성력과 점성력의 비이다.

15. 프로펠러 항공기가 최대 항속거리로 비행할 수 있는 조건으로 가장 올바른 것은?
 가. $(\frac{C_D}{C_L})$최대 나. $(\frac{C_L}{C_D})$최대
 다. $(\frac{C_L^{\frac{1}{2}}}{C_D})$최대 라. $(\frac{C_D^{\frac{1}{2}}}{C_L})$최대

16. 다음 대기권 중에서 전파를 흡수, 반사하는 작용을 하여 통신에 영향을 끼치는 곳은?
 가. 성층권 나. 열권
 다. 극외권 라. 중간권

17. 비행속도가 증가함에 따라 최대 프로펠러 효율을 얻고자 한다. 이 때 깃 각의 변화는 어떻게 되어야 하는가?
 가. 증가한 후 감소해야 한다.
 나. 증가해야 한다.
 다. 감소한 후 증가해야 한다.
 라. 감소해야 한다.

비행속도 증가가 증가하면 엔진 회전수도 증가하므로 일정한 회전수를 맞추어 최대 프로펠러 효율을 위해서는 회전수를 감소(깃 각을 크게)

18. 조종력은 힌지 모멘트 값에 따라 변화한다. 다음 중 힌지 모멘트 값에 영향을 주는 요소로 가장 거리가 먼 것은?
 가. 비행속도
 나. 양력계수
 다. 조종면의 폭
 라. 밀도

19. 헬리콥터 회전날개의 회전면과 원추 모서리와 이루는 각을 코닝 각(Coning Angle)이라 부르는 데, 이러한 코닝 각을 결정하는 가장 중요한 요소는?
 가. 항력과 원심력의 합력
 나. 양력과 추력의 합력
 다. 양력과 원심력의 합력
 라. 양력과 항력의 합력

20. 비행기의 방향 조종에서 방향키 부유각(float angle)을 가장 올바르게 설명한 것은?

가. 방향키를 밀었을 때 공기력에 의해 방향키가 변위 되는 각

나. 방향키를 당겼을 때 공기력에 의해 방향키가 변위 되는 각

다. 방향키를 고정했을 때 공기력에 의해 방향키가 변위 되는 각

라. 방향키를 자유로 했을 때 공기력에 의해 방향키가 자유로이 변위되는 각

항공역학 실전문제 제 26 회

1. 항공기의 활공각을 θ라고 할 때 tan θ의 특성으로 가장 올바른 것은?
   가. 양항비와 비례한다.
   나. 양항비와 반비례한다.
   다. 고도와 반비례 한다.
   라. 활공속도와 반비례 한다.

2. 항공기가 45° 의 경사각(bank angle)으로 정상 수평 선회 비행을 하고 있다. 이때 이 항공기에 작용하는 하중배수(load factor)는 얼마인가?
   가. $\sqrt{2}$ 나. $\sqrt{3}$
   다. $\frac{\sqrt{2}}{2}$ 라. $\frac{\sqrt{3}}{2}$

3. 유체의 운동상태에 관계없이 항상 모든 방향으로 작용하는 유체의 압력을 정압(static pressure)이라 하고 유체가 가진 속도에 의해 생기는 압력을 동압(dynamic pressure)이라 한다. 이 때 동압의 관계식으로 옳은 것은?
   가. $동압 = 정압 + \frac{1}{2}\rho \cdot V^2$
   나. $동압 = \frac{1}{2}\rho \cdot V^2$
   다. $동압 = \sqrt{\frac{\rho \cdot V}{g}}$
   라. $동압 = \rho \cdot V^2$

4. 스팬의 길이가 15m, 시위(chord)의 길이가 2m인 날개에 속도 360km/h의 바람이 지나가면 이 때의 레이놀즈수(Reynold's number)는 얼마인가?
   (단, 동점성 계수는 $0.2\times 10^{-4}m^2/s$)
   가. 1×10^7 나. 7.5×10^7
   다. 1×10^8 라. 7.5×10^8

5. 헬리콥터의 동시피치 제어간을 올리면 나타나는 현상에 대하여 가장 올바르게 설명한 것은?
   가. 피치가 커져 전진비행을 가능하게 한다.
   나. 피치가 커져 수직으로 상승할 수 있다.
   다. 피치가 작아져 후진비행을 빠르게 한다.
   라. 피치가 작아져 수직으로 상승할 수 있다.

6. 날개의 양력분포가 타원 모양이고 C_L=1.2, 가로세로비가 6일 때 유도항력계수는 약 얼마인가?
   가. 1.076 나. 1.012
   다. 0.076 라. 0.012

7. 이륙과 착륙에 대한 비행성능의 설명으로 가장 올바른 것은?
   가. 이륙할 때 장애물 고도란 위험한 비행상태의 고도를 말한다.
   나. 이륙할 때 항력은 속도의 제곱에 반비례한다. 따라서 속도를 증가시키면 항력은 감소하게 되어 이륙한다,
   다. 착륙 활주시에 항력은 아주 작으므로 이를 보통 무시한다.
   라. 착륙거리란 지상활주거리에 착륙진입거리를 더한 것이다.

8. 헬리콥터가 비행기와 같이 빠르게 날 수 없는 이유로 가장 거리가 먼 것은?
   가. 후퇴하는 깃의 날개 끝 실속 때문에
   나. 후퇴하는 깃뿌리의 역풍범위 때문에
   다. 전진하는 깃 끝의 항력이 감소하기 때문에
   라. 전진하는 깃 끝의 마하수의 영향 때문에

9. 비행기가 230km/h 로 수평비행하고 있다. 이 비행기의 상승률이 8m/s 라고 하면, 이 비행기 상승각은 약 얼마로 볼 수 있는가?
   가. 4.8°　　나. 5.2°
   다. 7.2°　　라. 9.4°

10. Airfoil의 호칭 중 "NACA 23015"에서 15가 나타내는 것은?
   가. 최대 두께가 CHORD의 15%
   나. 최대 캠버 위치가 CHORD의 15%
   다. 최대 캠버가 CHORD의 15%
   라. 최대 두께 위치가 CHORD의 15%

11. 수평 꼬리날개에 의한 모멘트의 크기를 가장 올바르게 설명한 것은? (단, 양(+), 음(−)의 부호는 고려하지 않는다.)
   가. 수평 꼬리 날개의 면적이 클수록, 그리고 수평 꼬리 날개 주위의 동압이 작을수록 커진다.
   나. 수평 꼬리날개의 면적이 클수록, 그리고 수평 꼬리 날개 주위의 동압이 클수록 커진다.
   다. 수평 꼬리 날개의 면적이 작을수록, 그리고 수평꼬리 날개 주위의 동압이 클수록 커진다.
   라. 수평 꼬리 날개의 면적이 작을수록, 그리고 수평꼬리 날개 주위의 동압이 작을수록 커진다.

12. 항력 발산 마하수를 높게 하기 위한 날개의 설계방법으로 가장 관계가 먼 것은?
   가. 날개에 뒤젖힘 각을 준다.
   나. 얇은 날개를 사용하여 표면에서의 속도 증가를 줄인다.
   다. 가로세로비가 큰 날개를 사용한다.
   라. 경계층을 제어 한다.

13. 왼쪽과 오른쪽이 서로 반대로 움직이는 도움날개에서 발생되는 힌지 모멘트가 서로 상쇄되도록 하여 조종력을 경감시키는 장치는?
   가. horn balance
   나. leading edge balance
   다. frise balance
   라. internal balance

14. 쳐든각에 대한 설명으로 가장 올바른 것은?
   가. 선회 성능을 좋게 한다.
   나. 옆 미끄럼에 의한 옆놀이에 정적인 안정을 준다.
   다. 항력을 감소시킨다.
   라. 익단 실속을 방지한다.

15. 프로펠러의 고형비(solidity ratio)를 가장 옳게 표현 한 것은?
   가. 모든 깃의 부피/프로펠러 원판 부피
   나. 프로펠러 원판 부피/모든 깃의 부피
   다. 모든 깃의 면적/프로펠러 원판 면적
   라. 프로펠러 원판 면적/모든 깃의 면적

16. 프로펠러의 진행비를 가장 올바르게 나타낸 것은?
   가. 비행속도/(회전수×깃 끝의 선속도)
   나. 비행속도/(회전수×프로펠러 직경)
   다. (회전수×깃 끝의 선속도)/비행속도
   라. (회전수×프로펠러 직경)/비행속도

17. 프로펠러의 추력에 대한 설명으로 가장 올바른 것은?
   가. 프로펠러의 추력은 공기밀도에 비례하고 회전면의 넓이에 반비례한다.
   나. 프로펠러의 추력은 회전면의 넓이에 비례하고 깃의 선속도의 자승에 반비례한다.
   다. 프로펠러의 추력은 공기밀도에 반비례하고 회전면의 넓이에 비례한다.
   라. 프로펠러의 추력은 회전면의 넓이에 비례하고 깃의 선속도의 자승에 비례한다.

18. 비행기에 있어서 정적안정을 가장 올바르게 설명한 것은?
   가. 수평 비행시에 가속도를 일정하게 유지하려는 경향
   나. 평형상태에서 이탈된 후, 시간에 따라 운동의 진폭이 감소하려는 경향
   다. 항력의 크기에 비하여 양력의 크기가 큰 상태
   라. 평형상태에서 벗어난 뒤에 다시 평형상태로 회복하려는 초기의 경향

19. 대기권에서 태양이 방출하는 자외선에 의하여 대기가 전리되어 자유 전자의 밀도가 커지는 대기권층은?

가. 중간권　　나. 성층권
다. 열권　　라. 극외권

20. 마하 트리머의 기능으로 가장 올바른 것은?

가. 자동적으로 턱 언더(tuck under) 현상을 수정한다.
나. 자동적으로 더치롤(ducl roll) 현상을 수정한다.
다. 자동적으로 방향불안정(directional divergence)현상을 수정한다.
라. 자동적으로 나선 불안정(spiral divergence) 현상을 수정한다.

항공역학 실전문제 제 27 회

1. 유체흐름을 쉽게 해석하기 위하여 이상유체(IDEAL FLUID)를 설정한다. 이상유체의 전제조건으로 가장 옳은 것은?
   가. 압력변화가 없다.
   나. 온도변화가 없다.
   다. 흐름속도가 일정하다
   라. 점성의 영향을 무시한다.

2. 유체흐름에서 베르누이 방정식을 나타내는 것은?(단, ρ : 밀도, V : 속도, A : 단면적, P : 정압, Pt : 전압)
   가. $\rho \cdot V \cdot A$ = 일정
   나. $A \cdot V$ = 일정
   다. $P + \frac{1}{2} V2 = Pt$
   라. 정압 + 동압 =전압

3. 프로펠러의 깃각 (blade angle)이 β 일 때 기하학적 피치는 어떻게 표현할 수 있는가? (단, D ; 프로펠러의 직경)
   가. $\pi D \cdot \frac{1}{2} \tan\beta$
   나. $\pi D\tan\beta$
   다. $\pi D \cdot \frac{1}{2} \sin\beta$
   라. $\pi D\sin\beta$

4. 실용 상승한도를 가장 옳게 표현한 것은?
   가. 항공기의 상승률이 0.5m/s 인 고도
   나. 항공기의 상승률이 1000ft/min 인 고도
   다. 항공기의 상승률이 100m/min 인 고도
   라. 항공기의 상승률이 1ft/s 인 고도

5. 특정한 헬리콥터에서는 회전날개(Rotor Blades)에 비틀림 각을 주는데, 그 이유로 가장 옳은 것은?
   가. 정지 비행시 균일한 유도속도의 분포를 얻기 위해
   나. 회전날개의 강도를 보장하기 위해
   다. 회전날개 후류의 영향을 최소화하기 위해
   라. 회전날개의 회전속도를 증가시키기 위해

6. 헬리콥터가 Hovering 할 때의 관계를 옳게 나타낸 것은?
   가. 헬리콥터 무게 〈 양력
   나. 헬리콥터 무게 = 양력

다. 헬리콥터 무게 〉 양력
라. 헬리콥터 무게 = 양력 + 원심력

7. 글라이더가 고도 2000m 상공에서 양항비 30인 상태로 활공한다면 도달할 수 있는 수평 활공거리는 얼마인가?
가. 40000m 나. 50000m
다. 60000m 라. 70000m

8. 항공기가 상승비행하려면 다음 중 어느 조건이 만족되어야 하는가?
가. 필요마력이 최소한 이용마력보다는 커야 한다.
나. 필요마력과 이용마력이 같으면 된다.
다. 필요마력이 이용마력보다 작아야 한다.
라. 이용마력과 필요마력의 합이 그 비행기의 중력에 속도를 곱한 값과 같아야 한다.

9. 항공기의 착륙거리를 짧게 하기 위한 내용으로 가장 올바른 것은?
가. 항력을 작게 한다.
나. 착륙속도를 크게 한다.
다. 마찰계수가 큰 활주로에 착륙한다.
라. 활주시 비행기 양력을 크게 한다.

10. 무게가 5000kgf인 비행기가 경사각 30° 로 200km/h의 속도로 정상 선회하는 경우 선회 반지름 R은 약 얼마인가?
가. 480m 나. 546m
다. 672m 라. 880m

11. 다음 중 종극속도를 가장 올바르게 설명한 것은?
가. 항공기가 수직 강하시 도달할 수 있는 최대속도
나. 항공기가 이 착륙시 도달할 수 있는 최대속도
다. 실속속도의 1.2배 속도
라. 순항 비행시에 최대 출력상태에서의 속도

12. 날개의 폭(span)이 20m, 평균시위의 길이가 2m인 타원날개에서 양력계수가 0.7일 때 유도항력계수는 약 얼마인가?
가. 0.016 나. 0.16
다. 1.6 라. 16

13. 플랩 앞전이 시일로 밀폐되어 있어서 플랩 상하면의 압력차에 의해서 over hang blance와 같은 역할을 하는 것은?
가. internal balance
나. Horn balance
다. fries balance
다. Tap balance

14. 수직꼬리날개와 더불어 큰 미끄럼각에도 방향안정성을 유지하기 위한 가장 효과적인 장치는?
가. 윙렛(winglet)

나. 도살핀(Dorsal Fin)
다. 서보탭(Sorvo Tap)
라. 파울러 플랩 (Fowler Flap)

15. 날개드롭(wing drop)에 대한 설명으로 가장 관계가 먼 내용은?
가. 받음각이 작을 때 강하게 나타나서 한쪽 날개에만 충격실속이 생긴다.
나. 도움날개의 효율이 떨어져서 회복하기 어렵다.
다. 두꺼운 날개를 사용한 비행기가 천음속으로 비행시 발생한다.
라. 아음속에서 충격파가 과도할 경우 날개가 동체에서 떨어져 나갈 수 있다.

16. 비행기의 운동과 조종면과의 관계가 잘못된 것은?
가. Yawing-Elevator
나. Pitching-Elevator
다. Yawing-rudder
라. rolling-Aileron

17. 항공기의 구조 중에서 정적안정과 가장 관계가 먼 것은?
가. 날개　　나. 동체
다. 꼬리날개　　라. 도어(Door)

18. 프로펠러의 각 단면에서 추력(T)에 해당하는 값은? (단, L : 깃 요소 양력, α : 받음각　D : 깃 요소 항력, Ø : 유입각)
가. T = L sin(α) - D cos(α)
나. T = L cos(α) - D sin(α)
다. T = L sin(Ø) - D cos(Ø)
라. T= L cos(Ø) - D sin(Ø)

19. 날개의 쳐든각 (dihedral angle)을 가지고 있는 비행기가 왼쪽으로 옆미끄럼을 하게 되었을 때의 현상으로 가장 올바른 것은?
가. 왼쪽 날개 및 오른쪽 날개의 받음각이 동시에 증가한다.
나. 왼쪽 날개 및 오른쪽 날개의 받음각이 동시에 감소한다.
다. 왼쪽 날개의 받음각은 증가하고 오른쪽 날개의 받음각은 감소한다.
라. 왼쪽 날개의 받음각은 감소하고 오른쪽 날개의 받음각은 증가한다.

20. 미끈한 평판의 층류가 형성되었을 때 표면마찰 항력계수를 가장 올바르게 설명한 것은?
가. 레이놀즈수의 제곱에 비례한다.
나. 레이놀즈수의 제곱근에 비례한다.
다. 레이놀즈수의 제곱에 반비례한다.
라. 레이놀즈수의 제곱근에 반비례한다.

항공역학 실전문제 제 28 회

1. 지구의 대기는 4개의 기류층으로 구성되어 있다. 지구에서 가장 가까운 층부터 기류층의 순서는?
   가. 성층권, 대류권, 중간권, 외기권
   나. 대류권, 성층권, 중간권, 외기권
   다. 대류권, 중간권, 성층권, 외기권
   라. 성층권, 중간권, 대류권, 외기권

2. 착륙 접지시 역추력을 발생시키는 비행기에 작용하는 순 감속력(Fa)에 대한 식을 가장 올바르게 나타낸 것은?
   (단, 추력 : T, 항력 : D, 무게 : W, 양력 : L, 활주로 마찰계수 : μ)
   가. Fa = T−D+μ (W−L)
   나. Fa = T+D+μ (W+L)
   다. Fa = T−D+μ (W+L)
   라. Fa = T+D+μ (W−L)

3. 프로펠러 항공기가 최대항속시간으로 비행할 수 있기 위한 조건은?
   가. $(\frac{C_L}{C_D})$이 최대
   나. $(\frac{C_L^{\frac{3}{2}}}{C_D})$이 최대
   다. $(\frac{C_L^{\frac{1}{2}}}{C_D})$이 최대
   라. $(\frac{C_L}{C_D^{\frac{1}{2}}})$이 최대

4. 프로펠러의 효율은 진행율에 비례하게 되는데 진행율이란 무엇인가?
   가. 추력과 토크와의 비율
   나. 유효피치와 프로펠러 지름과의 비율
   다. 유효피치와 추력과의 비율
   라. 기하피치와 프로펠러 지름과으 비율

5. 키놀이 운동의 고유 진동수에 가깝게 비행기를 조종하였을 때 비행기에 나타나는 현상으로 가장 올바른 것은?
   가. 비행기는 감쇠 진동을 하게 된다.
   나. 비행기는 발산 진동을 하게 된다.
   다. 동적으로 안정한 상태로 된다.
   라. 비행기로부터 에너지가 발산된다.

6. 최대 양항비(揚抗比)가 12인 항공기가 고도 2400m에서 활공을 시작했다. 최대 수평도달거리[m]는?
   가. 14400　　나. 24000
   다. 28800　　라. 48000

7. 날개면적이 $100m^2$인 비행기가 400 km/h의 속도로 수평비행하는 경우에 이 항공기의 중량은 약 몇 kg 인가?
(단, 양력계수는 0.6, 공기밀도는 $0.125kgf \cdot s^2/m^4$이다.)
가. 60000 나. 46300
다. 23300 라. 15600

8. 어떤 비행기가 1000km/h의 속도로 10000m 상공을 비행하고 있다. 이 때 마하수는 약 얼마인가?
가. 0.50 나. 0.93
다. 1.20 라. 3.33

9. 유체의 흐름 중 층류 경계층과 난류 경계층을 비교한 설명으로 가장 관계가 먼 것은?
가. 난류 경계층의 두께는 층류 경계층의 두께보다 두껍다.
나. 층류 경계층에서의 표면마찰항력은 난류 경계층보다 크고 압력항력은 적다.
다. 임계레이놀즈수란 층류에서 난류로 변하는 천이현상이 일어나는 레이놀즈수를 말한다.
라. 난류경계층의 속도구배와 층류경계층의 속도구배는 다르다.

10. 헬리콥터 회전날개(Rotor Blade)에 적용되는 기본 힌지(Hinge)로 가장 올바른 것은?
가. 플래핑(Flapping)힌지, 페더링(Feathering)힌지, 전단(Shear)힌지
나. 플래핑힌지, 페더링힌지, 리드래그힌지
다. 페더링힌지, 리드래그힌지, 전단힌지
라. 플래핑힌지, 리드래그힌지, 경사(Slope)힌지

11. 프로펠러의 깃의 미소길이 dr에 발생하는 미소양력이 dL, 항력이 dD이고, 이때의 유효 유입각(effective advance angle)이 α라면 이 미소길이에 발생하는 미소추력 dT는?
가. $dT = dL\cos\alpha - dD\sin\alpha$
나. $dT = dL\cos\alpha + dD\sin\alpha$
다. $dT = dL\sin\alpha - dD\cos\alpha$
라. $dT = dL\sin\alpha + dD\cos\alpha$

12. NACA 2415에서 "2"는 무엇을 의미하는가?
가. 최대캠버가 시위의 2%
나. 최대두께가 시위의 2%
다. 최대두께가 시위의 20%
라. 최대캠버의 위치가 시위의 20%

13. 밸런스 탭(Balance Tab)에 대한 설명으로 옳은 것은?
가. 조종면과 반대로 움직여 조종력을 경감시켜 준다.

나. 조종면과 같은 방향으로 움직여 조종력을 경감시켜준다.

다. 조종면과 반대로 움직여 조종력을 제로(Zero)로 만들어 준다.

라. 조종면과 같은 방향으로 움직여 조종력을 제로(Zero)로 만들어 준다.

14. 헬리콥터에서 동시 피치조종(collective pitch control)을 가장 올바르게 설명한 것은?

가. 전진하는 주 회전날개 깃의 피치를 증가시킨다.

나. 후진하는 주 회전날개 깃의 피치를 증가시킨다.

다. 주 회전날개 깃 모두의 피치를 동시에 증가, 감소시킨다.

라. 주 회전날개 깃의 피치를 주기적으로 증가, 감소시킨다.

15. 공기력 중심과 풍압 중심에 대한 설명 중 가장 올바른 것은?

가. 공기력 중심과 풍압 중심은 항상 일치된다.

나. 받음각의 변화에도 불구하고 피칭 모멘트가 일정한 점을 공기력 중심이라 한다.

다. 받음각의 변화에도 불구하고 피칭 모멘트가 일정한 점을 풍압 중심이라 한다.

라. 양력과 항력의 합성력이 날개 시위 선상의 어떤 점에 작용할 때 그 점에서의 피칭 모멘트가 0이라면 그 점은 날개의 공기력 중심이다.

16. 항공기 무제가 5000kg이고, 해발 고도에서 잉여마력이 50HP일 때, 이 비행기의 상승률은 몇 m/min인가?

가. 35 나. 45

다. 51 라. 62

17. 항공기가 트림(trim)상태로 비행한다는 것은?

가. $C_L = C_D$ 인 상태

나. $C_{Mcg} > 0$ 인 상태

다. $C_{Mcg} = 0$ 인 상태

라. $C_{Mcg} < 0$ 인 상태

18. 다음 중 프로펠러의 효율(η)을 잘못 표현한 것은? (단, T : 추력, D : 지름, V : 비행속도, J : 진행율, n : 회전수, P : 동력, C_p : 동력계수, C_T : 추력계수)

가. $\eta = \frac{TV}{P}$

나. $\eta = \frac{C_T}{C_P}\frac{nD}{V}$

다. $\eta = \frac{C_T}{C_P}J$

라. $\eta < 1$

19. 비행기의 무게가 2000kgf이고, 큰 날개 면적이 30m2이며 해발고도 (공기밀도 : 1/8kgf · s^2/m^2에서의 실속속도가 120km/h인 비행기의 최대 양력계수(C_{Lmax})는 약 얼마인가?

가. 0.96　　나. 1.24
다. 1.45　　라. 1.67

20. 날개 끝 실속을 방지하기 위한 노력이 아닌 것은?

가. 날개 끝 부분에 Slot를 설치한다.
나. Stall Fence를 장착한다.
다. 날개 끝으로 갈수록 Wash out을 준다.
라. 받음각을 크게 한다.

항공역학 실전문제 제 29 회

1. 온도가 섭씨 0도인 고도 약 2300m에서 비행기가 825m/s로 비행할 때의 마하수는 약 얼마인가?
(단, 음속
$C = C_o\sqrt{\frac{273+t}{273}}, C_o = 331.2m/s$)

가. 2.0　　　나. 2.5
다. 3.0　　　라. 3.5

2. 수평등속도 비행을 하던 비행기의 속도를 증가 시켰을 때 그 상태에서 수평비행을 하기 위해서는 받음각은 어떻게 하여야 하는가?
가. 감소시킨다.
나. 증가시킨다.
다. 감소하다 증가시킨다.
라. 변화시키지 않는다.

3. 다음 중 고속 비행시 턱 언더(tuck under) 현상을 수정하기 위해 장치된 계통은 무엇인가?
가. 고속 트림머(high speed trimmer)
나. 밸런스 트림머(balance trimmer)
다. 조정 트림머(control trimmer)
라. 마하 트림머(mach trimmer)

4. 다음 중 ( ) 안에 알맞은 것은?
"비행기에서 무게중심이 공기역학적 중심보다 앞쪽에 위치할수록 세로안정은 (①) 하고, 조종성은 (②) 진다."
가. ① 감소 ② 높아
나. ① 감소 ② 낮아
다. ① 증가 ② 높아
라. ① 증가 ② 낮아

5. 해면 고도에서의 표준대기상태에 대한 값으로 옳은 것은?
가. 중력가속도는 $32.2m/s^2$으로 한다.
나. 해면고도에서의 온도는 15℃이다.
다. 해면고도에서의 밀도는 $0.3kg/m^3$이다.
라. 해면고도에서의 압력은 760cm Hg이다.

6. 다음 중 아음속흐름에서 날개의 총항력으로 옳은 것은?
가. 유도항력 − 형상항력
나. 유도항력 + 형상항력
다. 마찰항력 − 조파항력
라. 마찰항력 + 조파항력

7. 비행기 속도가 2배로 증가했을 때 조종력은 어떻게 변화하는가?
가. $\frac{1}{2}$로 감소한다.
나. $\frac{1}{4}$로 감소한다.
다. 2배로 증가한다.
라. 4배로 증가한다.

8. 다음의 제원 및 성능을 가진 프로펠러 비행기의 항속 거리는 약 몇 Km인가? (단, 프로펠러 효율 η =0.7, 연료무게 : 5000kg, 연료 소비율 : 0.25kg/HP · h, 이륙무게 : 11300Kg 양항비 $\frac{C_L}{C_D}=7.0$)

가. 2502 나. 3007
다. 3514 라. 4005

9. 항공기 이륙거리를 줄이기 위한 조건으로 가장 관계가 먼 내용은?
가. 항공기의 무게를 가볍게 하여 이륙거리를 단축시킨다.
나. 플랩과 같은 고양력 장치를 사용하면 양력이 증가하여 이륙거리가 단축된다.
다. 기관의 추력을 작게하면 이륙활주 중 가속도가 크게 되어 이륙거리가 단축된다.
라. 맞바람을 받으면서 이륙하면 바람의 속도 만큼한 공기의 속도가 증가하여 이륙거리가 짧아진다.

10. 에어포일(Airfoil) "NACA 23012" 에서 숫자 "3" 이 의미하는 것은?
가. 최대캠버의 크기가 시위(chord)의 15%이다.
나. 최대캠버의 크기가 시위(chord)의 30%이다.
다. 최대캠버의 위치가 시위(chord)의 15%이다.
라. 최대캠버의 위치가 시위(chord)의 30%이다.

11. 다음 중 마찰항력에 대한 설명으로 옳은 것은?
가. 점성 유체 속을 이동하는 물체의 표면과 유체 사이에 생기는 항력
나. 점성 유체 속을 이동하는 물체의 내부와 외부 사이에 생기는 항력
다. 흐름이 물체 표면에서 떨어져 하류 쪽으로 와류를 발생시켜 생기는 항력
라. 흐름이 물체 표면에서 붙어 상류 쪽으로 와류를 발생시켜 생기는 항력

12. 헬리콥터 구동 계통에서 자유 회전장치(Free-wheeling Unit)의 주 목적으로 옳은것은?
가. 주 회전날개 제동장치를 풀어서 작동일 가능하게 한다
나. 기관이 정지되거나 제한된 주 회전날개의 회전수 보다 느릴 때 주 회전날개 와 기관을 분리한다.
다. 시동 중에 주 회전날개 깃의 굽힘응력을 제거한다.
라. 착륙을 위해서 기관의 과회전을 허용한다.

13. 비행속도가 300m/s인 항공기가 상승각 30° 로 상승 비행시 상승률 즉, 수직 방향의 속도는 몇 m/s 인가?
가. 100 나. 150
다. $150\sqrt{3}$ 라. 200

14. 헬리콥터가 V_1 속도로 전진 비행시 조종사 오른쪽에 위치한 전진하는 회전날개에서 발생하는 양력은? (단, 회전날개는 원주속도 V_2로 회전한다.)
가. $V_1 + V_2$에 비례
나. $(V_1+V_2)^2$에 비례
다. (V_1-V_2)에 비례
라. $(V_1-V_2)^2$에 비례

15. 공기를 강체로 가정하여 프로펠러를 1회전 시킬때 전진하는 거리를 무엇이라 하는가?
가. 유효 피치
나. 기하학적 피치
다. 프로펠러 슬립
라. 프로펠러 피치

16. 항공기가 기관이 정지한 상태에서 수직강하하고 있을 때 도달할 수 있는 최대속도를 종극속도라 한다. 종극속도는 어떠한 상태에 이를 때의 속도를 말하는가?
가. 항공기 양력과 항력이 같은 경우
나. 항공기 총중량과 항공기에 발생되는 항력이 같아지는 경우
다. 항공기 양력의 수평분력과 항력의 수직 분력이 같은 경우
라. 항공기 총중량과 항공기에 발생되는 양력이 같은 경우

17. 다음 중 비행기의 안정성과 조종성에 관한 설명으로 가장 옳은 것은?
가. 안정성과 조종성은 상호간에 정비례한다
나. 정적안정성이 증가하면 조종성도 증가된다.
다. 비행기의 안정성은 크면 클수록 바람직하다
라. 안정성과 조종성은 서로 상반되는 성질을 나타낸다.

18. 음속을 구하는 식으로 옳은 것은? (단, K는 비열비, R은 공기의 기체상수, g는 중력 가속도, T는 공기의 온도이다.)
가. $\sqrt{K \cdot g \cdot R \cdot T}$
나. $\sqrt{\frac{g \cdot R \cdot T}{K}}$
다. $\sqrt{\frac{R \cdot T}{g \cdot K}}$
라. $\sqrt{\frac{K \cdot R \cdot T}{g}}$

19. 프로펠러에 의해 형성되는 프로펠러 주위에서 공기흐름에 의해 구성되는 유관(stream tube)의단면적 형태는?
가. 점점 증가하다가 감소한다.
나. 점점 감소하다가 증가한다.
다. 점진적으로 증가한다.
라. 점진적으로 감소한다.

20. 비행기의 가로안정에서 날개는 가장 중요한 요소이다. 가로안정을 유지시키는 가장 좋은 방법은?
가. 날개의 캠버를 크게 한다.
나. 날개에 쳐든각(dihedral angle)을 준다.
다. 날개의 시위선을 최대로 한다.
라. 밸런스 탭(balance tab)을 장착한다.

항공역학 실전문제 제 30 회

1. 경계층의 박리현상에 대한 설명으로 가장 옳은 것은?
   가. 레이놀즈수가 작을 때 잘 일어난다.
   나. 흐름 속에 진동이 있는 현상을 말한다.
   다. 층류가 난류로 변하는 현상을 말한다.
   라. 물체표면의 경계층이 떨어져 나가는 현상을 말한 다.

2. 다음 중 힌지 모멘트에 영향을 주는 요소가 아닌 것은?
   가. 밀도
   나. 양력계수
   다. 비행속도
   라. 조종면의 폭

3. 항공기가 등속수평비행을 하기 위한 조건으로 옳은 것은?
   (단, L은 양력, D는 항력, T는 추력, W는 항공기 무게이다.)
   가. L = W, T 〉 D
   나. L = W, T = D
   다. T = W, L 〉 D
   라. T = W, L = D

4. 수직 꼬리날개가 실속하는 큰 옆미끄럼 각에서도 방향 안정을 유지하기 위한 목적의 장치는?
   가. 윙 렛(Winglet)
   나. 도살 핀(Dorsal Fin)
   다. 드루프 플랩(Droop flap)
   라. 쥬리 스트러트(Jury strut)

5. 조종사의 무게 70kg, 낙하산의 지름 7m, 항력계수 1.3일 때 1000m의 상공을 일정속도로 강하하고 있다면 이 속도는 약 몇 m/s인가?
   가. 3.21　　나. 3.74
   다. 4.12　　라. 4.85

6. 무게가 500kgf인 어떤 비행기가 30도의 경사로 정상선회를 하고 있다면 이때 비행기의 원심력은 약 몇 kgf 인가?
   가. 250　　나. 289
   다. 353　　라. 433

7. 플랩을 사용하여 날개의 최대양력계수를 2배로 증가시켰다면 실속속도는 약 몇 배가 되는가?
   가. 0.5　　나. 0.7
   다. 1.4　　라. 2.0

8. 항공기가 수평선과 날개의 시위선이 20도를 유지하고, 17도의 각도로 상승비행을 하고 있다면 이 때 받음각은 몇 도인가?
   가. 3　　나. 17
   다. 23　　라. 37

9. 다음 중 정적안정과 동적안정의 관계를 가장 옳게 설명한 것은?
   가. 동적안정은 정적안정의 전제 조건이 된다.
   나. 정적안정이 있다고 해서 반드시 동적안정도 있다고는 할 수 없다.
   다. 정적안정이 있는 대부분의 경우에는 동적안정은 기대할 수 없다.
   라. 정적안정과 동적안정은 진폭의 면에서 서로 반대되는 개념이다.

10. 제트 비행기의 실제적인 이륙거리를 가장 옳게 설명한 것은?
   가. 비행기 기관이 작동한 후 이륙할 때까지의 모든 이동거리를 말한다.
   나. 비행기 기관이 작동한 후 고도 50ft까지 도달하는데 소요된 이륙상승거리의 합을 말한다.
   다. 지상활주거리와 고도 35ft까지 도달하는데 소요된 이륙상승거리의 합을 말한다.
   라. 지상활주거리와 고도 50ft까지 도달하는데 소요된 이륙상승거리의 합을 말한다.

11. 다음 중 헬리콥터 회전날개의 추력을 계산하는데 사용되는 이론은?
   가. 엔진의 연료 소비율에 따른 연소 이론
   나. 로우터 브레이드의 코닝각의 속도변화 이론
   다. 로우터 브레이드의 회전관성을 이용한 관성 이론
   라. 회전면 앞에서의 공기유동량과 회전면 뒤에서의 공기 유동량의 차이를 운동량에 적용한 이론

12. 다음 중 제트항공기가 최대항속시간을 비행하기 위한 조건으로 옳은 것은?
   가. $(\frac{C_L}{C_D})$가 최대일 때
   나. $(\frac{C_L^{\frac{3}{2}}}{C_D})$가 최대일 때
   다. $(\frac{C_L^{\frac{1}{2}}}{C_D})$가 최대일 때
   라. $(\frac{C_L}{C_D^{\frac{1}{2}}})$가 최대일 때

13. 비행기 날개의 상반각(Dihedral angle)으로 얻을 수 있는 주된 효과는?
   가. 세로안정을 준다.

나. 익단 실속을 방지한다.
다. 방향의 동적인 안정을 준다.
라. 옆 미끄럼에 의한 옆놀이에 정적인 안정을 준다.

14. 다음 중 항공기 받음각이 α 인 날개의 양력계수를 구하는 식은?
가. $\pi \sin\alpha$ 나. $2\pi \sin\alpha$
다. $\pi \cos\alpha$ 라. $2\pi \cos\alpha$

15. 지름이 6.7ft인 프로펠러가 2800 rpm으로 회전하면서 50mph로 비행하고 있다면 이 프로펠러의 진행율은 약 얼마인가?
가. 0.23 나. 0.37
다. 0.62 라. 0.76

16. 다음 중 항공기 축에 대한 조종면과 회전 동작명칭을 옳게 짝지은 것은?
가. 가로축-방향 키-키놀이
다. 가로축-방향 키-옆놀이
다. 세로축-승강 키-빗놀이
라. 세로축-도움 날개-옆놀이

17. 블레이드(blade) 3개를 장착한 중량이 7500 lb인 헬리콥터가 날기 위하여 하나의 블레이드에 발생해야 하는 최소한 양력은 몇 lb인가?
가. 1500 나. 2000
다. 2500 라. 3000

18. 유도항력계수를 감소시키기 위한 방법이 아닌 것은?
가. 스팬효율이 높인다.
나. 항공기 속도를 낮춘다.
다. 양력 계수를 감소시킨다.
라. 날개의 유효 가로세로비를 증가시킨다.

19. 주어진 한 점에서의 정상흐름과 비정상흐름을 구별할 수 있는 요소가 아닌 것은?
가. 점성 나. 속도
다. 밀도 라. 압력

20. 프로펠러가 1020rpm으로 회전하고 있을 때 이 프로펠러의 각속도는 몇 deg/s인가?
가. 17 나. 106
다. 750 라. 6120

제 6 편

DEFINITIONS OF TECHNICAL TERMS

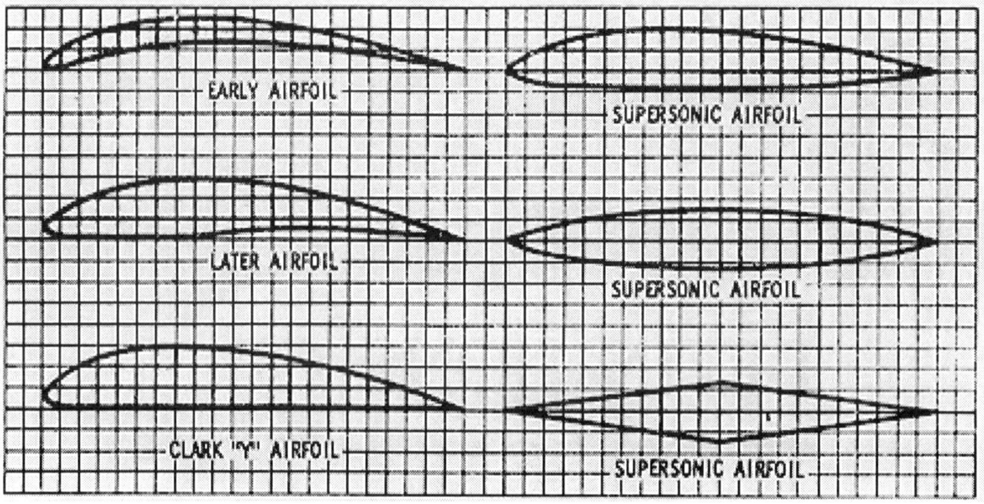

DEFINITIONS OF TECHNICAL TERMS 1

1. Airfoil : A surface designed to obtain a useful reaction form the air through which it moves. Such surfaces as a wing, a propeller blade, vertical and horizontal stabilizers are airfoils.

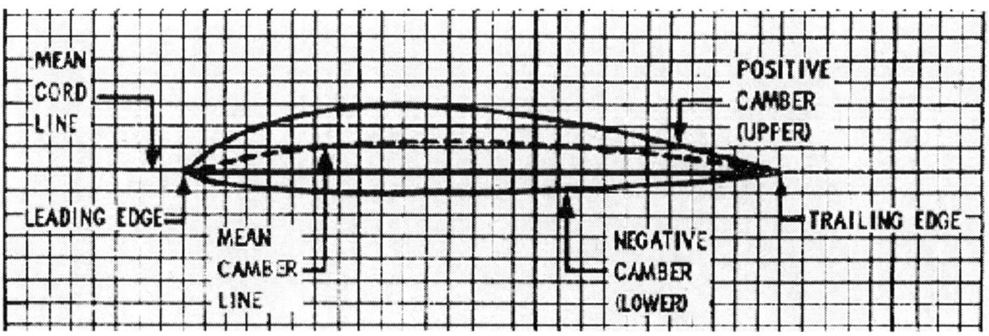

2. Angle of attack : The acute angle between the chord line of the airfoil and a line representing the relative wind.

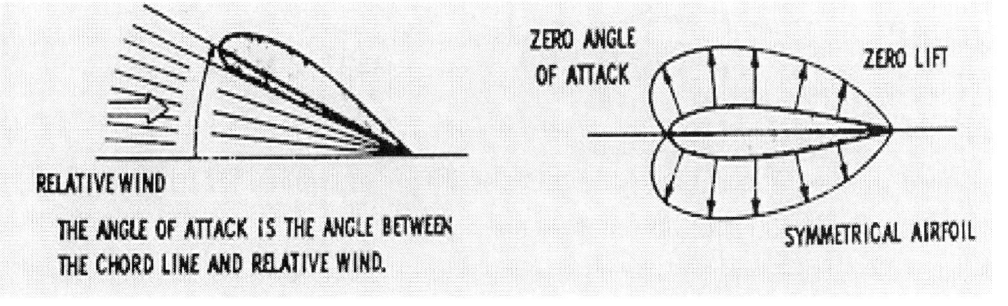

3. Burble point : The first sign of separation and uneven flow of air that occurs on the upper camber of an airfoil, caused by too great an angle of attack.

4. Camber : The rise of the curve of an airfoil section from its chord line.

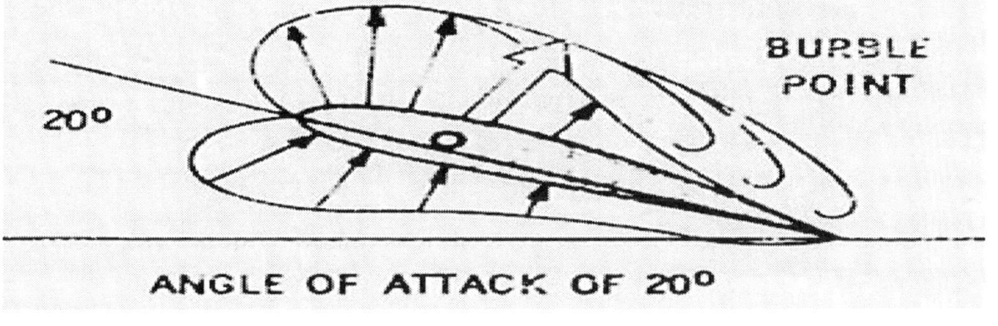

5. Center of pressure : the point on the chord line of an airfoil section which is at the intersection of the chord and the line of action of the combined force of lift and drag.

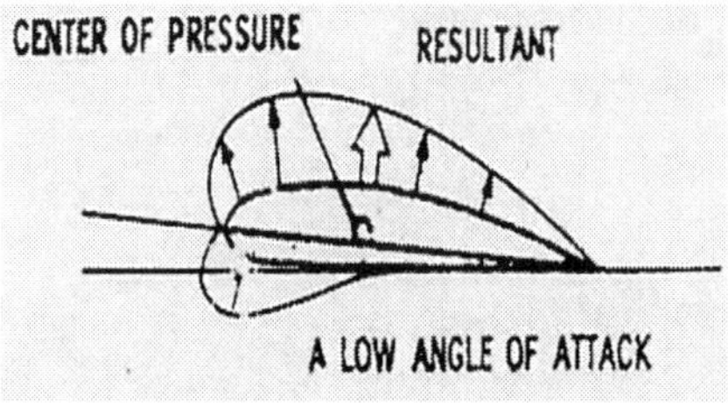

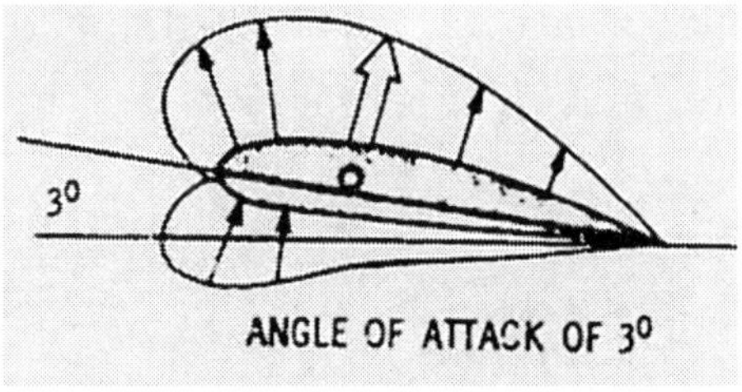

6. Chord line : A straight line between the extremes of the leading and trailing edges of an airfoil section.

7. Concave : Hollowed-out or curved-in.

8. Deflection : the turning aside of the air from a directed course by reason of an outside force being exerted upon it.

9. Drag : The total resistance to movement action opposite to the direction of motion. Drag is a component of force about an aircraft that is opposite and parallel to the relative wind.

10. Leading edge : The foremost part of the airfoil which first meets the relative wind.

DEFINITIONS OF TECHNICAL TERMS 2

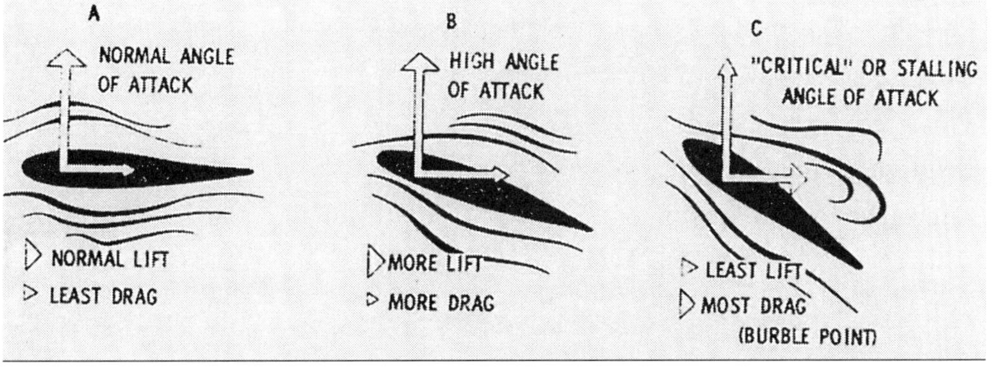

1. Lift : The component of the total aerodynamic forces action on an airfoil perpendicular to the relative wind.

2. Mean camber line : A line drawn at equal distance from the upper and lower camber at all points of the airfoil section.

3. Negative pressure : A pressure that is below that of surrounding pressure or below a standard pressure.

4. Pressure : A force expressed per unit area, such as pounds per square inch(psi).

5. Profile : The outline of an airfoil as viewed from a side.

6. Relative wind : The velocity and direction of the air with reference to any airfoil of an aircraft in flight.

7. Stalling angle of attack : The angle of attack at which the flow of air changes abruptly in such a manner that lift is sharply reduced. Also called critical angle of attack.

8. Streamline : To give a smooth contour to an object so as to decreas air resistance.

9. Trailing edge : The rear edge of an airfoil over which the air passes last.

10. Velocity : The speed of a body or mass in a specific direction.

DEFINITIONS OF TECHNICAL TERMS 3

1. Air pressure : The force exerted by air due to compression or the weight of a column of air.

2. Attitude : The position of an aircraft in flight in relation to the earth's horizon.

3. Density of the air : Weight per unit volume of air expressed in pounds per square inch (psi), also called air density.

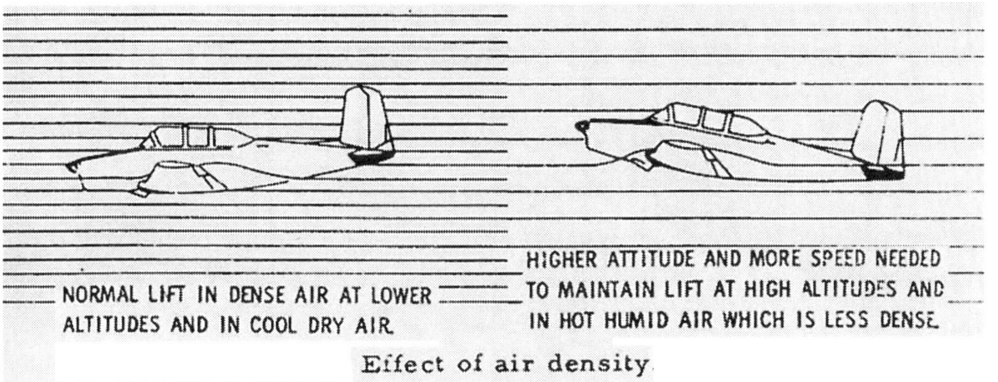

Effect of air density

4. Effective area of the wing : The are of a wing, expressed in square feet, that contributes to the lift component.

5. Humidity : The amount of water vapor in the air.

6. Lift-drag ratio : The relationship of the lift component to the drag component of an airfoil; it indicates the aerodynamic effectiveness of an airfoil.

7. Magnitude : The amount of a force. Magnitude can be measured in pounds, the length of a component or resultant forces, or vectors, and can be drawn to any convenient scale.

8. Plan form : The shape of an object as seen from above.

9. Straight-and-level : Flight on a straight course with wings level with the horizon with no gain or loss of altitude.

10. Temperature : The relative amount of heat or cold measured on a definite scale.

DEFINITIONS OF TECHNICAL TERMS 4

1. Thrust : The forward force produced by either a propeller or the reaction of a jet–engine exhaust.

2. Weight : The measure of the force exerted on a body of an aircraft because of the pull of gravity. Units of weight are expressed in pounds or grams.

3. Accelerate : To increase velocity. Any increase in speed or any change in direction involves acceleration.

4. Airspeed : The movement of an aircraft measured along its longitudinal axis. Airspeed is relative to the air through which the aircraft moves.

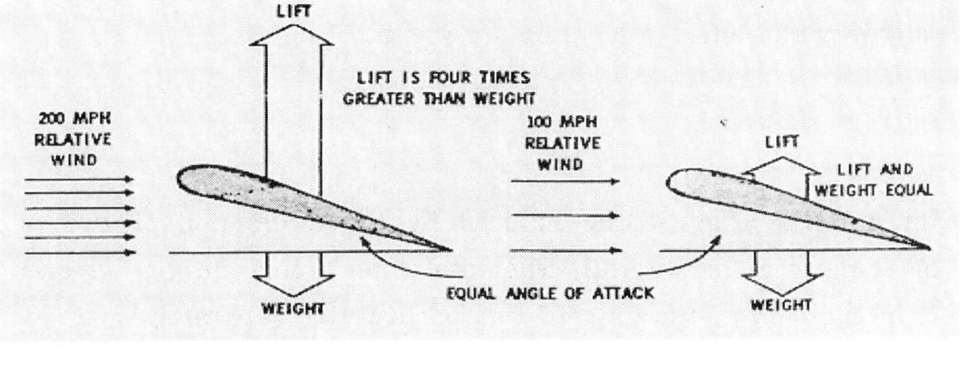

5. Altitude : The height of an object above a given level. as above the sea or ground, as indicated by instruments and expressed in linear measure (feet).

6. Aspect ratio : The proportion of the span to the mean chord of a wing.

7. Balance : A condition of steady flight in which the system of forces acting on the aircraft are all equal.

8. Form drag : The drag from all causes resulting from the particular shape of a body relative to its direction of motion, as of a fuselage, wing, or nacelle.

9. Induced drag : That portion of drag on an airplane which is caused by the differential pressure on the wing.

10. Interference drag : Drag induced by the interaction of two or more parts of an aircraft. The total interference drag is greater than the sum of the drag of two parts tested separately.

DEFINITIONS OF TECHNICAL TERMS 5

1. Longitudinal axis : The nose to tail axis of an aircraft, about which the aircraft revolves in rolling.

2. Mass : The quantity of material contained in a body.

3. Parasite drag : That part of the total drag caused by the skin friction and shape of the nonlifting surfaces of an aircraft.

4. Profile drag : That part of the airfoil drag that results from the skin friction and the shape of the airfoil.

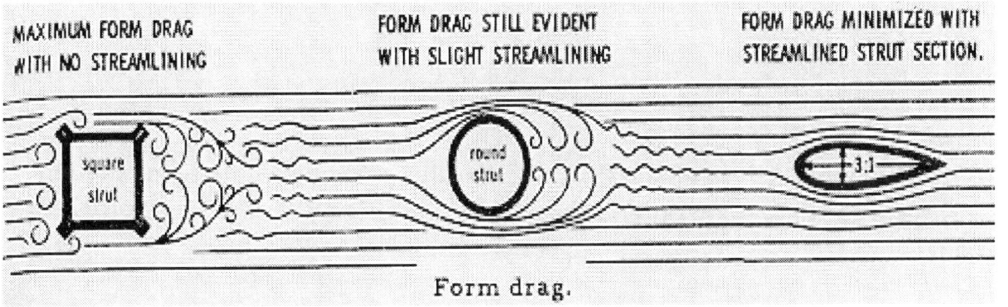

Form drag.

5. Skin friction : The drag caused by the resistance to airflow against the outside of a moving aircraft, especially at high speeds.

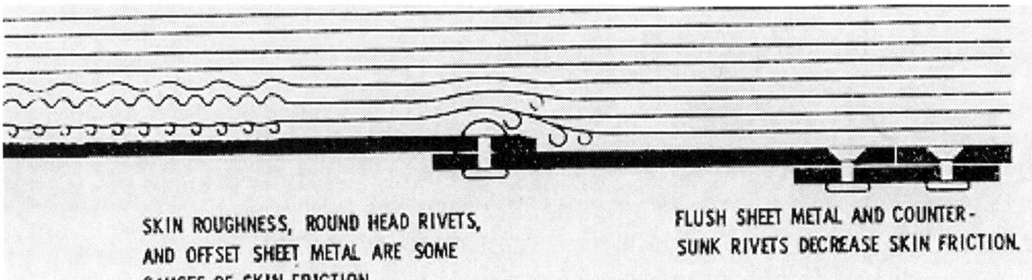

Skin friction.

6. Total drag : Sum of the various types of drag forces of the aircraft.

7. Total weight : The weight of the aircraft with crew, fuel, cargo, and equipment on board; also called gross weight.

8. Vortex : The circulatory turbulent flow of air around the wing tip; it is caused by air flowing laterally out from the high-pressure area under a wing into the low-pressure area on the top of the wing.

9. Absolute ceiling : The maximum altitude above sea level at which the aircraft can maintain horizontal flight.

10. Acrobatics : Maneuvers intentionally performed by the pilot of an aircraft involving an abrupt change in attitude or an abnormal acceleration.

DEFINITIONS OF TECHNICAL TERMS 6

1. Centrifugal force : The outward pull of a rotating object or body which tends to force it away from its center of rotation.

2. Cruising speed : The speed in level flight at which an airplane operates most efficiently and economically.

3. Downdraft : A descending current of air.

4. Dynamic load : The load applied to an aircraft structure due to acceleration.

5. Endurance : The maximum number of hours or minutes that an aircraft can stay in the air.

6. Landing speed : The speed at which the aircraft contacts the ground in a landing.

7. Mixture ratio : The weight of fuel compared to the weight of air as supplied to the combustion chamber of an engine.

8. Negative G load : A force imposed on an aircraft by a downward or rearward acceleration.

9. Performance characteristics : The factors that determine the ability of an aircraft to fly the missions for which the plane was designed.

10. Positive G load : A force imposed on an aircraft by an upward or forward acceleration. Centrifugal acceleration, with the top of the plane to the inside, forms a positive G load force.

DEFINITIONS OF TECHNICAL TERMS 7

1. Range : The maximum distance an aircraft can fly under given conditions.

2. Service ceiling : The altitude above sea level at which the aircraft is unable to climb faster than 100 feet per minute, (100 ft/min).

3. Structural failure : The breakage of the airframe or any part of its supporting members.

4. Top speed : The maximum speed obtainable in horizontal flight.

5. Ailerons : The movable control surface attached to the outer portion of a wing, used to control movement of the aircraft around its longitudinal (roll) axis (form nose to tail).

6. Asymmetrical (or unequal) loading : An unequal loading of an airfoil or propeller blade, caused by gust loading or unequal angle of attack.

7. Balance : A condition of steady flight in which the system of forces acting on the aircraft are all equal.

8. Control surfaces – secondary : A small movable control surface attached to a primary control surface. These small surfaces may be called trim tabs, balance tabs or servo tabs, but all assist in primary surface adjustment, movement, or use.

9. Control surfaces – primary : The movable surfaces used to guide or control an aircraft.

10. Coordination of controls : The use of hands and feet together in proper relationship of stick and rudder to produce a desired flight attitude.

DEFINITIONS OF TECHNICAL TERMS 8

1. Corkscrew action : The rotation of the propeller giving a spiral rotation to the slipstream clockwise around the fuselage, causing part of the air to strike the vertical fin and exert pressure on the left side. This results in a yawing movement to the left.

2. Elevators : The movable control surface attached to the horizontal stabilizer used to control the aircraft around its lateral pitch axis(from wing tip to wing tip).

3. Flap : A hinged or pivoted auxiliary surface forming the trailing edge portion of an airfoil which is used to increase lift and drag. This is done by changing the effective camber and/or chord of the wing.

4. Flight path : The path of an aircraft through the air.

5. Fuselage : The structure of approximately streamlined form used to house the crew or cargo and to which are attached the wings, tail units, and engine on single engine aircraft.

6. Full flap position: The position of the flaps at the maximum point of travel.

7. Gyroscopic action : The action or deflection of a spinning object when a force is applied to the outer rim of its rotation.

8. Hight-lift devices : An auxiliary surface on an airfoil designed to increase lift.

9. Pitch : An angular displacement, rotation, or movement about the aircraft's lateral axis (form wing tip to wing tip).

10. Retractable : A part of an aircraft capable of being drawn into, or up against, the fuselage or wing.

DEFINITIONS OF TECHNICAL TERMS 9

1. Roll : An angular displacement, rotation, or movement, about the aircraft's longitudinal axis (from front to rear).

2. Rudder pedals : Foot pedals in the cockpit that are connected to the rudder : used to control the aircraft about the vertical axis (yaw axis).

3. Rudder : The movable control surface attached to the vertical stabilizer (fin) used to control the aircraft around the vertical yaw axis (from back to belly).

4. Stabilizer horizontal : The fixed horizontal tail surface to which the elevators are attached.

5. Stabilizer vertical : The fixed vertical tail surface to which the rudder is attached. Sometimes called the vertical fin.

6. Stick : The vertical lever in the cockpit that is connected to the aileron and elevators, used to control the movement of the aircraft about the longitudinal and lateral axes.

7. Tail surfaces : The rear part of an aircraft, usually consisting of a group of stabilizing planes and control surfaces.

8. Trim tabs : Small auxiliary control surfaces attached to trailing edges of control surfaces and used aero dynamically to hold the surfaces at a position that will balance or trim the aircraft for any normal attitude of flight.

9. Torque : The moment or force such as from a propeller that produces rotation, twisting or torsion causing the airplane to rotate in a direction opposite to that of the propeller rotation.

10. Yaw : An angular displacement, rotation, or movement about the aircraft's vertical axis (yaw axis).

DEFINITIONS OF TECHNICAL TERMS 10

1. Angle of bank : The number of degrees of roll around the longitudinal axis.

2. Bank : To roll the aircraft right or left by use of the ailerons with rudder coordination to make a turn.

3. Climbing turn : A change of direction with an increase in altitude.

4. Clearing turns : A medium banked level turn made to see that no clouds or other aircraft are close.

5. clear the area : Look all around and up, down, right, and left for any clouds or other aircraft.

6. Confidence maneuvers : A flight exercise used to show the student the safety and stability of the aircraft.

7. Corrections : control movements used to return the aircraft to a desired altitude, attitude, or direction of flight.

8. Cross-checking : Read two or more instruments and/or look at several points about the aircraft to determine a true situation, such as pitch or bank attitude.

9. Damped out : Slowed and restored to a stable condition from an oscillation condition.

10. Descending turn : A flight maneuver in which the aircraft loses altitude while making a turn.

DEFINITIONS OF TECHNICAL TERMS 11

1. Dynamic stability : The property of an aircraft which, when its stead motion in-flight is disturbed, causes it to damp any oscillation and gradually return the aircraft to its state of steady flight.

2. Gliding turns : Turns made while losing altitude with no power supplied by the engine.

3. Level turn : A turn made without gaining or losing altitude.

4. Maximum performance climbing turns : A climbing turn in which the aircraft is made to gain the maximum altitude without stalling.

5. Skid : To slide outward on a turn because of insufficient bank or because of too much rudder in the direction of the turn.

6. Slip : To slide inward on a turn because of too much bank or because of insufficient rudder.

7. Stability : A characteristic of an aircraft in-flight that causes it, if disturbed from its condition of steady flight, to return to that steady condition.

8. Static stability : The property of an aircraft that causes it to return towards its original attitude after being disturbed about one of its axes.

9. Turn : To change the heading or direction of an aircraft's flight path.

10. Check list : A list of items, procedures, or instructions written out on a card to guard against memory failure.

DEFINITIONS OF TECHNICAL TERMS 12

1. Final approach : The descent in the traffic pattern from the final turn to the runway. The last leg in the traffic pattern before touching the ground.

2. Takeoff attitude : The slightly nose-high attitude of the aircraft as it becomes airborne.

3. Takeoff: The act of beginning a flight in which the aircraft is accelerated from a state of rest to that normal flight.

4. T O : Abbreviation for Technical Order. For pilots it is the Flight Handbook or Flight Manual. (Also called tech Order or Dash One.)

5. Traffic pattern : A path or track in the air above or about an airfield which is normally followed under visual conditions landing aircraft or after takeoff by departing aircraft.

6. Unwind : In the direction from which the wind is blowing, said of a wing that is nearest to the ind direction or into the wind.

7. Final approach : That part of a landing pattern where the aircraft is flown onto the runway.

8. Glide ratio : The forward distance a plane flies compared with the vertical distance lost with no engine power.

9. Go-around : In a traffic pattern, to add power and discontinue the approach for a landing. Also : DO NOT LAND!

10. Power off approach : Use no engine power in the landing pattern after the pitchout.

항공역학 실전문제 답안

제 1 회																			
1	2	3	4	5	6	7	8	9	10	11	12	13	14	15	16	17	18	19	20
나	가	나	라	나	라	라	가	가	나	라	가	라	라	라	다	가	다	다	나

제 2 회																			
1	2	3	4	5	6	7	8	9	10	11	12	13	14	15	16	17	18	19	20
라	라	가	가	라	라	나	다	라	라	나	라	라	라	다	나	다	나	나	나

제 3 회																			
1	2	3	4	5	6	7	8	9	10	11	12	13	14	15	16	17	18	19	20
라	가	라	다	다	나	나	라	나	라	라	나	가	가	라	가	다	다	나	라

제 4 회																			
1	2	3	4	5	6	7	8	9	10	11	12	13	14	15	16	17	18	19	20
다	다	다	나	가	가	나	나	라	다	나	라	다	가	라	나	라	나	다	다

제 5 회																			
1	2	3	4	5	6	7	8	9	10	11	12	13	14	15	16	17	18	19	20
가	가	다	다	다	라	다	다	다	나	라	가	가	다	나	나	다	라	다	나

제 6 회																			
1	2	3	4	5	6	7	8	9	10	11	12	13	14	15	16	17	18	19	20
나	가	라	가	가	나	나	나	가	나	라	라	다	라	가	가	가	가	다	다

제 7 회																			
1	2	3	4	5	6	7	8	9	10	11	12	13	14	15	16	17	18	19	20
나	라	다	나	나	나	다	가	다	가	나	라	다	라	라	나	라	나	라	나

제 8 회																			
1	2	3	4	5	6	7	8	9	10	11	12	13	14	15	16	17	18	19	20
나	다	라	라	나	나	다	다	나	나	다	가	다	다	다	라	가	라	다	나

제 9 회																			
1	2	3	4	5	6	7	8	9	10	11	12	13	14	15	16	17	18	19	20
가	라	다	나	라	나	나	다	다	라	다	다	다	다	다	다	나	나	나	나

제 10 회																			
1	2	3	4	5	6	7	8	9	10	11	12	13	14	15	16	17	18	19	20
나	라	나	나	나	다	라	다	라	가	나	라	나	라	가	라	나	라	나	다

제 11 회																			
1	2	3	4	5	6	7	8	9	10	11	12	13	14	15	16	17	18	19	20
나	나	가	가	나	가	나	가	가	가	나	나	나	다	가	나	나	나	라	라

제 12 회																			
1	2	3	4	5	6	7	8	9	10	11	12	13	14	15	16	17	18	19	20
나	라	다	가	다	가	다	가	다	라	가	가	가	라	라	다	가	라	다	다

제 13 회																			
1	2	3	4	5	6	7	8	9	10	11	12	13	14	15	16	17	18	19	20
나	나	나	다	가	가	다	나	가	가	가	라	나	가	나	라	다	나	라	다

제 14 회																			
1	2	3	4	5	6	7	8	9	10	11	12	13	14	15	16	17	18	19	20
가	가	가	나	가	가	나	가	가	가	나	라	라	다	나	다	나	가	다	나

제 15 회																			
1	2	3	4	5	6	7	8	9	10	11	12	13	14	15	16	17	18	19	20
라	다	라	나	라	나	다	가	라	라	라	나	나	가	가	다	가	다	라	다

제 16 회																			
1	2	3	4	5	6	7	8	9	10	11	12	13	14	15	16	17	18	19	20
다	나	가	다	다	나	가	라	라	나	라	라	나	라	다	나	라	나	나	라

제 17 회																			
1	2	3	4	5	6	7	8	9	10	11	12	13	14	15	16	17	18	19	20
나	다	나	라	라	가	가	다	다	라	나	나	라	나	라	나	다	라	다	라

제 18 회																			
1	2	3	4	5	6	7	8	9	10	11	12	13	14	15	16	17	18	19	20
나	나	가	다	나	다	라	라	다	가	다	나	다	나	나	라	다	라	가	나

제 19 회																			
1	2	3	4	5	6	7	8	9	10	11	12	13	14	15	16	17	18	19	20
가	다	나	다	나	다	가	라	나	라	가	다	라	가	다	다	다	라	나	다

제 20 회																			
1	2	3	4	5	6	7	8	9	10	11	12	13	14	15	16	17	18	19	20
가	다	가	나	라	다	나	다	나	가	나	가	가	라	나	다	나	라	라	나

제 21 회																			
1	2	3	4	5	6	7	8	9	10	11	12	13	14	15	16	17	18	19	20
라	나	라	나	나	나	다	나	가	라	가	라	나	다	다	다	나	라	가	라

제 22 회																			
1	2	3	4	5	6	7	8	9	10	11	12	13	14	15	16	17	18	19	20
가	나	가	나	다	라	다	가	라	라	가	다	가	가	나	다	가	다	다	다

제 23 회																			
1	2	3	4	5	6	7	8	9	10	11	12	13	14	15	16	17	18	19	20
다	가	가	다	가	가	다	나	나	라	나	나	나	다	나	나	나	라	다	나

제 24 회																			
1	2	3	4	5	6	7	8	9	10	11	12	13	14	15	16	17	18	19	20
가	다	라	라	가	나	나	가	다	나	나	가	나	나	나	나	다	가	다	라

제 25 회																			
1	2	3	4	5	6	7	8	9	10	11	12	13	14	15	16	17	18	19	20
가	라	라	다	나	다	가	가	라	라	나	가	가	라	나	나	나	나	다	라

제 26 회																			
1	2	3	4	5	6	7	8	9	10	11	12	13	14	15	16	17	18	19	20
나	가	나	가	나	다	라	다	다	가	나	다	다	나	다	나	라	라	다	가

제 27 회																			
1	2	3	4	5	6	7	8	9	10	11	12	13	14	15	16	17	18	19	20
라	라	나	가	가	나	다	다	다	나	가	가	가	나	라	가	라	라	다	라

제 28 회																			
1	2	3	4	5	6	7	8	9	10	11	12	13	14	15	16	17	18	19	20
나	라	나	나	나	다	나	나	나	나	가	가	가	다	나	나	다	나	가	라

제 29 회																			
1	2	3	4	5	6	7	8	9	10	11	12	13	14	15	16	17	18	19	20
나	가	라	라	나	나	라	나	다	다	가	나	나	나	나	나	라	가	라	나

제 30 회																			
1	2	3	4	5	6	7	8	9	10	11	12	13	14	15	16	17	18	19	20
라	나	나	나	나	나	나	가	나	다	라	가	라	나	가	라	다	나	가	라

제 31 회																			
1	2	3	4	5	6	7	8	9	10	11	12	13	14	15	16	17	18	19	20

제 31 회																			
1	2	3	4	5	6	7	8	9	10	11	12	13	14	15	16	17	18	19	20

제 33 회																			
1	2	3	4	5	6	7	8	9	10	11	12	13	14	15	16	17	18	19	20

제 34 회																			
1	2	3	4	5	6	7	8	9	10	11	12	13	14	15	16	17	18	19	20

제 35 회																			
1	2	3	4	5	6	7	8	9	10	11	12	13	14	15	16	17	18	19	20

제 36 회																			
1	2	3	4	5	6	7	8	9	10	11	12	13	14	15	16	17	18	19	20

宋 秉 昊

항공정비사
항공정비기장
항공정비기능장
항공기술사
공학박사
구미대학교 헬기·항공정비과 학과장